Klaus Beer

Bewehren nach DIN 1045-1

Klaus Beer

Bewehren nach DIN 1045-1

Tabellen und Beispiele für Bauzeichner und Konstrukteure

Teubner

Bibliografische Information der Deutschen Bibliothek
Die Deutsche Bibliothek verzeichnet diese Publikation in der Deutschen Nationalbibliografie; detaillierte bibliografische Daten sind im Internet über <http://dnb.d-nb.de> abrufbar.

Dipl.-Ing. Klaus Beer ist als selbstständiger Ingenieur mit langjähriger Erfahrung im Bereich Statik tätig.

Email: beerklaus@arcor.de

1. Auflage Mai 2007

Alle Rechte vorbehalten
© B.G. Teubner Verlag / GWV Fachverlage GmbH, Wiesbaden 2007

Lektorat: Dipl.-Ing. Ralf Harms / Sabine Koch

Der B.G. Teubner Verlag ist ein Unternehmen von Springer Science+Business Media.
www.teubner.de

Das Werk einschließlich aller seiner Teile ist urheberrechtlich geschützt. Jede Verwertung außerhalb der engen Grenzen des Urheberrechtsgesetzes ist ohne Zustimmung des Verlags unzulässig und strafbar. Das gilt insbesondere für Vervielfältigungen, Übersetzungen, Mikroverfilmungen und die Einspeicherung und Verarbeitung in elektronischen Systemen.

Die Wiedergabe von Gebrauchsnamen, Handelsnamen, Warenbezeichnungen usw. in diesem Werk berechtigt auch ohne besondere Kennzeichnung nicht zu der Annahme, dass solche Namen im Sinne der Warenzeichen- und Markenschutz-Gesetzgebung als frei zu betrachten wären und daher von jedermann benutzt werden dürften.

Umschlaggestaltung: Ulrike Weigel, www.CorporateDesignGroup.de
Druck und buchbinderische Verarbeitung: Strauss Offsetdruck, Mörlenbach
Gedruckt auf säurefreiem und chlorfrei gebleichtem Papier.
Printed in Germany

ISBN 978-3-8351-0124-1

Vorwort

Seit dem 1. Januar 2005 ist für die Konstruktion neuer Tragwerke aus Beton, Stahlbeton und Spannbeton die DIN 1045-1 zwingend vorgeschrieben. Das vorliegende Werk setzt keinerlei Kenntnisse nach der DIN für Stahlbeton voraus, so das auch der Anfänger anhand vieler Beispiele und Erläuterungen mit der Konstruktion beginnen kann. So wird an vielen Beispielen gezeigt, wie mit einer Zeichnung und der nebenstehenden Tabelle, bzw. Erläuterung ohne großartige Rechnerei ein Bauwerk, Bauteil konstruiert werden kann. Unter anderem erfährt der Leser alles notwendige über die DIN 1045-1, die hier nur dem Lernenden, Studierenden und Konstrukteur eine Hilfe sein sollte. Auf unnötigen Ballast wird verzichtet. Wo immer es geht, gibt der Autor aus seiner Erfahrung Tipps, wie die Bewehrung und Konstruktion vereinfacht werden kann, ohne auf die notwendige Genauigkeit zu verzichten.

Zunehmend werden Fähigkeit und Motivation Lernender, sich selbstständig in neue Aufgaben einzuarbeiten, als ein wichtiges Ergebnis beruflicher Ausbildung und Fortbildung gesehen. Strukturierendes, planerisches Denken, handlungsorientiertes Lernen und damit verbunden, die Stoffbeherrschung, wird durch das Benutzen des Handbuches gefördert.

Ich war bemüht, gemäß den Lernzielen der beruflichen Bildung und Fortbildung die Aufarbeitung des Inhalts vorzunehmen und ein einsichtiges Nachschlagesystem zu schaffen. Den genannten methodischen Zielen ist ein ausgewogenes Verhältnis von Tabellen, erklärendem Text und sorgfältig ausgewählten Zeichnungen geschuldet. Mit Hilfe dieses Handbuchs kann systematisch Wissen erworben werden.

Praktische Aufgaben mit Lösungen zur Vertiefung erworbener Kenntnisse runden die Möglichkeiten selbstständigen Wissenserwerbs ab.

Für den Auszubildenen und den Studierenden werden Tabellen nach der DIN 1045-1 geboten, die das Verständnis für die Konstruktion von Tragwerken sowie der Bewehrungsführung liefert. Dem Auszubildenen und Studierenden bietet das Handbuch beste Möglichkeiten um nachzuschlagen. Damit wird es zugleich auch zum wertvollen, unterstützenden Hilfsmittel bei der Vorbereitung von Prüfungen.

Ich spreche mit dem Handbuch auch den Lernenden an, der im Berufsleben steht, und sich durch Weiterbildung den Zugang zum richtigen Konstruieren nach der DIN 1045-1 erschließen will.

Für den Fachmann war ich bemüht, ein leicht handbares Nachschlagewerk zu schaffen, das den Zugang zur Lösung von Problemen am Bauwerk durch Tabellen, erklärenden Text und Beispiellösungen erschließen hilft.

An dieser Stelle richte ich meinen Dank an das

Institut für Stahlbeton
Bewehrung e. V.
Kaiserswerther Str. 137
40474 Düsseldorf

und an die
Ingenieurberatung
Pühl & Becker
Huyssenallee 86-88
45128 Essen

Klaus-Gerhard-Werner Beer
Essen, im Januar 2007

Inhaltsverzeichnis

1 Baustoffe
1.1 Beton 1
1.2 Betonstahl 500S (A) 2

Allgemeines
2.1 Formelzeichen und Abkürzungen 3
    2.1.1 Abkürzungen n. DIN 1045 3
2.2 Expositionsklassen 4
2.3 Brandschutz 5

3 Verankerung von Betonstahl
3.1 Grundmaß der Verankerung 7
3.2 Verankerung ü. d. Auflagern 8
    Verankerung ü. d. Auflagern 9
    3.2.1 Verankerung ü. d. Auflagern .. 10
    Verankerung ü. d. Auflagern 11
    Verankerung im Feld 12
3.3 Übergreifungslängen 500S (A) 13
3.4 Biegen von Betonstählen 14
    Verankerung von Bügeln 15
    Schweißverbindungen 16

4 Betonstahlmatten
4.1 Sorten und Einteilung 17
4.2 Lagermatten 18
    4.2.1 Darstellung d. Lagermatten 19
    4.2.2 Biegen von Lagermatten 20
4.3 Abstandhalter u. Unterstützungen
    4.3.1 Auswahl d. Abstandhalter 21
    4.3.2 Auswahl d. Unterstützung 22
4.4 Listenmatten 23
    4.4.1 Darstellung d. Listenmatten ... 24
    4.4.3 Mattenkörbe 26
    4.4.4 Sonderdynmatten 27

5 Gründung
5.1 Gründungsarten 28
5.2 Flächengründung 29
5.3 Einzelfundament 30
    5.3.1 Bewehrung zu Kapitel 5.3 31
    5.3.2 Einzelfundament 32
    5.3.3 Bewehrung zu Kapitel 5.3.2 ... 33
    5.3.4 Streifenfundament 34
    5.3.5 Bewehrung zu Kapitel 5.3.4 ... 35
5.4 Blockfundament 36
    5.4.1 Bewehrung zu Kapitel 5.4 37
    5.4.2 Fundament m. Ankerbarren.... 38
    5.4.3 Bewehrung zu Kapitel 5.4.2 ... 39
5.5 Köcherfundament 40
    5.5.1 Köcherfundament Schalung .. 41
    5.5.2 Blockfundament m. Köcher ... 42
    5.5.3 Bewehrung zu Kapitel 5.5.2 ... 43
    5.5.4 Bewehrung zu Kapitel 5.5.1 ... 44
5.6 Fundament, Sonderformen 46
    5.6.1 Bewehrung zu Kapitel 5.6 47
5.7 Durchstanzbewehrung 48
    5.7.1 Durchstanzen, Bewehrung 49
5.8 Fundamentplatte 50
    53.8.1 Bewehrung zu Kapitel 5.8 51
5.9 Durchstanzbewehrung 52
5.10 Flachgründung 53
5.11 Tiefengründung 54
    5.11.1 Tiefengründung Details 55
    5.11.2 Berliner Verbau 56
    5.11.3 Beispiel Berliner Verbau 57
    5.11.4 Bohrpfahlbewehrung 58
    5.11.5 Bewehrung zum Bohrpfahl .. 59
    5.11.6 Wendelberechnung 60
    5.11.7 Bohrpfahl mit Balken 61
    5.11.8 Kopfbalken 62
    5.11.9 Kopfbalkenbewehrung 63
    5.11.10 Kopfbalken m. Wand 64
    5.11.11 Bohrpfahl m. Balkenrost ... 65
5.12 Die Deckelbauweise 66
    5.12.1 Detaile zur Deckelbauweise . 67

6 Bodenplatten
6.1 Die Bodenplatte 68
    6.1.1 Bodenplattenversprünge 69
    6.1.2 Bewehrung d. Bodenplatten ... 70
    6.1.3 Bewehrungsanordnung 71
    6.1.4 Rissbreitenbewehrung 72
    6.1.5 Rissbreitendetails 73
6.2 Erläuterung d. Bewehrungsdetails ... 74
    6.2.1 Bewehrungsdetails 75
    6.2.2 Bewehrungsdetails 76

	6.2.3 Anschlussdetails 77	9.6	Unterzug auf der Konsole 120
6.3	Bewehren einer Bodenplatte 78		9.6.1 Bewehrung z. Kapitel 9.6 121
	6.3.1 Bewehrung zu Kapitel 6.3 79	9.7	Betonbalken gebogen 122
	6.3.2 Bodenplatte mit Versprung 80		9.7.1 Bewehrung z. Kapitel 9.7 123
	6.3.3 Bewehrung zu Kapitel 6.3.2 81	9.8	Indirektes Unterzugauflager 124
			9.8.1 Bewehrung z. Kapitel 9.8 125
7	**Die Weiße Wanne**	9.9	Deckengleiche Balken 126
7.1	Erläuterung d. Weißen Wanne 82		9.9.1 Bewehrung d. Balkens 127
	7.1.1 Detaile zur. Weißen Wanne 83		9.9.2 Balken mit Torsion 128
			9.9.3 Unterzug m. Öffnungen 129
8	**Stützen**		9.9.4 Erläuterung zu 9.9.3 130
8.1	Ortbetonstützen 84		9.9.5 Balken b größer h 131
	8.1.1 Bewehrungsquerschnitte 85	9.10	Unterzug mit Kragarm 132
	8.1.2 Übergreifungslänge 86		9.10.1 Bewehrung z. Kragarm 133
	8.1.3 Übergreifungslänge 87		
8.2	Eine eingeschossige Stütze 88	**10**	**Rahmen**
	8.2.1 Bewehrung zum Kapitel 8.2 ... 89	10.1	Rahmentragwerke 134
8.3	Erläuterung z. Stütze m. Anschluss . 90		10.1.1 Rahmenecke, Bewehrung 135
	8.3.1 Bewehrung z. Kapitel 8.3 91	10.2	Rahmenecke und Mittelriegel 136
8.4	Stütze 20/ 70 92		10.2.1 Bewehrung z. Kapitel 10.2 ... 137
	8.4.1 Bewehrung z. Kapitel 8.4 93	10.3	Rahmenecke; Zug innen 138
8.5	Stütze; rund 94		10.3.1 Bewehrung z. Kapitel 10.3 .. 139
	8.5.1 Bewehrung z. Kapitel 8.5 95	10.4	Rahmeneckenausbildung 138
8.6	Stütze hoch bewehrt 96		10.4.1 Bewehrung Zug innen 140
	8.6.1 Bewehrung z, Kapitel 8.6 97		10.4.2 Rahmeninnenknoten 141
8.7	Stützenanschlüsse 98	10.5	Der Rahmen 142
	8.7.1 Bewehrung z. Kapitel 8.7 99		10.5.1 Bewehrung d. Rahmens 143
8.8	Verbundstützen 100		10.5.2 Erläuterung d. Rahmens 144
	8.8.1 Querschnitte 101		10.5.3 der Rahmen vergrößert 145
	8.8.2 Konsolbewehrung 102		
8.9	Wendelberechnung 103	**11**	**Betonwände**
8.10	Stütze ü. zwei Geschosse 104	11.1	Betonwände, Einführung 146
	8.10.1 Bewehrung z. Kapitel 8.10 .. 105	10.2	Eine Betonwand bewehren 147
			11.2.1 Bewehrung z. Kapitel 11.2 .. 149
9	**Unterzüge**	11.3	Betonwand mit Stütze 150
9.1	Unterzüge; Einführung 106		11.3.1 Bewehrung z. Kapitel 11.3 .. 151
	9.1.1 Abkürzungen 107	11.4	Betonwand mit Rissbreite 152
	9.1.2 Querschnitte d. Unterzüge 108		11.4.1 Bewehrung z. Kapitel 11.4 .. 153
	9.1.3 Bewehrung z. Kapitel 9.1.2 ... 109	11.5	Betonwand mit Erddruck 154
	9.1.4 Bewehrungsführung 110		11.5.1 Bewehrung z. Kapitel 11.5 .. 155
	9.1.5 Bewehrung z. Kapitel 9.1.4 ... 111	11.6	Betonwand mit Konsolen 156
9.2	Bewehren eines Balkens 112		11.6.1 Bewehrung d. Konsolen 157
	9.2.1 Bewehrung z. Kapitel 9.2 113	11.7	Betonwand auf zwei Stützen 158
9.3	Unterzug; Einfeldbalken 114		11.7.1 Bewehrung z. Kapitel 11.7 .. 159
	9.3.1 Bewehrung z. Kapitel 9-3 115	11.8	Wand m eingehängter Last 160
9.4	Überzug 116		11.8.1 Bewehrung z. Kapitel 11.8 .. 161
	9.4.1 Bewehrung z. Kapitel 9.4 117	11.9	Betonwand mit Kragarm 162
9.5	Unterzug: Zweifeldbalken 118		11.9.1 Bewehrung z.Kapitel 11.9 .. 163
	9.5.1 Bewehrung z. Kapitel 9.5 119	11.10	Wand ü. e. mehrfaches Auflager 164

11.10.1 Bewehr. z, Kapitel 11.10...165
11.11 Nachträglicher Einbau d. Wand.....166
    11.11.1 Bewehrung der Wand.......167
    11.11.2 Schalung der Wand...........168
11.12 Rissbreitenbewehrung....................169
11.13 Wand ü. e. mehrfaches Auflager....170
    11.13.1 Bewehrung der Wand.......171
    11.13.2 Bewehrungsauszug...........172

12 Decken

12.1 Decken; Einführung......................173
    12.1.1 Andere Decken..................174
    12.1.2 Ermittlung d. Stablängen....175
12.2 Einfeldplatte m. Kragarm...............176
    12.2.1 Bewehrung zur Decke........177
12.3 Durchlaufplatte..............................178
    12.3.1 Bewehrung zur Decke1......179
12.4 Vierseitiges Auflager......................180
    12.4.1 Bewehrung zur Decke........181
12.5 Decke dreiseitig gelagert................182
    12.5.1 Bewehrung zur Decke........183
12.6 Flachdecke....................................184
    12.6.1 Bewehrung zur Decke........185

Durchstanzbewchrung

13.1 Durchstanzen in Decken................186
    13.1.1 Die kritische Fläche............187
13.2 Durchstanzen in d. Ecke................188
    13.2.1 Bewehrung der Ecke..........189
    13.2.2 Bewehrung am Rand..........190
13.3 Durchstanzbereiche........................191
13.4 Durchstanzen ü. d. Stütze..............192
    13.4.1 Durchstanzbewehrung........193
13.5 Durchstanzen m. Pilzkopf..............194
    13.5.1 Pilzkopfbewehrung.............195
13.6 Deckenauflager.............................196
    13.6.1 Auflagerbewehrung............197
    13.6.2 Decken- Details.................198

14 Treppen

14.1 Treppen; Einführung.....................199
14.2 Ortbetontreppe.............................200
    14.2.1 Bewehrung d. Treppe.........201
14.3 Treppe m. Schallentkopplung......202

15 Schachtbewehrung 203

16 Sonderbauteile

16.1 Spaltzugbewehrung......................204
16.2 Hoch bewehrte Wand...................204

Formeln...205

Tabelle 2.1 Expositionsklassen..............206
Tabelle 2.2 Mindestbetondeckung........207
    Erläuterung z. Tabelle 2.2...208
Tabelle 3.1 Beiwert α_a 209
Tabelle 3.2 Grundmaß d. Verankerung..210
Tabelle 3.3 Übergreifungslänge α_1=1,2 210
Tabelle 3.4 Übergreifungslänge α_1=1,4 211
Tabelle 3.5 Übergreifungslänge α_1=2,0 211
Tabelle 3.6 Beiwerte α_1.......................211
Tabelle 3.7 Nenngewicht.......................211
Tabelle 3.8 Flächenquerschnitte............212
Tabelle 3.9 Balkenquerschnitte..............212
Tabelle 3.10 Biegerollendurchmesser
    zum Rückbiegeversuch........14
Tabelle 3.11 Biegerollendurchmesser......213
Tabelle 3.12 Biegerollendurchmesser......214
Tabelle 3.13 Biegerollendurchmesser
    nach dem Schweißen..........214
Tabelle 3.14 Größte Längs- und Quer-
    Abstände von Bügeln..........214
Tabelle 4.1 Lagermattenprogramm.......215
Tabelle 4.2 Übergreifungslänge............216
Tabelle 4.3 Übergreifungslänge 216
Tabelle 4.4 Maschenregel.....................217
Tabelle 4.5 Maschenregel.....................217
Tabelle 4.6 Biegerollendurchmesser
    Für gebogene Matten.........218
Tabelle 4.7 Übergreifungslänge der
    Querbewehrung..................218
Tabelle 4.8 Mindestwanddicken............218
Tabelle 4.9 Mindestbewehrung
    der Wände.........................218
Tabelle 4.10 Rissbreitentabellen.............219
Tabelle 4.11 Listenmatten 220
Tabelle 4.12 Verschweißbarkeit von
    Stäben untereinander..........220
Tabelle 4.13 Unterstützungen................221
Tabelle 4.14 Abstandhalter....................222
Tabelle 4.15 Abstandhalter....................222

Sachwortverzeichnis............................223

1 Baustoffe

1.1 Beton

Der Beton ist in der europäischen Norm EN 206-1 geregelt. Sie ist mit der nationalen Anwendungsregel, der DIN 1045-2 zu verwenden.

Beton besteht aus einer Mischung von
- Zement,
- Gesteinskörnung,
- Wasser und
- evtl. Zusatzmitteln, Zusatzstoffen.

Der Zement sollte nach der Verwendungsart, den Bauteilabmessungen, den Umgebungsbedingungen und der Wärmeentwicklung des Betons im Bauwerk gewählt werden.
Die Gesteinskörnung besteht aus natürlichen oder künstlich gebrochenen, mineralischen Stoffen. Auch Recyclingmaterial kann verwendet werden. Für Normalbetone werden Korngrößen verwendet, die kleiner oder gleich 32 mm sind. Zu beachten ist, dass die Korngröße immer 5 mm kleiner als der lichte Abstand der Bewehrungsstäbe sein sollte.
Der Wasserzementwert richtet sich nach den Umgebungsbedingungen und den Anforderungen, die an den Beton gestellt werden. Die Anteile an **Wasser** sind in der **EN 206-1** geregelt.
Zusatzmittel, Zusatzstoffe werden dem Beton zugegeben, wenn an ihn erhöhte Anforderungen gestellt werden, z.B. beim Betonieren um die Frostgrenze, bei Unterwasserbetonen und beim Einsatz von WU-Betonen.

Bei der Bauabnahme kann man anhand von Lieferscheinen bzw. Aufschriften auf dem Zementsack erkennen, welcher Beton eingebaut wird. Ihnen entnimmt man Zementart, Festigkeitsklasse, das Lieferwerk und das Gewicht sowie die Kennzeichnung für die Güteüberwachung und die Bezeichnung für besondere Eigenschaften.

Für unsere Zwecke reicht die Aufteilung der Betonsorten nach den Expositionsklassen. Alle anderen Anforderungen und Zuschläge sind in den verschiedenen Normen geregelt und dort nachzulesen.
Beton der Güte C8/10 wird nur für die Sauberkeitsschicht verwendet. Eine Sauberkeitsschicht von 5 bis 10 cm sollte immer unter einem Gründungsbauteil eingebaut werden. Diese verhindert einen direkten Kontakt des Betons mit dem aggressiven Erdreich. Beton wird mit dem Buchstaben C aus dem Englischen „concrete" und Leichtbeton mit den Buchstaben LC für „lightconcrete" geschrieben.
Normalbeton ist ein C12/15; C16/20; C20/25; C25/30; C30/37; C35/45; C40/50; C45/55 und ein C50/60.

Hochfester Beton ist ein C55/67; C60/75; C70/85; C80/95; C90/105; C100/115.
Die Betongüte C8/10 wird nur für die Sauberkeitsschicht verwendet. Die erste Zahl gibt die charakteristische Betondruckfestigkeit.

Leichtbetone werden in den Sorten LC8/9; LC12/13; LC16/18; LC20/22; LC25/28; LC30/33; LC35/38; LC40/44; LC45/50; LC50/55; LC55/60 und LC60/66 unterteilt.

Wasserundurchlässiger Beton ist in der DIN 1045-2 Absatz 5.5.3 und DIN EN 206-1 geregelt. Zur Ausführung muss mindestens ein Beton C25/30 vorgesehen werden.

Beton für hohe Gebrauchstemperaturen bis 250° C ist in der DIN 1045-2, 5.3.6 beschrieben.

Unterwasserbeton ist nach DIN 1045-2 Absatz 5.3.4 auszuführen.

Hochfester Beton ist in der DIN EN 206-1 Absatz 3.1.10 geregelt.

Fließbeton ist nach der DIN 1045-2, 3.1.5 auszuführen.

Beton nimmt ohne Stahleinlagen keine größeren Druck- und Zugkräfte auf.

1.2 Betonstahl

Betonstahlsorten und Eigenschaften werden auch nach Einführung der DIN 1045-1 in der DIN 488 geregelt. Betonstahl kann als Stabstahl, vom Ring und als Betonstahlmatten zur Bewehrung von Betonbauteilen verwendet werden. Es wird in folgende Betonstahlsorten unterschieden,
Bst 500S (A). Das ist der sogenannte Stabstahl mit normaler Duktilität.
Bst 500S (B). Das ist der Stabstahl mit hoher Duktilität.
Gebräuchlich ist der Stabstahl im Handel in den Durchmessern von 6 bis 28 mm. Die Lagerlänge ist bis zum Durchmesser 12 mm auf 12 m begrenzt. Ab dem Durchmesser 14 mm, beträgt die lieferbare Lagerlänge 14 m. Auf Anfrage können auch längere Betonstähle geliefert werden, nur ist das Eisen dann nicht so gut zu händeln. Hergestellt wird der Stabstahl noch in den Durchmessern von 32 bis 40 mm. Diese Durchmesser finden aber selten ihre Anwendung im Betonbau.
Zur Bewehrung von großflächigen Bauteilen werden Betonstahlmatten vorwiegend eingebaut. Betonstahlmatten werden unterschieden in:
Bst 500M (A). Das M steht für die Matte, dass A für die normale Duktilität.
Bst 500M (B). Das B steht für hohe Duktilität.
Die Bezeichnung 500 ist die Stahlstreckgrenze $f_{yk} = 500$ N/mm^2.
Der Stahldurchmesser ist der Nenndurchmesser, ohne die Rippen. Dieser Nenndurchmesser ist in allen Tabellen und Plänen maßgebend. Wichtig ist der Außendurchmesser, über die Rippen gemessen, für die Verlegung der Eisen bei geringen Stababständen im Bauteil.

Der wirkliche Stabdurchmesser, über die Rippen gemessen, ist nach der Formel
$d_A = 1,15 \cdot d_S$ zu ermitteln.

d_A = Außendurchmesser über die Rippen gemessen.

d_S = Nenndurchmesser ohne die Rippen.

Durch den guten Verbund der Rippenstäbe mit dem Beton, kann ein Bauwerk langfristig seine Standsicherheit behalten. Die Voraussetzung ist aber, eine gute Vorplanung mit richtig dimensionierten Bauteilen. Enstehen Risse in der Betonoberfläche, hat die Luft ungehinderten Zugang zum Betonstahl. Der Stahl beginnt nun zu rosten.
Durch eine gute Umhüllung des Betons, bzw. der Betondeckung, bleibt der Betonstahl ohne jegliche Korrosion erhalten. Ist aber die Betondeckung nicht ausreichend, die Bewehrung falsch verlegt, kann der Beton abplatzen. Aufwendige und teure Sanierungsmaßnahmen sind die Folge.
Hier liegt nun die ganze Verantwortung in der Hand des Konstrukteurs, mit der richtigen Konstruktion und der Bewehrungsführung, ein Bauwerk dauerhaft zu gestalten.

2 Allgemeines

2.1 Formelzeichen und Abkürzungen

A ist die Fläche eines Betonquerschnittes. Bei einer Wand oder Decke ist A die Querschnittsfläche auf 1,00 m Länge.

b ist die Bauteilbreite eine Unterzuges oder Stütze.

h ist die Höhe eines Bauteilquerschnittes. In der alten Norm noch mit d benannt.

d ist die statische Höhe eines Bauteils im Querschnitt. Gemessen von der Unterkante eines Bauteils bis zur Mitte des oberen Eisens. In der alten Norm noch h.

c steht für Beton, aus dem Englischen „concrete".

s ist der Betonstahl nach DIN 488 mit der Bezeichnung, Bst 500S (A) oder (B) = Stabstahl. Oder Bst 500M (A) oder (B) für Betonstahlmatten. A steht hier für normale Duktilität und B für hohe Duktilität.

l_b ist die Abkürzung für das Grundmaß der Verankerungslänge. Mit ihr werden alle Verankerungs- und Auflagerlängen errechnet.

α_1 und α_2 sind Beiwerte, die mit dem Grundwert der Verankerungslänge multipliziert, die Übergreifungslänge l_s ergeben.

l_s ist die Übergreifungslänge zweier Bewehrungsstäbe, bzw. die Überlappung einer tragenden Stoßverbindung bei Matten.

$A_{s,erf}$ ist die Abkürzung für die erforderliche Bewehrung aus der Statik.

$A_{s,vorh}$ ist die Abkürzung für die vorhandene, wirklich eingelegte Bewehrung.

V_{Ed} gleich Querkraft, mit der die Schubbewehrung, Bügelbewehrung und die Auflagerkraft zur Endverankerung der Eisen ermittelt wird.

Alle anderen Abkürzungen werden in den jeweiligen Kapiteln ausführlich erläutert.

2.1.1 Abkürzungen nach DIN 1045-1

Fläche:	A
Breite:	b
Querschnittshöhe:	h
Statische Höhe:	d
Stegbreite:	b_w
Eigengewicht:	G
Zugbewehrungsfläche:	A_{s1}
Druckbewehrungsfläche:	A_{s2}
Beton, Druck:	c
Zug:	t
Betonstahl:	s
Steg, Wand:	w
Charakteristisch:	k
Verkehrslast:	Q
Torsionsmoment:	T
Grundmaß der Verankerungslänge:	l_b
Erforderliche Verankerungslänge:	$l_{b,net}$
Beiwert für die Verankerungsart:	α_a
Übergreifungslänge:	l_s
Beiwert Übergreifungslänge Stab:	α_1
Beiwert Übergreifungslänge Matte:	α_2
Erforderliche Bewehrung:	$A_{s,erf}$
Vorhandene Bewehrung:	$A_{s,vorh}$
Versatzmaß:	α_I
Vorhaltemaß:	Δc
Grenzabmaß:	Δl
Spannstahl:	p
Normalkraft:	N_{Ed}
Biegemoment:	M_{Ed}
Querkraft:	V_{Ed}
Betondruckkraft:	F_{cd}
Stahlzugkraft:	F_{sd}

Alle weiteren, für den Konstrukteur nicht relevanten Abkürzungen, sind in der DIN 1045-1 beschrieben.

2.2 Expositionsklassen und Betondeckung

Mit der Einführung der DIN 1045-1 wurde die Betondeckung neu geregelt. Die Expositionsklassen wurden eingeführt.
Diese Expositionsklassen regeln anhand der Umgebungsbedingungen die Wahl der Betondeckung und des Betons. Sofern keine höheren Anforderungen an den Beton gestellt werden, sind diese Regeln bindend.
Korrosion ist eine von der Oberfläche ausgehende Zerstörung des Betonstahls, die durch chemische oder elektrolytische Reaktion mit dem Umfeld hervorgerufen wird. Der Stahl beginnt durch Korrosion zu rosten. Querschnitt und die Festigkeit der Stahleinlagen verringern sich. Die gleichzeitige Gegenwart von Sauerstoff und Wasser lösen den Rostprozess aus.
In der Vergangenheit hat sich immer wieder gezeigt, dass Bauwerksschäden durch mangelhafte Betondeckung, zu schlanken Bauteilen und damit verbunden zu großen Bewehrungsdurchmessern entstanden sind. Bauwerkssanierungen und Instandhaltungsarbeiten sind aufwendig und teuer. Nur der Konstrukteur kann durch die richtige Konstruktion die Fehler aus Architektur und Statik vermeiden. Er muss die richtigen Bauteilabmessungen, die Expositionsklasse, die Betondeckung und die richtige Bewehrung bestimmen. Es dürfen nicht zu große Bewehrungsdurchmesser eingebaut werden.
Besonders beim Einbau von Einbauteilen (Stahlplatten), ist auf die Betondeckung zwischen Betonstahl und Einbauteil zu achten. Hier treten sehr schnell Roststellen und Rostpocken auf, die ein Abplatzen des Betons beschleunigen. Der Betonstahl kommt nun ohne Betondeckung mit der Luft in Berührung und fängt an zu rosten.

Die Betondeckung errechnet sich aus dem Vorhaltemaß, der Mindestbetondeckung und dem Stabdurchmesser. Bei der Expositionsklasse XC1, ist beispielsweise der Stabdurchmesser 12 mm maßgebend. Bis zur Expositionsklasse XC4 ist eines zu beachten: Ist der Stabdurchmesser größer als die Mindestbewehrung, so ist für die Mindestbetondeckung der Stabdurchmesser maßgebend!

2.3 Brandschutz

Die Brandschutzanforderungen für Betonbauteile sind in der DIN 4102-2 , 4102-4 und der DIN V ENV 1992-1-2 geregelt. Zur Betondeckung, die sich nach den Expositionsklassen richtet und zur Wahl der Bauteilabmessungen ist der Brandschutz zu beachten. Bauteile, die den Brandschutzanforderungen unterliegen sind in der Norm beschrieben. Baustoffe werden nach Brennbarkeit in Klassen eingeteilt:
Brennbarkeitsklasse A: nicht brennbar
B: brennbar
B1: schwer entflammbar
B2: normal entflammbar
B3: leicht entflammbar.
Die Feuerwiderstandsklassen werden in F30A/ F60A/ F90A/ F120A und F180A eingeteilt. Für unseren Baustoff Beton bedeutet dies, mit einer Feuerwiderstandsklasse F90A F = Feuerwiderstandsklasse, 90 = 90 Minuten bleibt das Tragverhalten nach der statischen Berechnung bestehen. A = nicht brennbar.
Ab einer Bauwerkshöhe von 22 m beginnt die Brandschutzanforderung für Hochhäuser

Brandschutzanforderungen an Hochhäuser:

Hochhäuser mit einer Höhe	Tragende aussteifende Wände, Stützen und Decken	Flurwände tragend	Treppen nicht-tragend
Bis 60 m	F90A	F90A	F90A
> 60 bis 200	F120A	F120A	F90A	F90A
> 200 m	F180A	F120A*	F90A	F90A

*= in besonderen Fällen können höhere Anforderungen gestellt werden.

Stützen:
Die Mindestabmessungen einer Stütze ist in der DIN 1045-1 mit einer Seitenlänge von 20,0 cm gefordert. Darunter liegende Abmessungen brauchen nicht beachtet werden. Zu beachten ist: Die Betondeckung wird in der Brandschutz-DIN mit dem Maß u bis zur Mitte des Längseisens angegeben.
Für die Feuerwiderstandsklasse F30A und F60A ist die kleinste Seitenlänge der Stütze 20 cm und das Maß u = 20 bis 35 mm. Wird von diesen 35 mm noch der halbe Längsstabdurchmesser und der Bügeldurchmesser abgezogen, so ist für die Betondeckung die Expositionsklasse maßgebend.
Für die Feuerwiderstandsklasse **F90A** ist die kleinste Seitenlänge bzw. der Durchmesser der Stütze 24 cm, das Maß u = 45 mm. So ist die Betondeckung 45 mm minus dem halben Längsstabdurchmesser und minus dem Bügeldurchmesser. Die Betondeckung bis zum Bügel sollte 30 mm nicht unterschreiten. Für die Feuerwiderstandsklasse **F120A** ist die kleinste Seitenlänge bzw. der Durchmesser der Stütze = 28 cm, dass Maß u bis zur Mitte des Längsstabes = 55 mm. Die Betondeckung bis zum Bügel ist 35 mm. Für die Feuerwiderstandsklasse **F180A** ist die kleinste Seitenlänge bzw. der Durchmesser der Stütze = 36 cm. Das Maß u bis zur Mitte des Längseisens beträgt je nach Seitenlänge von 36 cm = 83 mm und bei 60 cm ist das Maß u = 70 mm. Hier wird die Stütze sicher mit den Abmessungen von 50/50 cm eingebaut. Das Maß u ist dann 75 mm und die Betondeckung bis zum Bügel beträgt 55 mm. Hier ist keine Zusatzbewehrung erforderlich. Betone ab einem C55/67 neigen bei Brandeinwirkung schnell in den Randbereichen zu Betonabplatzungen. Hier sind besondere betontechnologische Maßnahmen erforderlich.

Wände (Brandwände)
Wände aus Beton eignen sich besonders für den Brandschutz als Brandwände. Brandwände bzw. Brandabschnitte sollten einen Abstand von 40 m haben und durch alle Geschosse bis über das Dach geführt werden. Dieser Überstand muss mindestens 50 cm bis zur Dachhaut betragen. Ist das nicht möglich und die Wand endet unter oder in der Dachhaut, muss beidseitig ein 5 m Streifen aus harter Bedachung (Beton) eingebaut werden. Öffnungen im Dach sollen 5 m von der Brandwand entfernt liegen. Ist die äußere Wand nur 2,50 m oder weniger vom Nachbargebäude entfernt, muss sie als Brandwand ausgeführt werden.

Tragende Stahlbetonwände sind in den Feuerwiderstandsklassen:
F30A mindestens 12 cm stark.
F60A mindestens 14 cm stark.
F90A mindestens 17 cm stark.
Bei diesen Brandklassen ist die Expositionsklasse zur Bestimmung der Betondeckung maßgebend.
Tragende Wände mit der Feuerwiderstandsklasse F120A und dem Ausnutzungsfaktor 1,0 müssen 22 cm stark ausgeführt werden. Hierbei ist das Betondeckungsmaß u bis zum 1. vertikalen Stab = 35 mm. Liegt die Querbewehrung außen oder wird eine Betonstahlmatte eingebaut, ist das Maß u auch hier bis zum vertikalen Stab = 35 mm.
In der Feuerwiderstandsklasse F180A muss die Wand mindestens 30 cm stark und das Maß u = 55 mm sein. Von der Betonkante bis zur Mitte des 1. vertikalen Stabes gemessen ist das Maß u.
Im Wangenbereich von Durchbrüchen, Türen und Fenstern muss ebenfalls auf die erhöhte Betondeckung geachtet werden. Bei 1-seitiger Brandbeanspruchung ist die Betondeckung und das Maß u gleich den obigen Maßen.

Unterzüge (Betonbalken):
Unterzüge mit Decken werden 3-seitig beansprucht. Auch Betonrähme die auf Mauerwerk aufliegen, haben eine 3-seitige Brandbeanspruchung. Betonbalken sind von 4 Seiten beflammbar.
Die Mindestbreite b dass Betondeckungsmaß u und die Mindestanzahl der Bewehrungsstäbe in der unteren Lage bei 3-seitiger Beanspruchung und statisch bestimmt gelagerten Unterzügen betragen:
Für die Feuerwiderstandsklasse **F30A** ist die Mindestbreite b 8 cm. Bemerkung: Unter 15 cm sollte kein Unterzug geplant werden.
Die Expositionsklasse ist zur Bestimmung der Betondeckung maßgebend. Bei einer Breite von größer oder gleich 20 cm müssen 3 Stäbe eingebaut werden. Darunter reichen zwei Stäbe.
Für die Feuerwiderstandsklasse **F60A** ist die Mindestbreite b = 12 cm. Nicht unter 15 cm planen. Die Betondeckung ist nach der Expositionsklasse zu bestimmen. Bis zu einer Unterzugbreite von 19 cm reichen in der unteren Lage zwei Stäbe. Ab 20 cm müssen 3 Stäbe eingebaut werden. Ist der Unterzug größer oder gleich 30 cm müssen vier Bewehrungsstäbe eingelegt werden.
Für die Feuerwiderstandsklasse **F90A** muss die Bauteilbreite mindestens 15 cm sein. Hier sollten zwei Stäbe in der unteren Lage eingebaut werden. Mit der hohen Betondeckung ist es unmöglich zwei Eisen mit dem Durchmesser 20 mm einzubauen. Das Mindestmaß b sollte bei einer Betondeckung von 3,5 cm bis zum Bügel nicht unter 20 cm liegen. In der unteren Lage müssen 3 Stäbe vorgesehen werden.
Ab einer Breite b von 25 cm müssen 4 Eisen eingebaut werden und über einer Breite von 40 cm müssen 5 Eisen eingebaut werden.
Zu beachten ist hier und bei allen brandbeanspruchten Unterzügen und Balken, dass die angegebene Anzahl der Bewehrungsstäbe durchlaufend über die Auflager geführt werden.

Decken:
Liegt in der oberen Lage eine vollflächige Bewehrung, braucht auf den Brandschutz nicht geachtet werden. Eine Betondeckung von 35 mm wird erforderlich, wenn keine obere, vollflächige Bewehrung vorgesehen wird. Ebenso ist in diesem Fall die Stützbewehrung beidseitig um 25% zu verlängern.

Verbundträger-Decken: Dabei handelt es sich um Decken aus Stahlträgern, im Verbund mit einer Betonplatte. Diese Decken kommen in verschiedenen Ausführungen zur Anwendung. Die Brandschutzanforderungen an die Betonplatte mit der Betondeckung ist den Decken zu entnehmen. Die Stahlträger müssen vor der Brandeinwirkung geschützt werden. Hier kommen Materialien wie Mineralfaser, Spritzputz, Brandschutzplatten aus Mineralfaser oder auch ein feuerfester Anstrich zur Anwendung. Bei Kappendecken braucht nur die Unterseite der Stahlträger vor Brandbeanspruchung geschützt werden.

3 Verankerung von Betonstahl

3.1 Grundmaß der Verankerungslänge

Mit Betonstahl ist hier der Einzelstab nach DIN 488 und den Stabdurchmessern von 6 bis 28 mm gemeint. Die Stabdurchmesser 32 und 40 mm werden nach allgemeiner bauaufsichtlicher Zulassung geregelt. Bst 500S ist die Abkürzung für Betonstahl, 500 ist der Wert für die Streckgrenze des Stahles in N/mm², Das Kürzel S ist als Einzelstab definiert.

Betonstahl Bst 500S wird in Deutschland nach DIN 488 mit hohen Duktilitätseigenschaften hergestellt. Der Stahl ist warmgewalzt und nachbehandelt und ist deshalb in hochduktil (B) einzustufen.

Betonstahl ist in den Lagerlängen von 12 bis 16 m vorrätig. Bis zu einem Stabdurchmesser von 12 mm beträgt die Lagerlänge 12 m. Die lieferbare Lagerlänge ab dem Stabdurchmesser 14 mm beträgt 14 bis 16 m. Es ist durchaus möglich, den Stabstahl bis zu einer Länge von 31 m herzustellen

Dieser Bewehrungsstab muss nun in einem Biegebetrieb auf die gewünschte Länge und Form gebracht werden. Die Angaben über Länge, Durchmesser der Bewehrung und die Biegeform liefert der Konstrukteur mittels Eisen- und Biegelisten.

Um nun die genaue Länge eines Bewehrungsstahles zu ermitteln, muss der Konstrukteur die Auflagerlänge, zum Beispiel eines Unterzuges kennen. Der Bewehrungsstab sollte 3 bis 4 cm kürzer als die Auflagerlänge sein. Das ist die Verankerungslänge eines Betonstahles.

Die Verankerungslängen werden nun in drei Bereiche unterschieden. Das ist die Verankerung über dem Auflager, die Verankerung des Eisens im Feld und die Übergreifungslänge zweier Stäbe. Zu beachten ist hier die unterschiedliche Verankerungslänge in der oberen und unteren Lage der Bewehrung. Alle Verankerungslängen werden von dem Grundmaß der Verankerungslänge abgeleitet. Das Kürzel für das Grundmaß ist l_b und errechnet sich aus dem Stabdurchmesser geteilt durch 4. Dieser Wert, multipliziert mit dem Faktor aus der Streckgrenze des Betonstahles geteilt durch die Verbundspannung, ist das Grundmaß der Verankerungslänge.

Der Bemessungswert der Streckgrenze des Betonstahles wird mit f_{yd} bezeichnet.

Der Bemessungswert der Verbundspannung wird mit f_{bd} bezeichnet. In der **Tabelle 3.2** sind die Werte für das Grundmaß der Verankerung angegeben.

Das Grundmaß der Verankerung ist gleichzeitig die Verankerungslänge für Druckstützen. Für die Verankerungslänge über den Auflagern ist der Beiwert in der **Tabelle 3.1** zu beachten. Mit diesem Beiwert und der dargestellten Biegeform, kann die Verankerungslänge multipliziert werden und wird kürzer. Reicht die Verankerungslänge nicht aus, ist eine Schlaufenform dem aufgebogenen Eisen bei der Endverankerung vorzuziehen. Denn durch ein aufgebogenes Eisen, mit dem großen Biegerollendurchmesser, befände sich im unteren Bereich des Auflagers keine Bewehrung. Schlaufenformen hingegen werden als Zulagen liegend eingebaut. Ihre Anzahl errechnet sich aus der erforderlichen Bewehrung am Endauflager. Die verschiedenen Bereiche der Endverankerung sind auf **Seite 9** dargestellt.

Es ist nicht erforderlich, alle Bewehrungsstäbe bis zum Endauflager zu führen. Hier ist dann die Verankerung im Feld mit dem Grundmaß, dem Versatzmaß und dem Beiwert aus **Tabelle 3.1** zu ermitteln. Die genauen Verankerungslängen sind in den einzelnen Abschnitten, Erläuterungen und zeichnerichen Darstellungen angegeben.

Bewehrungsstäbe oder Baustahlmatten, die in der oberen Lage nur aus konstruktiven Gründen durchlaufen, können mit dem Grundmaß l_b übergreifen. Ist aber eine Druckbewehrung einzulegen, so müssen die Bewehrungsstäbe oben mit der erforderlichen Übergreifungslänge gestoßen werden.

3.2 Verankerung über den Auflagern

Lastabtragende Bauteile wie Decken oder Balken leiten ihre Last zu den Auflagern. Hier finden wir drei Auflagersituationen vor, die eine unterschiedliche Endverankerung der Bewehrungsstäbe erforderlich machen. Wir unterscheiden zwischen einer direkten Lagerung, einer indirekten Lagerung und das ausgeklinkte Auflager. Schon bei der Planung sollte der Konstrukteur auf die richtig dimensionierten Bauteilabmessungen achten. Dann dürfte es mit der Verankerung der Bewehrungsstäbe nicht problematisch werden.

Im **Bild 3.2a** ist die direkte Lagerung eines Endauflagers dargestellt. Das Betonbauteil liegt mit dem gesamten Querschnitt auf eine Wand oder Stütze auf. Der Bewehrungstab, sei es ein Stabstahl oder eine Betonstahlmatte, sollte mit mindestens 6 mal Stabdurchmesser auf das Auflager liegen. Das ist die Endverankerung.

Im **Bild 3.2b** ist die direkte Lagerung eines Endauflagers auf einen Betonbalken dargestellt. Hier muss aber das aufliegende Bauteil, man spricht dann von einem gestützten Bauteil, in der Höhe kleiner als die halbe Höhe des Auflagerbalkens sein. Der Auflagerbalken ist das stützende Bauteil. Der Bewehrungsstab ist mit mindestens 6 mal Stabdurchmesser in den Auflagerbalken einzubinden.

Im **Bild 3.2c** ist ein indirektes Endauflager dargestellt, wobei das gestützte Bauteil in der Höhe größer, als die halbe Höhe des Auflagerbalkens ist. Hier sollte der Bewehrungsstab so weit wie möglich in den Auflagerbalken geführt werden. Die Endverankerungslänge von 10 mal Stabdurchmesser muss aber eingehalten werden.

Im **Bild 3.2d** ist das Mittelauflager eines Betonbauteils mit einer direkten Lagerung dargestellt. Diese Art der Lagerung finden wir bei Durchlaufbalken oder durchlaufenden Deckenplatten wieder. Das Betonbauteil liegt hier mit seinem gesamten Querschnitt auf eine Wand oder Stütze auf. Die erforderliche Verankerungslänge sollte 6 mal Stabdurchmesser betragen. Bei einem Bewehrungsstab von 6 mm, führt das zu einer Verankerungslänge von 3,6 cm. Auch bei diesem Auflager, sollte der Bewehrungsstab mit 10 mal Stabdurchmesser über das Auflager geführt werden.

Im **Bild 3.2e** ist die Auflagersituation eines Mittelauflagers mit einer indirekten Lagerung dargestellt. Die Bauteilhöhe des gestützten Trägers ist größer, als die halbe Höhe des stützenden Trägers. Die erforderliche Verankerungslänge beträgt 10 mal Stabdurchmesser. Auch hier sollten die Bewehrungsstäbe so weit wie möglich in den Unterzug geführt werden. Eine Übergreifung der Stäbe im Auflagerbereich ist vorteilhaft.

Im **Bild 3.2f** liegt das Betonbauteil mit seinem gesamten Querschnitt auf eine Konsole bzw. auf einer Streifenkonsole auf. Die Endverankerung ist für ein direktes Auflager gegeben. Ist es nicht möglich, den Bewehrungsstab mit 6 mal Stabdurchmesser über das Auflager zu führen, sollten liegende Schlaufen zur Endverankerung genutzt werden. In diesem Fall kann dann die Endverankerungslänge nach **Tabelle 3.1** mit dem Faktor 0,7 gekürzt werden. Aufgebogene Stäbe sind durch ihren großen Biegerollendurchmesser nicht vorteilhaft, denn in den unteren Auflagerbereichen können Betonabplatzungen und Risse entstehen. Maßgebend für die Übergreifungslänge der Zulageschlaufen mit dem zu verankernden Bewehrungsstab ist der Stabdurchmesser der Schlaufe und wird mit der **Tabelle 3.3** bis **3.5** mit dem guten Verbundbereich ermittelt.

Die erforderliche Bewehrung in Deckenplatten muss mit 50% und in Unterzügen mit einem Drittel über die Auflager geführt werden. Anhand dieser Werte, ist der Bewehrungsquerschnitt der Schlaufen mit der **Tabelle 3.8** bzw. **3.9** zu ermitteln.

Generell sollten alle Stäbe mit mindestens 10 d_s über die Auflager geführt werden.

3.2 Verankerungslänge über den Auflagern

Verankerung über den Auflagern

Bild 3.2a
Verankerungslänge Endauflager direkt

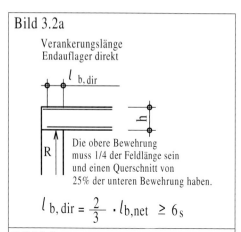

Die obere Bewehrung muss 1/4 der Feldlänge sein und einen Querschnitt von 25% der unteren Bewehrung haben.

$$l_{b,dir} = \frac{2}{3} \cdot l_{b,net} \geq 6_s$$

Bild 3.2b
Verankerungslänge, Endauflager direkt
direktes Auflager wenn h_3 größer h_2

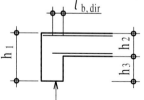

obere Bewehrung wie links

$$l_{b,dir} = \frac{2}{3} \cdot l_{b,net} \geq 6_s$$

Bild 3.2c
Verankerungslänge Endauflager indirekt
indirektes Auflager wenn h_2 größer h_3

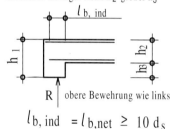

obere Bewehrung wie links

$$l_{b,ind} = l_{b,net} \geq 10\,d_s$$

Bild 3.2d
Verankerungslänge, Mittelauflager direkt

$$\geq 6\,d_s \quad l_{b,dir}$$

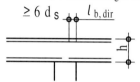

Die obere erforderliche Bewehrung muss mindestens beidseitig 1/4 der angrenzenden Feldlänge einbinden

$$l_{b,dir} = \geq 6\,d_s$$

Bild 3.2e
Verankerungslänge Mittelauflager indirekt
indirektes Auflager wenn h_2 größer h_3

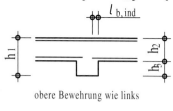

obere Bewehrung wie links

$$l_{b,ind} = l_{b,net} \geq 10\,d_s$$

Bild 3.2f
Verankerungslänge Endauflager direkt

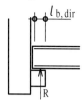

die obere Bewehrung wie ein Endfeld

$$l_{b,dir} = \frac{2}{3} \cdot l_{b,net} \geq 6\,d_s$$

Die hier angegebenen Verankerungslängen sind Mindestlängen, eine Verankerungslänge von $10\,d_s$ sollte vorgesehen werden.

Berechnungen der erforderlichen Verankerungslänge

$$l_b = \frac{\emptyset\,d_s}{4} \cdot \frac{f_{yd}}{f_{bd}}$$

$$l_{b,net} = \alpha_a \cdot l_b \cdot \frac{A_{s,erf}}{A_{s,vorh}} \geq l_{b,min}$$

3.2.1 Verankerung über den Auflagern und Stützen

Im **Bild 3.2.g** ist ein ausgeklinktes Auflager auf eine Konsole dargestellt. Diese Ausführung kommt sehr häufig in der Kombination mit Fertigteilen vor. Die Endverankerung der Bewehrungsstäbe ist in der unteren Lage der indirekten Lagerung zuzuordnen und die Bewehrungsstäbe über der Konsole sind nach der direkten Lagerung zu verankern. Durch die kurzen Auflagerbereiche sind die Bewehrungsstäbe in der unteren Lage durch Zulageschlaufen wie in der Erläuterung zu Bild 3.2.f beschrieben, zu verankern. Die Bewehrung über der Konsole wird nur mit liegenden Schlaufen ausgeführt, die ausführlich in der Konsolbewehrungsführung erläutert wird..
Im **Bild 3.2.h** sehen wir die Bewehrungsführung für ein indirektes Auflager. Die Endverankerung der Bewehrungsstäbe ist nach der Erläuterung zu Bild 3.2e auszuführen. Zu beachten ist hierbei die Zulagebewehrung, die bei zu erwartenden Auflagersetzungen oder Explosionsgefahr vorzusehen ist. Die Übergreifungslänge der Stäbe sollte mindestens nach **Tabelle 3.2** ausgeführt werden.

Die Endverankerung der Stützenlängsstäbe ist in den Bildern 3.2.i bis 3.2.k dargestellt.
Die Verankerungslänge der Längsstäbe muss mindestens l_b nach **Tabelle 3.2** sein.
Im **Bild 3.2.i** ist die Verankerungslänge der Längsstäbe ausreichend. Denn das geforderte Längenmaß endet mit der 0,5 – fachen kleinsten Stützenbreite unterhalb der Decke. Eine zusätzliche Bewehrung bzw. eine engere Verbügelung ist zur Endverankerung nicht erforderlich. Hier ist aber zu beachten, nach der DIN 1045-1 ist ab dem Stabdurchmesser 16 mm eine engere Verbügelung im Abstand des 0,6 – fachen Bügelabstandes auf das Maß der größten Stützenbreite vorzusehen.
Im **Bild 3.2.j** müssen um die Endverankerung in die Deckenplatte zu erreichen, Zulagebügel eingebaut werden. Die Endverankerungslänge l_b endet mit der kleinsten 2 – fachen Stützenbreite unterhalb der Decke und ist größer als die 0,5 – fache kleinste Stützenbreite. Der Abstand der Bügel in diesen Bereichen sollte nicht größer als 8 cm gewählt werden.
Im **Bild 3.2.k** werden die Stüzenlängsstäbe in einen Unterzug verankert. Endet das Verankerungsmaß mit der halben kleinsten Stützenbreite unterhalb des Unterzuges, oder reicht die Höhe des Unterzuges zur Endverankerung aus, sind keine zusätzlichen Maßnahmen erforderlich. Sollte die Endverankerung mit der Länge l_b nach **Tabelle 3.2** aber bis zu der 2 – fachen kleinsten Stützenbreite unterhalb des Unterzuges reichen, muss eine engere Verbügelung unterhalb des Unterzuges bis zum Endverankerungsmaß vorgesehen werden. Der Bügelabstand sollte hierbei nicht kleiner als 8 cm gewählt werden. Auch in diesem Fall, ist die DIN 1045-1 zu beachten. Unterhalb des Unterzuges muss eine engere Verbügelung mit dem 0,6 – fachen Wert des erforderlichen Bügelabstandes auf die Höhe der größten Stützenbreite eingelegt werden. Stützeneisen sollten generell mindestens 8 cm ab der Oberkante der Decke enden. Bei einem geringeren Maß könnte es zu Betonabplatzungen kommen.

Die Verbundbedingungen nach den **Bildern 3.2.l bis 3.2.o** regeln die Verankerungslänge der Bewehrung nach ihrer Lage im Bauteil. Alle vertikalen Bewehrungsstäbe sind dem guten Verbund zuzuordnen. Horizontal liegende Wandbewehrung ist immer in den guten Verbundbereich einzustufen. Der Unterschied liegt in der liegenden Plattenbewehrung wie z.B. Decken - und Bodenplatten und in der Unterzugbewehrung. Sind diese Bauteile nicht Höher als 30 cm, ist jeder Bewehrungsstab dem guten Verbund zuzuordnen. Hierzu gehört auch ein abgebogenes Eisen unter einem Winkel von 45 bis 90°. Bewehrungsstäbe die in Bauteilen liegen die höher als 60 cm sind, können bis zu 30 cm unter Oberkante Beton dem guten Verbund zugeordnet werden. Alle anderen Bewehrungsstäbe sind dem mäßigen Verbund einzuordnen

Verankerung über den Auflagern

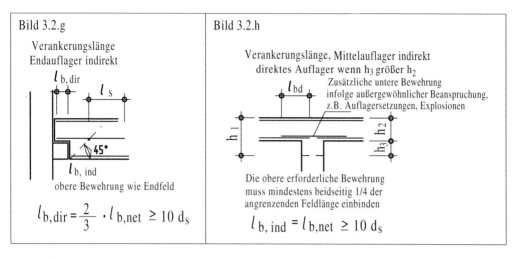

Verbundbedingungen zur Festlegung der Verankerungslängen

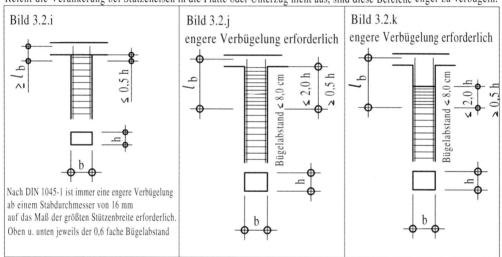

Verankerung im Feld

Bild 3.2.p Verankerung im Feld bei Platten und Unterzügen

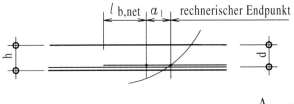

$$l_{b,net} = \alpha_a \cdot l_b \cdot \frac{A_{s,erf}}{A_{s,vorh}} \geq l_{b,min}$$

a_1 = Versatzmaß ; bei Stahlbetonplatten keine Querkraft = 1,0 d

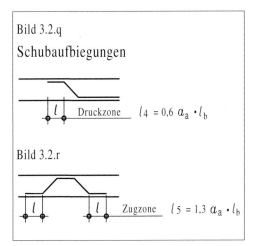

Bild 3.2.q
Schubaufbiegungen

Druckzone $l_4 = 0.6 \, \alpha_a \cdot l_b$

Bild 3.2.r

Zugzone $l_5 = 1.3 \, \alpha_a \cdot l_b$

$z = 0.9 \, d$
d = statische Höhe
Beispiel: Bei einem Unterzug von h= 40 cm
ist a_1 (Versatzmaß) = $\frac{0.9 \times 35}{2}$ x 1,20 =
a_1 = 19 cm

Bei der Verankerung von Matten mit
Doppelstäben und Rundeisen (500S)
ist der Ersatzdurchmesser mit der Formel
ø des Einzelstabes der Matte $\cdot \sqrt{2}$
zu ermitteln . Bei 8 mm Doppelstäben ist der
Ersatzdurchmesser = 12 mm

guter Verbund, wenn h ≤ 30 cm
oder h größer 30 cm dann die unteren 30 cm
oder h größer 60 cm dann Eisen unterhalb
der oberen 30 cm

3.3 Übergreifungslängen von Betonstahl (500S)

Wie schon unter 3.1 beschrieben, werden die Rundstähle Bst 500S bis zum Durchmessser 12 mm mit 12 m Länge und ab dem Durchmesser 14 mm mit 14 bzw. 16,0 m Länge lagermäßig hergestellt. Ist nun ein Bauteil länger als 12, 14 oder 16 m müssen die Eisen gestoßen werden. In diesem Stoßbereich liegen die Stäbe mit der Übergreifungslänge nebeneinander.

Die Übergreifungslänge ist abhängig von der Betongüte, vom Stabdurchmesser und seiner Lage im Bauteil. Diese Übergreifungslänge bzw. den Übergreifungsstoß benötigen wir auch in der Geschossbauweise. Stützen oder Wände, werden fast immer geschosshoch bis zur Unterkante der Decke betoniert. Für das anschließende Bauteil benötigen wir als Anschlussbewehrung die Übergreifungslänge. Wird das Bauteil nur mit Druck belastet, ist die lange Übergreifungslänge nicht erforderlich. Hier reicht dann das Grundmaß der Verankerung mit l_b.

Wir können in der statischen Berechnung nachlesen, ob Zug- oder Druckkräfte im Bauteil vorhanden sind. Die Übergreifungslänge l_s wird nur bei Zugbeanspruchung benötigt.

Die Übergreifungslänge l_s, wird mit dem Beiwert, α_1 nach **Tabelle 3.6** errechnet. Die Formel lautet. $l_s = \alpha_1$ mal l_b Alle Übergreifungslängen dürfen noch mit dem Faktor l_s mal $A_{s,erf} / A_{s,vorh}$ gekürzt werden.

Der Bewehrungsquerschnitt wird in cm^2 für Stabtragwerke und in cm^2/m bei Flächentragwerken zur Berechnung der Übergreifungslänge angegeben. Die statische Berechnung gibt immer bei Stabtragwerken den gesamten Bewehrungsquerschnitt in cm^2 an. Die Anzahl der Stäbe und Durchmesser legt der Konstrukteur fest. Plattenartige Bauteile werden in der Statik für einen Meter Plattenbreite berechnet.

Um die Übergreifungslänge zu bestimmen, müssen wir festlegen in welcher Lage die Bewehrung im Bauteil liegt. Hierzu sind die Verbundbereiche auf **Seite 11** dargestellt. Liegt die Bewehrung unten in der Schalung, ist stets ein guter Verbund anzunehmen und aus den **Tabellen 3.2 bis 3.5** die Übergreifungslänge mit gutem Verbund abzulesen. Dem guten Verbund sind alle Bewehrungsstäbe zuzuordnen, die horizontal kleiner oder gleich 30 cm über dem Schalungsboden liegen.

Alle Eisen unter einem Winkel von 45 bis 90° sind mit gutem Verbund zu verankern oder zu stoßen.

Ist das Bauteil höher als 60 cm sind alle Eisen die 30 cm und mehr unterhalb der Betonoberkante liegen, mit gutem Verbund zu verankern. Das oben liegende Eisen ist mit mäßigen Verbund zu verankern, bzw. zu stoßen. Ist nun das Bauteil höher 30 cm und niedriger 60 cm so ist die obere Bewehrung mit mäßigen Verbund zu übergreifen oder zu verankern.

Alle vertikalen Bewehrungsstäbe sind mit gutem Verbund zu verankern.

Liegen nun zum Beispiel in einer Deckenplatte oder Unterzug mehr als ein Eisen, so ist der Bewehrungsstoß zu versetzen. Der Versatz des Übergreifungsstoßes muss mindestens das 1,3 fache der Übergreifungslänge sein. Siehe hierzu die Zeichnung unter der **Tabelle 3.3**.

Die Übergreifungslänge ist auch bei der Bewehrung von Stützen zu beachten. Die Längsstäbe dürfen in einem Schnitt gestoßen werden, wenn der gesamte Bewehrungsquerschnitt im Stoßbereich kleiner oder gleich dem 0,09-fachen Wert des Stützenquerschnittes entspricht. Ist der gesamte Bewehrungsquerschnitt in cm^2 aber größer als der 0,09-fache Wert des Stützenquerschnittes in cm^2, so muss der Stoß der Übergreifungslänge mindestens um das Maß 1,3 mal der Übergreifungslänge versetzt werden. Bei einer Stütze von 30/30 cm dürfen 81 cm^2 an gesamter Bewehrung vorhanden sein.

3.4 Biegen von Betonstählen (Bst 500S)

Betonstahl wird für den Einbau in die Schalung im Werk nach Listen oder Plänen gebogen. Ist der Bewehrungsplan erstellt, wird hierzu eine Eisenliste mit Biegeliste gefertigt. In der Eisenliste werden die Längen, Stückzahlen, Durchmesser und das Gewicht des Stahles angegeben.
In der Biegeliste wird die Eisenform mit den Einzellängen dargestellt. Heute erledigen das die Computerprogramme.
Betonstahl kann nicht einfach übers Knie gebogen werden. Es treten zu große Biegespannungen in der Krümmungsebene auf. In dem DBV-Merkblatt „*Betondeckung und Bewehrung 2002-07* " ist das Biegen von Betonstählen geregelt.
Betonstähle der Güte 500S dürfen bis zu einem Durchmesser von 16 mm mit dem Biegerollendurchmesser 4x d_s gebogen werden. Der Durchmesser der Biegerolle hat das Kürzel d_{br} (wie der Durchmesser der Biegerolle) und d_s ist der Stabdurchmesser.
Bei einem Stabdurchmesser von 10 mm ist der Biegerollendurchmesser 40 mm. Ab einem Stabdurchmesser von 20 mm muss der Biegerollendurchmesser 7 d_s betragen. Mit dem Stabdurchmesser 20 mm muss der Biegerollendurchmesser 140 mm betragen.
Diese beschriebenen Biegerollendurchmesser sind für die konstruktive Biegung von Haken und Schlaufen zur Endverankerung geeignet sowie zur Eckumlenkung der Stäbe im Eckbereich, Anschluss Wand an Bodenplatte usw.
Zur eigentlichen Kraftumlenkung des Betonstahls sind andere Biegerollendurchmesser erforderlich. Eine Kraftumlenkung ist bei Rahmenecken, Abbiegungen der Stützeneisen, Rückverankerungen von Ankertöpfen vorhanden. Eine genaue Beschreibung dieser Biegerollendurchmesser ist in den entsprechenden Kapiteln und **Tabellen 3.11 bis 3.13** erläutert. Der Biegerollendurchmesser muss zur Rückverankerung der Ankerkörper mindestens 15 d_s betragen Das sind bei einem Stabdurchmesser von 20 mm = 300 mm Innendurchmesser des gebogenen Stabes.

Oft werden an Betonierabschnitten die Bewehrungsstäbe, die zur Anschlussbewehrung des anzuschließenden Bauteils dienen, hochgebogen. Dieses Hin- und Zurückbiegen stellt für den Betonstahl eine zusätzliche Beanspruchung dar. Beim Rückbiegeversuch auf der Baustelle werden und können die Bedingungen für die exakte Rückbiegung nicht eingehalten werden. Treten starke Kaltverformungen auf sind sogar Anrisse am Rippenfuß möglich. Knickstellen oder gar mechanische Verletzungen, wie das Anschneiden oder Erhitzen sind zu vermeiden. Die Begrenzung des Biegerollendurchmessers ist erforderlich, um Betonabplatzungen oder Zerstörungen des Betongefüges im Bereich der Biegung und Risse im Stab auszuschließen. Die folgende Tabelle zeigt den Biegerollendurchmesser beim Rückbiegeversuch für den Nenndurchmesser d_s in mm.

Tabelle 3.10	
d_s	Biegerollendurchmesser
6-12	5 d_s
14-16	6 d_s
20-25	8 d_s
28 10	10 d_s

Bewehrungseisen sollten höchstens bis zu einem Stabdurchmesser von 14 mm, besser von 12mm zurückgebogen werden. Bei größeren Durchmessern werden besser Bewehrungsanschlüsse verwendet. Die Bewehrung darf in diesem Bereich nur zu 80% angerechnet werden. Auch sollte in diesem Bereich eine größere Querbewehrung vorgese

3.4 Biegen von Betonstählen

Verankerung von Bügeln und Querkraftbewehrung

Bild 3.4.a Bügel u. Querkraftbewehrung müssen mit Haken, Winkelhaken oder angeschweißten Querstäben verankert werden.

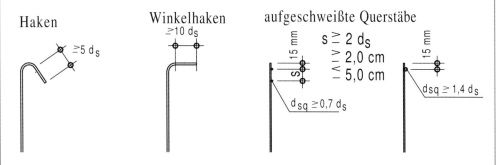

Bild 3.4.b Bei Balken sind die Bügel wie folgt zu schließen

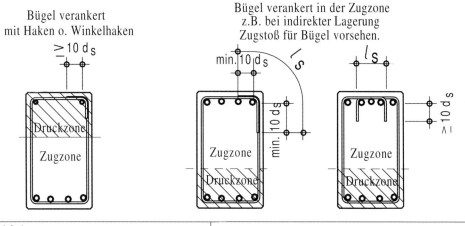

Bild 3.4.c
Bei Plattenbalken erfolgt das Schließen der Bügel durch Querbewehrung.
Nur wenn $V_{Ed} \leq 2/3\ V_{Rd,max}$
V_{Ed} = einwirkende Querkraft
$V_{Rd,max}$ = Bemessungswert der durch die Druckstrebenfestigkeit begrenzten aufnehmbaren Querkraft

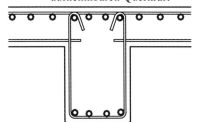

Bild 3.4.d
Bügelschlösser werden bei Stützen immer mit Haken versehen. Länge des Hakens bei
ø 6 = 9 cm; bei ø 8 = 12 cm; bei ø 10 = 15 cm
bei ø 12 = 18 cm. Hakenlänge vom Biegeanfang gemessen.

Schweißverbindungen

Die Durchführung der Schweißarbeiten ist durch die DIN 4099-1 geregelt. Die damit verbundenen Regeln für die Überwachung sind in DIN 4099-2 enthalten. Tragende und nichttragende Verbindungen werden nicht rechnerisch bemessen. Die DIN 4099-1 regelt die Dimensionierung der Schweißungen. Hier wird nur auf die für den Konstrukteur wichtigen Details eingegangen.

Alle Maße in mm

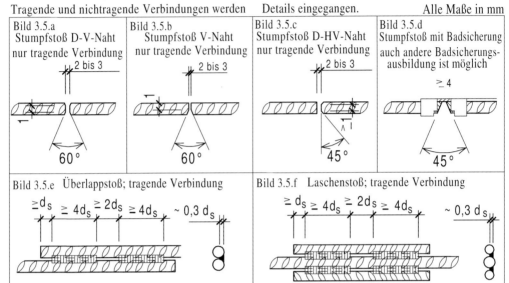

Bild 3.5.a Stumpfstoß D-V-Naht nur tragende Verbindung
Bild 3.5.b Stumpfstoß V-Naht nur tragende Verbindung
Bild 3.5.c Stumpfstoß D-HV-Naht nur tragende Verbindung
Bild 3.5.d Stumpfstoß mit Badsicherung auch andere Badsicherungsausbildung ist möglich

Bild 3.5.e Überlappstoß; tragende Verbindung
Bild 3.5.f Laschenstoß; tragende Verbindung

Verbindung mit anderen Stahlteilen

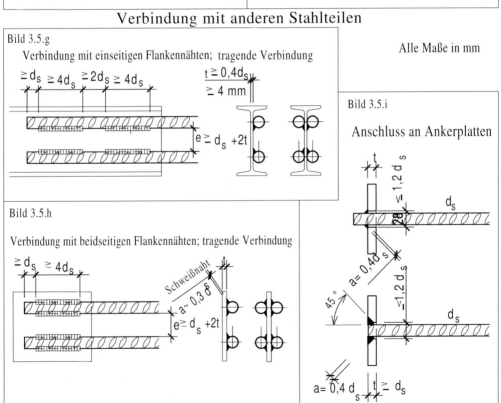

Bild 3.5.g Verbindung mit einseitigen Flankennähten; tragende Verbindung

Alle Maße in mm

Bild 3.5.i Anschluss an Ankerplatten

Bild 3.5.h Verbindung mit beidseitigen Flankennähten; tragende Verbindung

Auszug aus Bewehren von Stahlbetontragwerken vom ISB e.V. Seite 100-102

4 Betonstahlmatten

4.1 Sorten und Einteilung

Betonstahlmatten sind in der DIN 488 nach ihren Eigenschaften geregelt und werden aus kaltgewalzten Rippenstählen hergestellt. Die Längs- und Querstäbe werden bei der Betonstahlmatte punktförmig verschweißt. Das Kürzel für Betonstahlmatten ist Bst 500 M (A). Bst bedeutet Betonstahl, das M steht für Matte und das A für normale Duktilität. Normal duktil sind alle Matten aus kalt gewalzten Rippenstählen.

Vorwiegend werden Betonstahlmatten zur Bewehrung von plattenartigen Bauteilen herangezogen. Die großflächige Bewehrung ermöglicht einen zügigen Baufortschritt.

Bei den Betonstahlmatten unterscheidet man zwei Typen:

Lagermatten werden in Längen von 5 m und 6 m auf Vorrat gefertigt. Die Mattenbreite beträgt jeweils 2,15 m. Der Mattenaufbau ist genau festgelegt. Lagermatten werden in zwei Typen hergestellt.

Die R-Matte: Hier stehen die Matten R188A/ R257A / R335A mit einer Länge von 5 m und einer Breite von 2,15 m zur Auswahl. Die Mattentypen R377A und R513A werden mit 6 m Länge hergestellt.

Die Q-Matte ist eine Lagermatte, bei der die Längsstäbe und die Querstäbe fast den gleichen Bewehrungsquerschnitt haben. Die Q188A / Q257A und die Q335A werden mit der Länge von 5 m und die Lagermatten Q377A und Q513A werden in der Länge von 6 m gefertigt.

Listenmatten werden nach Angabe des Konstrukteurs nach einer Zeichnung und Liste erstellt. Der Stabdurchmesser von 6 bis 12 mm ist bei Listenmatten frei wählbar, wobei der Durchmesser 12 mm nicht überschritten werden darf. Listenmatten können in den Längen 3 bis 12 m und einer Breite von 1,85 m bis zu 3 m gefertigt werden. Das Rastermaß der Stababstände ist mit 25 mm festgelegt. Die Stababstände sind dann 50 / 75 / 100 mm usw.

Bei den Listenmatten und den Lagermatten können nur in Längsrichtung die Doppelstäbe vorgesehen werden.

Bei großen Bauvorhaben mit hohen Stückzahlen werden auch Bügelkörbe, Randeinfassungen und U-Körbe aus Listenmatten verwendet. Hier werden der Stabdurchmesser, Stababstand und Lage der Längsstäbe genau nach Zeichnung festgelegt und gefertigt Durch längere Lieferzeiten und Kosten werden die Listenmatten nur bei größeren Bauvorhaben eingesetzt.

Generell muss man bei allen Mattentypen beachten, dass Doppelstäbe nur in Längsrichtung vorgesehen werdenkönnen. (In der langen Richtung der Matte) Die Querstäbe sind nur als Einzelstab möglich, sie müssen mindestens 20 % des Bewehrungsquerschnittes der Längsbewehrung haben.

Zu den Listenmatten gehören noch die Gruppen der Sonderdynmatten und die Designmatten.

Sonderdynmatten mit der Bezeichnung Bst 500 M-dyn, werden in Bauteilen mit nicht vorwiegend ruhender Belastung eingebaut. In Bodenplatten mit schwerem Gabelstaplerverkehr ist eine Bewehrung mit Betonstabstählen vorgeschrieben. Als Ersatz können Sonderdynmatten eingebaut werden. Die Rippenstäbe der Sonderdynmatte, werden nur nach statischen Erfordernissen verschweißt. Verwendet werden nur Einzelstäbe deren Anordnung vom Konstrukteur festgelegt wird.

Designmatten werden auf Vorrat gefertigt. Der Aufbau der Matte entspricht der einer Listenmatte. Die Designmatte wird aber in verschiedenen Mattengrößen, Stabdurchmessern und Stababständen vorgefertigt.

Der maximale Stahlquerschnitt einer Mattenlage ist 22,62 cm^2 /m.

Die Stahlstreckgrenze von 500 N/ mm^2 ist bei allen Betonstahlmatten gleich.

Der Konstrukteur sollte bei der Planung mit Betonstahlmatten auf viele gleiche Matten achten. Eine große Anzahl gleicher Matten spart Baukosten.

4.2 Lagermatten

Lagermatten bestehen aus kalt gewalzten Betonrippenstäben mit angeschweißten Querstäben. Sie werden nach einem festgelegten Programm auf Vorrat gefertigt. In der DIN 488 sind die Eigenschaften der Lagermatte geregelt. Lagermatten werden in zwei Gruppen unterschieden.
Die R Matte: Hier stehen die Matten R188A R257A / R335A mit einer Länge von 5 m und der Breite von 2,15 m zur Auswahl. Diese Matten werden ohne Randeinsparung gefertigt.
Mit Randeinsparung werden die Mattentypen R377A und R513A hergestellt. Ihre Länge beträgt 6 m, die Breite ist 2,15 m. Zur Randeinsparung werden beidseitig der Matte die ersten zwei Längsstäbe als einzelne Stäbe angeschweißt. Der Abstand beträgt 150 mm. Der innere Bereich der Matte besteht aus Doppelstäben im Abstand von 150 mm. Diese Randeinsparung dient zur Überlappung mit der anschließenden Matte. Durch diese Überlappung (Übergreifung) werden aus zwei einzelnen Stäben, zwei Doppelstäbe.
Die Tragstäbe bei den R-Matten sind die Längsstäbe (die langen Stäbe). Die Querstäbe, nur Einfachstäbe, dienen als Querbewehrung nach den in der DIN 1045-1 geforderten 20% Mindestquerbewehrung. Diese 20% sind bei den R-Matten eingehalten. Wird der Mattenstoß der Querstäbe tragend ausgebildet, können die Querstäbe auch rechnerisch in Ansatz gebracht werden.
Die Q-Matte ist eine Lagermatte bei der die Längsstäbe und die Querstäbe fast den gleichen Bewehrungsquerschnitt haben. Die Q188A / Q257A und die Q335A werden in der Länge von 5 m und in der Breite von 2,15 m gefertigt. Diese drei Mattentypen werden ohne Randeinsparung hergestellt. Bei den Längs- und Querstäben ist der Durchmesser und der Abstand gleich.
Die Lagermatten Q377A und Q513A werden in der Länge von 6 m mit Randeinsparung gefertigt. Die Mattenbreite ist 2,15 m. Im Innenbereich der Matte liegen die Doppelstäbe. Beidseitig der Matte, vom Außenrand, sind vier einzelne Stäbe angeordnet. Durch die Übergreifung mit der anschließenden Matte werden diese vier Stäbe zu Doppelstäben. Die Anordnung von Doppelstäben ist nur in der langen Richtung möglich.
Bei den Q-Matten, werden auch die Querstäbe zur Tragbewehrung herangezogen.

R-Matten werden vorwiegend in Richtung der einachsigen Lastabtragung verwendet. Hier weisen dann z.B. die Raumlänge zur Breite große Unterschiede auf. Die R-Matte wird mit ihren Tragstäben (die Längsstäbe), immer zur kurzen Spannrichtung verlegt. Die Querstäbe dienen nur zur Verteilerbewehrung. Die von der DIN 1045-1 geforderten 20% der Tragbewehrung müssen als Querbewehrung vorhanden sein. Diese sind bei den R-Matten immer eingehalten. Werden jedoch noch Runstahlzulagen in Längsrichtung vorgesehen, ist die Querbewehrung zu überprüfen.
Lagermatten als Q-Matten verlegt, können in beiden Richtungen lastabtragend wirken. Ihr Bewehrungsquerschnitt (A_s je m^2) ist in beiden Richtungen gleich. Durch die Wahl der richtigen Übergreifungslänge erreicht man ein vierseitiges Auflager.
Bei der Q-Matte mit Randeinsparung sind vier Einfachstäbe je Seite vorhanden. Das sind drei Maschen Übergreifungslänge für die Querstäbe. Die Maschengröße bzw. der Stababstand beträgt 15 cm und die Übergreifungslänge 50 cm. Das reicht zur Verankerung in Querrichtung. Lagermatten können zu 100% in einem Schnitt gestoßen werden. Sie brauchen nicht versetzt angeordnet werden. Man sollte aber darauf achten, dass bei den Mattenstößen nicht mehr als drei Matten übereinander liegen, da sonst die statische Höhe (d) nicht eingehalten wird. Durch unterschiedliche Mattenlängen, jeweils am Verlegebeginn, kann man das vermeiden. Die Matten werden übereinander gelegt und nicht gedreht, sonst wird der Mattenstoß zum Einebenen-Stoß und muss, wie ein Einzelstab verankert werden.

4.2.1 Darstellung der Lagermatten

Lagermatten

Bild 4.2.a Lagermatte R188A bis R335A

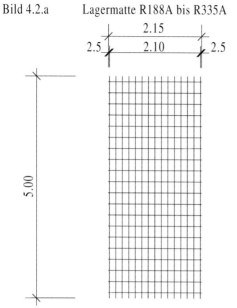

Bild 4.2.b Lagermatte Q188A bis Q335A

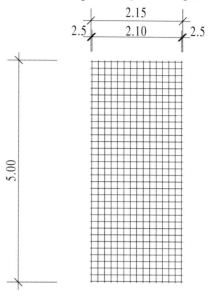

Bild 4.2.c Lagermatte R377A und R513A

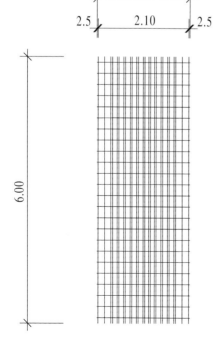

Bild 4.2.d Lagermatte Q377A und Q513A

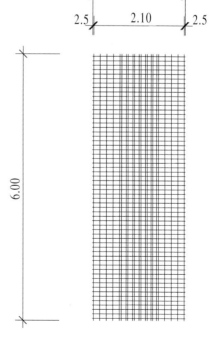

4.2.2 Biegen von Lagermatten

Bei nicht sehr großen Stückzahlen ist es durchaus sinnvoll Lagermatten zu biegen. Schon bei der Planung des Bügels oder der Kappe ist auf die Schweißstellen bis zur Krümmungsebene zu achten. d_s ist der Durchmesser des gebogenen Stabes der Matte. Lagermatten können nur auf die Breite der Matte von 2,15 m gebogen werden. Gebogen werden also die langen Tragstäbe der Lagermatte. Eine Übergreifung der Körbe ist nicht möglich. Bei hohen Bügelschenkeln sollte im Stoßbereich der Matten mit Zulageeisen gearbeitet werden. Vorwiegend werden zum Biegen R-Matten benutzt. Q-Matten bringen hier keine Vorteile. Eine Beanspruchung in beiden Richtungen ist für die Bewehrungsführung nicht nötig. Der erforderliche Biegerollendurchmesser ist in der Tabelle 4.6 angegeben.

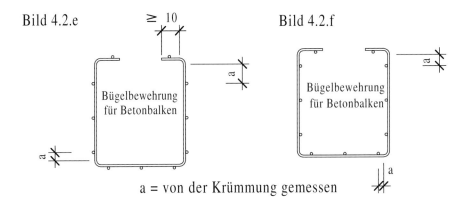

a = von der Krümmung gemessen

4.3 Abstandhalter und Unterstützungen

4.3.1 Auswahl der Abstandhalter

Abstandhalter werden unter die untere Bewehrungslage eingebaut und dort zur Abstandsicherung zum Schalungsboden genutzt. Die Höhe des Abstandhalters ist von der Expositionsklasse und der damit verbundenen Betondeckung abhängig. Abstandhalter sollen beim Betoniervorgang die Betondeckung der unteren Bewehrungslage einhalten.
Anhand des Verlegemaßes, dass wir auf dem Bewehrungsplan und dem Konstruktionsplan angeben, bestellt die Baufirma die Abstandhalter. In den verschiedenen Bauteilen werden auch unterschiedliche Abstandhalter vorgesehen. In liegenden flächenartigen Bauteilen werden großflächige runde oder linienförmige Abstandhalter unter die Bewehrung gebunden. Punktförmige Abstandhalter finden ihren Einsatz bei stabförmigen Bauteilen.

Durch falsch eingebaute Abstandhalter kann sich die Bewehrung verschieben und die Betondeckung ist dann nicht mehr 3,5 cm sondern nur noch ca. 2 cm. Die Bauwerksschäden sind vorprogrammiert und die anschließenden Instandsetzungsarbeiten aufwendig und teuer.
Bei den Instandsetzungsarbeiten wird die Betonoberfläche gesandstrahlt und der Bewehrungsstahl muss blank und frei von jeglichen Unreinheiten sein. Anschließend wird der Stahl zweimal mit einem Oberflächenschutz-System grundiert. Nach der Erhärtung der Grundierung werden die Fehlflächen mit einem Oberflächenschutz verpresst und gespachtelt, der die Eigenschaften einer erforderlichen Betondeckung besitzt.
Die Auswahl der Abstandhalter findet sich in **Tabelle 4.14** wieder.

4.3.2 Auswahl der Unterstützungen

Nach dem DBV-Merkblatt „Unterstützungen" werden die Anforderungen an Unterstützungen für Bauteildicken bis 50 cm geregelt. In der DIN 1045-3 wird auf dieses Merkblatt„ Unerstützungen für die obere Bewehrung" in der Fassung von November 1988 Bezug genommen.

Anforderungen an die Tragfähigkeit, die Abmessungen und Vorschriften für die Durchführung von Prüfungen mit der Verlegevorschrift sind hier geregelt.

Es gibt Unterstützungen, die auf ihre Tragfähigkeit geprüft sind. Sie sind erkennbar durch den Hinweis auf das DBV-Merkblatt und die Herstellernummer auf den Etiketten. Die Wahl der Unterstützungen für die obere Bewehrung richtet sich nach der Bauteildicke, der Belastung im Bauzustand, dem Durchmesser der oberen Bewehrung und den Anforderungen an die Unterseite der Decken.- bzw. Bodenplatte.

Sind keine größeren Anforderungen, wie Sichtbetonfläche usw. gestellt, können die Unterstützungen direkt auf die Schalung gestellt werden. Auf ihrer Aufstandsfläche sind aber Kunststoffkappen aufgesteckt, um Rostflecken an der Unterseite zu vermeiden.

Es werden überwiegend Unterstützungen eingebaut, die keinen Kontakt zur unteren Schalung haben. Diese Unterstützungen werden auf die untere Bewehrungslage gestellt.

Um unterschiedliche Durchbiegungen der unteren und oberen Bewehrungslage zu vermeiden, müssen Abstandhalter und Unterstützungen übereinander liegen.

Werden in der oberen Lage dünne Bewehrungsstäbe oder Matten eingebaut, müssen die Unterstützungen enger gestellt werden. Größere Belastungen im Bauzustand und größere Lasten aus der Bewehrungslage führen zu einem engeren Abstand und eine der Belastung entsprechenden Unterstützung.

Unterstützungen, die auf der Schalung stehen, dürfen nur für die Umgebungsklasse XC1, XC2 und XC3 eingebaut werden.

Für die Umgebungsklassen XC4, XD1 bis XD4 und XS1 bis XS3 dürfen nur Unterstützungen eingesetzt werden, die auf der unteren Berwehrungslage stehen.

Beachten sollte man, dass sich das DBV-Merkblatt auf die Ausgabe von 1988 bezieht. Hier werden noch die Umweltbedingungen 1 bis 4 angegeben. 1 ist XC1; 2 ist XC2/ XC3; 3 ist XC4 und 4 ist XD1 bis XD4/ XS1 bis XS3.

Probleme gibt es immer in der Bestimmung der Unterstützungshöhe. Berechnung für eine Unterstützung, die auf der Schalung steht: Bei einer Deckenstärke von 16 cm benötigt man für die obere Bewehrung eine Betondeckung bzw. das Verlegemaß c_v von 2 cm. So bleibt ein Rest von 14 cm. Die obere Bewehrung besteht aus Rundstählen mit einem Durchmesser von 8 mm Bst 500S in beiden Richtungen. Nun kann man nicht einfach 2 x 8 mm abziehen, denn der Außendurchmesser der Stäbe ist ja immer etwas größer als der Nenndurchmesser. Der Außendurchmesser beträgt d_A = 1,15 x d_s. Wir müssen 2 x 9,2 mm (aufgerundet 2 cm) abziehen. Ein Unterstützungskorb mit der Höhe = 12 cm muss vorgesehen werden.

Bei einer Deckenstärke von 16 cm und einer Unterstützung, die auf der Bewehrung steht, gehen wir wie folgt vor. Die untere Bewehrungslage besteht aus einer Q 377 A, die obere Bewehrung aus einer Q 188 A. Die Betondeckung unten ist bis zur Matte = 2,5 cm. Das Verlegemaß c_v bzw. die Betondeckung für die obere Bewehrung ist 2,0 cm.

Dann rechnen wir 16 - 2,5 - 2,0 = 11,5 cm. Für die BstM Q 377 A ziehen wir 2 x 8 mm Stab = 1,9 cm ab. Für die BstM Q 188 A ziehen wir 2 x 6 mm Stab = 1,5 cm ab. Nun sind 11,5 cm minus 1,9 minus 1,5 = 8,1 cm. In den Stoßbereichen der Matten - hier liegen die Matten aufeinander - müssen wir jeweils 1,0 cm für die untere und obere Bewehrungslage abziehen. Es muss eine Unterstützung die auf der Bewehrung steht, von 6 cm Höhe eingebaut werden.

Andere Höhenangaben sind in den Bewehrungsbeispielen erläutert.

4.4 Listenmatten

Listenmatten (Zeichnungsmatten) sind Betonstahlmatten, deren Aufbau vom Kontrukteur frei gewählt und an die Bewehrungsaufgaben angepasst wird.

Die Listenmatten können in den Lieferlängen von 3 m bis 12 m und der Breite von 1,85 m bis 3 m hergestellt werden. Die Durchmesser von 6 bis 12 mm sind frei wählbar.

Auch bei den Listenmatten ist der Einbau von Doppelstäben nur in Längsrichtung möglich. Diese Längsstäbe können in verschiedenen Längen (Staffelung), in zwei unterschiedliche Durchmesser und Abstände geplant werden.

Die Querstäbe bei der Listenmatte, immer die kürzeren Stäbe, können nur als Einzelstab und in einer Länge ausgeführt werden. Bei der Listenmatte wird jeder Kreuzungspunkt der Stäbe verschweißt. Das Verschweißbarkeitsverhältnis der Querstäbe zu den Längsstäben ist in **Tabelle 4.12** angegeben.

Bei den Betonstahlmatten sollte man noch beachten, dass der maximale Stahlquerschnitt in einer Mattenlage 22,62 cm² nicht überschreiten darf. Ist das nicht möglich, müssen Stabstahlzulagen vorgesehen werden und es müssen mindestens 20% der Längsbewehrung als Querbewehrung vorhanden sein. Die Längsstäbe als Einfachstäbe sind bei der Planung den Doppelstäben vorzuziehen.

Durch ihre mögliche Länge von 12 m findet die Listenmatte bei großflächigen Bauteilen mit hohen Stückzahlen ihre Anwendung. Eine gut geplante Bewehrungsführung ermöglicht einen schnellen Bauablauf. Dabei ist die Verwendung von möglichst vielen Matten mit gleichem Aufbau in der Konstruktion und Planung anzustreben. Für größere Projekte eignet sich die Listenmatte besonders zum Einbau von Bügelkörben und Steckern als Anschlussbewehrung. Die Listenmatte oder auch HS-Matte wird hier nach zeichnerischen Vorgaben gefertigt. In den Durchdringungsbereichen mit anderen Bewehrungsstäben, werden keine Querstäbe vorgesehen. Zur Stabilisierung der U-Körbe, sollte aber im Stoßbereich, der ja nicht überlappt, eine konstruktive Zulagebewehrung vorgesehen werden.

Für die Stoßüberdeckung von Listenmatten, gilt der Ein-Ebenen-Stoß. Die Stäbe liegen in einer Ebene, nicht wie bei der Lagermatte, wo der kürzere Zwei-Ebenen-Stoß angewendet wird. Die Länge der Stoßüberdeckung ist aus der **Tabelle 3.2 bis 3.5** zu ersehen. Aus der Tabelle, Übergreifungslängen für Betonstahl 500 S (A). Die Doppelstäbe werden zur Verankerung, bzw. Übergreifung nicht angerechnet. Für sie gilt der Ersatzdurchmesser. Der Ersatzdurchmesser ist der Durchmesser des Einzelstabes multipliziert mit der Wurzel aus 2.

Werden Listenmatten gestoßen, sollte man lange Überstände wählen. So vermeidet man eine Doppellage der Matten im Stoßbereich. Der erste Querstab oder auch Längsstab liegt hinter der Übergreifungslänge. Der Ein-Ebenen-Stoß ermöglicht nun eine geringere Betondeckung.

Der kleinste Stabüberstand bis zum ersten kreuzenden Stab ist 25 mm. Der maximale, größte Stabüberstand sollte $100 d_s$ nicht überschreiten. (d_s = Durchmesser des Einzelstabes.)

In hochbeanspruchten Bauteilen, in denen die statische Beanspruchung in beiden Richtungen fast gleich ist, werden die Listenmatten kreuzweise verlegt. Die Matte wird hierbei mit den lastabtragenden Längsstäben und den Querstäben, diese sind hier im größeren Abstand von 1,00 m bis 1,40 m vorgesehen, hergestellt.

Listenmatten mit gestaffelter Bewehrung werden meist in der oberen Bewehrungslage zur Stützbewehrung herangezogen. Die Mattenlängsstäbe werden hier nach der erforderlichen Stützbewehrung geplant. Im Versatz wird dann ein langer- und ein kurzer Stab zur Mattenherstellung verwendet. Die Querstäbe werden im größeren Abstand von 1 m bis 1,4 m angeschweißt.

4.4.1 Beschreibung und Darstellung von Listenmatten

Beschreibung (Darstellung) der Listenmatten bei Bestellung

	Mattenaufbau				Umriss	Überstände		Feldspareffekt	
	Stab-abstand	Stabdurchmesser		Stabanzahl am Rand	Länge	Anfang	Ende	Anfang	Länge
		Innen	Rand	links rechts	Breite	links	rechts	der kurzen Stäbe	der kurzen Stäbe
Längsrichtung	a_l ·	d_{s1}	/ d_{s2}	– n_{links} / n_{rechts}	L	ü1	ü2	A_K	L_K
Querrichtung	a_Q ·	d_{s3}			B	ü3	ü4		

Beispiel :

	Mattenaufbau für rechte Matte				Umriss	Überstände		Feldspareffekt	
	Stab-abstand	Stabdurchmesser		Stabanzahl am Rand	Länge	Anfang	Ende	Anfang	Länge
		Innen	Rand	links rechts	Breite	links	rechts	der kurzen Stäbe	der kurzen Stäbe
Längsrichtung	75 ·	8,0	/ –	– /	5,45	25	500	1,475	2,50
Querrichtung	200 ·	6,0			2,45	25	250		

Bei dieser Matte liegt die Tragbewehrung in X- und Y-Richtung. Ein-Ebenen-Stoß. Übergreifungslänge l_s in beiden Richtungen. Auch Doppelstäbe in Längsrichtung möglich.
Längen u. Breiten nur Beispiele

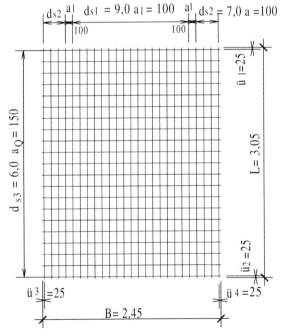
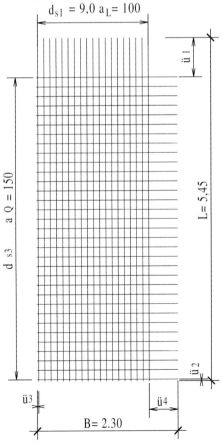

Darstellung von Listenmatten

Bei dieser Matte liegt die Tragbewehrung nur in einer Richtung. Die Querstäbe sind konstruktiv.
Die Verwendung für große Spannweiten in beiden Richtungen kreuzend.
Auch Einzelstäbe in Längsrichtung sind möglich.

Matte für Stützbewehrung.
Auch Doppelstäbe in Längsrichtung möglich.

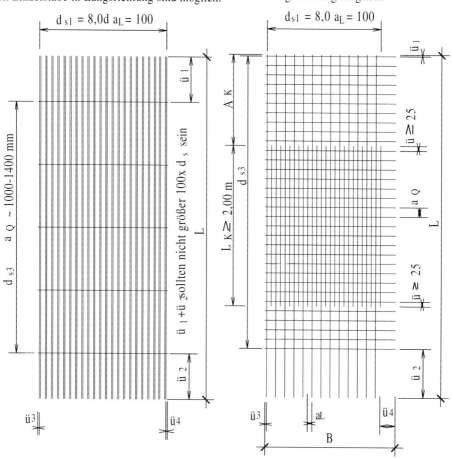

a_L = Abstand der Längsstäbe in mm
a_Q = Abstand der Querstäbe in mm
d_{s1} = Durchmesser der Längsstäbe im Innenbreich
d_{s2} = Durchmesser der Längsstäbe im Randbereich
d_{s3} = Durchmesser der Querstäbe im Innenbreich
d_{s4} = Durchmesser der Querstäbe im Randbereich

d = Doppelstäbe (nur in Längsrichtung)
n_{links} = Anzahl der Längs-Randstäbe links in Fertigungsrichtung
n_{rechts} = Anzahl der Längs-Randstäbe rechts in Fertigungsrichtung
m_{Anfang} = Anzahl der Quer-Randstäbe am Anfang der Fertigungsrichtung
m_{Ende} = Anzahl der Quer-Randstäbe am Ende der Fertigungsrichtung

L = Mattenlänge in m
B = Mattenbreite in m
ü 1 / ü 2 = Längsstab-Überstände am Mattenanfang / -ende
ü 3 / ü 4 = Querstab- Überstände am Mattenrand links / rechts

4.4.3 Betonstahlmattenkörbe aus Listenmatten

Betonstahlmattenkörbe werden aus Listenmatten nach Zeichnung gefertigt und gebogen. Bei geringen Stückzahlen kann man auch Lagermatten verwenden. Bei beiden Typen ist aber auf den Verteilerstab (Querbewehrung) zu achten. Der Verteilerstab darf nicht im Biegerollenbereich liegen. Die Korblänge darf bei Listenmatten nicht über 3,00 m liegen, bei Lagermatten nur 2,15 m. Der Vorteil bei der Planung mit Listenmattenkörben ist im schnelleren Bauablauf zu sehen. Es müssen keine Einzelstäbe geflochten werden. Die Bügellängsstäbe sind auch die Mattenlängsstäbe. Die Verteilerstäbe sind gleich der Länge der Mattenbreite und dienen nur zur konstruktiven Halterung. Sie können als Schubbewehrung bei Unterzügen, als Bügelbewehrung bei Stützen, als Randeinfassung und bei Durchdringungen zur Anschlussbewehrung von anderen Bauteilen verwendet werden. Die Körbe werden stumpf gestoßen. Eine Überlappung ist nicht möglich. Bei langen Mattenschenkeln sollte man im Stoßbereich mit Zulageeisen arbeitend, diese stabilisieren die Bewehrung.

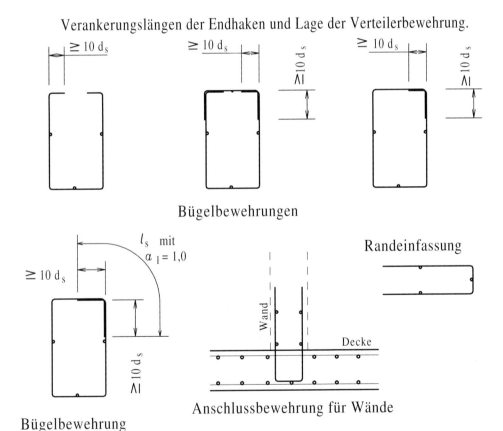

4.4.4 Sonderdynmatten

Sonderdynmatten sind Listenmatten zur Bewehrung von Bauteilen mit nicht vorwiegend ruhender Belastung. In diesen Matten gibt es verschweißte und nicht verschweißte Bereiche. Die Herstellung und Anwendung wird durch bauaufsichtliche Zulassung geregelt. Unter Dauerschwingbelastung (nicht vorwiegend ruhende Belastung) verhalten sich Übergreifungsstöße mit übereinanderliegenden Matten (Zwei-Ebenen-Stoß) ungünstig. Schwingend (dynamisch) beanspruchte Stahlbetontragwerke müssen grundsätzlich mit kleinen Stababständen für kleine Rissbreiten bewehrt werden.

Bei stark schwingender Beanspruchung wird empfohlen Vorspannung, also Ausführung mit Spannbeton zu wählen. Dieser weist eine gute Dauerschwingfestigkeit auf. Bei Dynmatten sollte man Einzelstäbe mit großem Durchmesser wählen. Bei großflächigen Bauteilen (Bodenplatte), die mit schwerem Gabelstapler befahren werden, lohnt der Einsatz von Sonderdynmatten. Es ist sonst zwingend vorgeschrieben, Rundstahlbewehrung (BSt 500S) einzubauen und sei es nur ein Durchmesser von 8 mm im Abstand von 15 cm. Mit der Dynmatte und ihren wenigen Schweißstellen, kann man sich diese Arbeit sparen.

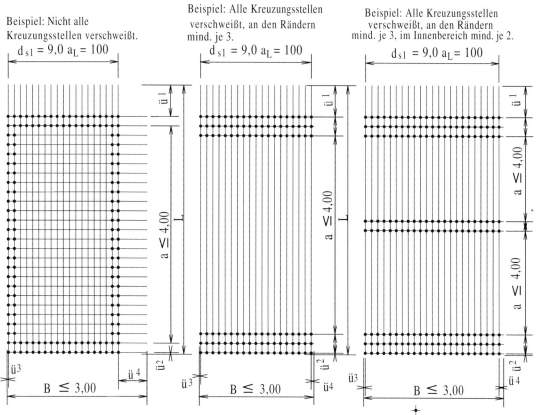

Der Bereich a sollte so klein wie möglich gehalten werden.

Längsstäbe d_s = 5,0- 6,0 mm: a $\leq$ 2,00 m   Montagestäbe d_s = 8,5
Längsstäbe d_s = 6,5- 9,0 mm: a $\leq$ 4,00 m   Montagestäbe d_s = 9,0- 12,0
Längsstäbe d_s = 9,5- 12,0 mm: a $\leq$ 6,00 m   Montagestäbe d_s = 12,0

5 Gründung

5.1 Gründungsarten

Die Fundamente in verschiedenen Formen und Arten haben die Aufgabe, die Gebäudelasten sicher in den tragenden Baugrund zu leiten.

Vor der Planung des Bauwerks muss die Beschaffenheit und die Traglast des vorhandenen Bodens bekannt sein. Geben die örtlichen Erfahrungen aus vorhandener Bebauung keinen Aufschluss über die Beschaffenheit des Baugrundes, muss ein Bodengutachten eingeholt werden. Erkundungen durch Grabungen/Schürfe bzw. Bohrungen und Sondierungen an verschiedenen Stellen, geben dem Bodengutachter Aufschluss über die Beschaffenheit des Baugrundes.

Anhand der Berechnungen und Erläuterungen des Bodengutachtens kann mit der Gründungsplanung begonnen werden. Die zulässigen Bodenpressungen und Bodenkennwerte für die verschiedenen Baugründe (Bodenarten), findet man in der DIN 1054. Trifft man tragenden Baugrund (bindiger Boden) in nicht all zu großer Tiefe an, kann ein Bodenaustausch vorsehen werden.

Hierbei wird das vorhandene Erdreich, bzw. der vorhandene Boden bis zum tragfähigem Baugrund ausgehoben und durch neuen Boden ersetzt.

Der Bodenaustausch kann, je nach Gebäudelast, durch neues Einbringen des vorhandenen Bodens erfolgen. Dabei wird der Boden lagenweise ca. alle 50 cm eingebracht und mit Rüttlern verdichtet.

Die andere Möglichkeit ist, den vorhandenen Boden mit Zusatzstoffen vermischt, neu einzubringen. Diese Zusatzstoffe erhöhen die Tragfähigkeit des Baugrundes erheblich.

Auch der Einsatz bzw. Austausch durch Magerbeton (unbewehrt), ein Beton C8/10, ist möglich. Magerbeton wird oft bei Fundamentversprüngen bzw. Abtreppungen eingesetzt.

Pfahlgründungen finden ihren Einsatz bei schlechten Bodenverhältnissen, sehr hohen Gebäudelasten und zur Auftriebssicherung bei hohen Grundwasserständen. Pfahlgründungen gehören zu den sogenannten Tiefengründungen. Die Pfahllänge wird durch die Gebäudelast und den Bodenverhältnissen bestimmt. Die Pfähle binden zwischen 5 m und 10 m in den tragfähigen Boden ein.

Tiefengründung. Bei der wird die Gebäudelast über Pfähle und oder Schlitzwände in die tiefer liegende tragende Schicht des Baugrundes geleitet.

Das Bauwerk selbst wird dann auf Pfahlkopfbalken bzw. Pfahlkopfbalken-Roste gegründet, die wie Ortbetonfundamente bzw. Unterzüge als Streifen oder Roste über den Pfählen ausgebildet werden. Als Ersatz ist es durchaus möglich, eine Betonplatte auf die Pfähle zu betonieren. Hier wird dann die Gebäudelast über Betonwandscheiben in die Pfähle geleitet.

Es gibt verschiedene Möglichkeiten, tiefe Baugruben durch einen Baugrubenverbau vor einstürzendem Erdreich oder vorhandener Nachbarbebauung zu schützen. Hierzu kommen dann zum Beispiel die Trägerbohlenwand, auch Berliner Verbau genannt, die Bohrpfahlwand, die überschnittene Bohrpfahlwand, die Schlitzwand und die Spundwand zur Ausführung.

Spundwände werden bei sehr tiefen Baugruben mit einer zusätzlichen Gurtung, bestehend aus Stahlträgern ausgesteift. Tief in das Erdreich gebohrte Erdanker, Verpressanker verhindern das Ausweichen der Spundwand. Je nach Bauablauf und Geschosshöhe kann die Spundwand wieder zurück gebaut, bzw. gezogen werden.

Bei einer Bohrpfahlwand bzw. einer Schlitzwand ist das nicht möglich. Meist werden dann Bohrpfahlwand und Schlitzwand als Gebäudeaußenwände genutzt. Spundwand, Schlitzwand und Bohrpfahlwand sind sehr gut in Gebieten mit hohem Grundwasserstand als Baugrubensicherung einzusetzen. Sie sind bei sachgemäßer Ausführung als wasserdicht zu bezeichnen.

5.2 Die Flächengründung

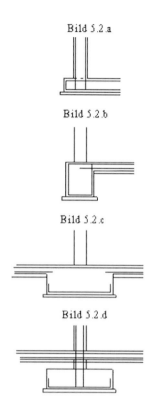

Die häufigsten Fundamentformen bei der Flächengründung:
Im **Bild 5.2.a** sehen wir eine Bodenplatte mit einer unteren und oberen Bewehrungslage. Diese Fundamentplatte wird sehr häufig in Bergbausenkungsgebieten zur Gründung des aufgehenden Gebäudes vorgesehen. In der Plattenstärke von 25 bis 30 cm bietet sie sehr guten Schutz vor Feuchtigkeit und anstehendem Wasser. Im Verbund mit den Betonaußenwänden wird sie als Weiße Wanne bezeichnet. Mit den entsprechenden Betoneigenschaften und einer fachgerechten Fugenausbildung ist sie als wasserdicht zu bezeichnen. Eine konstruktive Bewehrung zur Randeinfassung sollte bei Bodenplatten immer vorgesehen werden.

Streifenfundamente in den unterschiedlichen Abmessungen werden am häufigsten zur Gründung von Gebäuden genutzt. Streifenfundamente wie im **Bild 5.2.b** dargestellt, werden durchgehend umlaufend unter den Außenwänden und den tragenden Innenwänden betoniert. Sie können bei nicht sehr großer Belastung unbewehrt ausgeführt werden. Hier kommen dann die Betone nach DIN 1045.-1 der Güte C12/15; C16/20und C20/25 zum Einsatz. Die anschließende Bodenplatte, je nach Anforderung ca. 15 bis 20 cm stark, wird auf die Streifenfundamente betoniert.

Im **Bild 5.2.c** ist ein Einzelfundament mit anschließender Bodenplatte dargestellt. Einzelfundamente tragen die Last aus den Stützen oder Wandpfeilern in den Baugrund ab. Diese Fundamentform wird bei größeren Einzellasten vorgesehen. Ihre Abmessungen sind von der Belastung und der Bodenbeschaffenheit abhängig. Die Bewehrung der Einzelfundamente liegt kreuzweise unten. Eine obere Bewehrungslage kommt selten vor.

Im **Bild 5.2.d** ist ein Einzelfundament mit anschließender Stütze und einer höher liegenden Bodenplatte dargestellt. Die Bewehrung ist analog von Bild 5.2.c auszuführen. Hier ist auf die Anschlussbewehrung für die aufgehende Stütze zu achten, denn die Übergreifungslänge zur Ermittlung der Stablänge, darf erst ab Oberkante der Bodenplatte berechnet werden.

Diese Form des Fundamentes mit den Anschlüssen findet man auch als Streifenfundament mit anschließender Betonwand und Bodenplatte wieder. In dieser Ausführung wird die Bodenplatte vor der Wand oder Stütze betoniert. Die Anschlussbewehrung kann erst ab Oberkante Bodenplatte beginnen.

Alle Außenfundamente müssen frostfrei, mindestens 80 cm tief ins Erdreich einbinden. Unter allen Fundamenten ist eine mindestens 5 cm starke Sauberkeitsschicht aus Beton der Güte C8/10 vorzusehen.

5.3 Das Einzelfundament

Einzelfundamente tragen die Einzellast eines Bauwerkes in den Baugrund ab. Diese Lasten werden über Stahlbetonstützen, Stahlstützen, auch Holzstützen und Wandpfeiler ins Fundament geleitet. Werden mehrere Einzellasten in ein Fundament geleitet; stehen also mehr als eine Stütze auf einem Fundament, so wird es als Blockfundament bezeichnet.
Fundamente sollten mit besonderer Sorgfalt geplant und ausgeführt werden. Andere Bauteile überdecken die Fundamente und nachträgliche Schäden lassen sich nicht erkennen. Um einen direkten Kontakt mit dem Erdreich zu verhindern, wird erst eine Sauberkeitsschicht von 5 bis 10 cm in die Baugrube eingebracht. Hier wird dann ein Beton C8/10 verwendet.
Fundamente müssen mindestens nach den Umgebungsbedingungen in die Expositionsklasse XC2 als Gründungsbauteil eingestuft werden. Diese Expositionsklassen sind in **Tabelle 2.1** aufgeführt. Hiernach ist für Fundamente mindestens ein Beton C16/20, besser ein C20/25 erforderlich.
Um die Betondeckung zu bestimmen, sehen wir in **Tabelle 2.2** unter der Expositionsklasse XC2 ein Verlegemaß c_V von 35 mm. Für den Stabdurchmesser 25 und 28 mm ist eine Betondeckung von 40 bzw. 43 mm einzuhalten. Zur Bestimmung des Verlegemaßes c_V ist folgendes zu beachten: Die Mindestbetondeckung, nach der Expositionsklasse XC2, ist 20 mm. Das Vorhaltemaß ist 15 mm Das Verlegemaß ist dann bis zu einem Stabdurchmesser 20 mm gleich 35 mm. Bis zu einem Stabdurchmesser 20 mm ist die Mindestbetondeckung maßgebend. Für den Stabdurchmesser 25 bzw. 28 mm ist zur Bestimmung der Mindestbetondeckung der Stabdurchmesser maßgebend. Das Verlegemaß ist das Maß von der Schalungskante gemessen, bis zum ersten Eisen. Das Vorhaltemaß regelt die Ungenauigkeiten, die beim Biegen des Betonstahls bzw. bei der Verlegung der Bewehrung entstehen.

Die Bewehrung zu einem Einzelfundament mit den Abmessungen b/d/h= 1,50/ 2,00/ 80 ist im **Kapitel 5.3.1** dargestellt. Beachten sollte man die Schreibweise. Schalungsmaße unter 1,00 m werden in cm angegeben.
Vor der Bewehrungsplanung muss die Umgebungsbedingung bekannt sein und daraus folgend die Expositionsklasse festgelegt werden. Das Fundament ist in diesem Beispiel ein Innenbauteil ohne Frost, mit der Expositionsklasse XC2 und einem Verlegemaß von 35 mm. Die Betongüte wird mit einem C20/25 gewählt. Aus der Statik entnehmen wir die Werte zur Fundamentbewehrung. Die erforderliche Bewehrung für das Fundament beträgt in X-Richtung 5,26 cm^2/m und in Y-Richtung 4,98 cm^2/m. Die Anschlussbewehrung der Stütze ist mit 7,8 cm^2 angegeben.
Zur Ermittlung der Fundamentbewehrung sehen wir in **Tabelle 3.8** nach. Dort sind die Querschnitte in cm^2/m angegeben. In der Tabelle finden wir für 5,26 cm^2/m, die Bewehrung mit dem Durchmesser 10 mm im Abstand von 15 cm. Der geringe Unterschied von 5,26 zu 5,24 laut Tabelle ist in der statischen Berechnung bereits enthalten. Einzelfundamente sollten nicht unter den Durchmesser 10 mm im Abstand von 15 cm bewehrt werden. Diese Bewehrung ist dann auch in der Y-Richtung ausreichend.
Die Länge der Bewehrungsstäbe wird mit dem Außenmaß des Fundaments abzüglich des zweifachen Verlegemaßes ermittelt. Die Bewehrungsstäbe sollten an den Enden mit einer Aufbiegung, einem Haken, versehen werden. In den Ecken ist das nicht in beiden Richtungen erforderlich. In der Zeichnung ist das die Eisen-Pos. 2, die gleichzeitig, wie Eisen-Pos. 4, zur Montagebewehrung herangezogen wird. Die Anschlussbewehrung für die aufgehende Stütze ermitteln wir mit **Tabelle 3.9**. Nach der Tabelle wählen wir 4 Stäbe mit dem Durchmesser 16 mm und dem Bewehrungsquerschnitt von 8,04 cm^2. Die erforderliche Bewehrung war 7,8 cm^2. Mit Hilfe von **Tabelle 3.5** legen wir die Länge der Eisen-Pos. 6 fest.

5.3.1 Bewehrung eines Einzelfundamentes

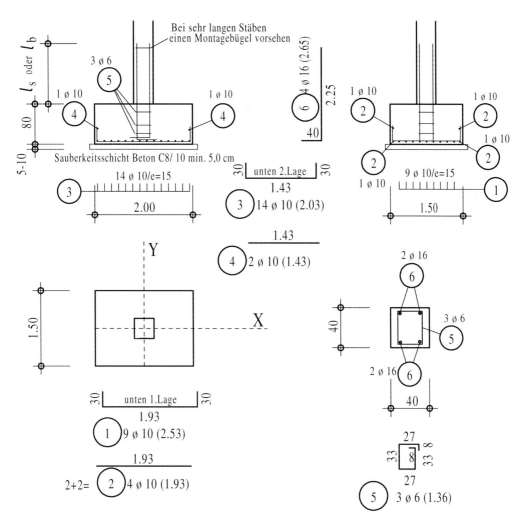

Die Eisen-Pos. 2 muss nicht abgebogen werden, in der Ecke liegt schon die Aufbiegung der Pos. 3. Um nun ein Umkippen der Bewehrung zu verhindern, sollte an den Enden der Aufbiegungen eine Montagebewehrung, wie Eisen-Pos. 2 und 4 vorgesehen werden. Vor dem Verlegen der Eisen-Pos.1 und 3 sollte nach der statischen Berechnung, die X- und Y-Richtung festgelegt werden. Nach der statischen Berechnung in X-Richtung, liegen die Eisen in X-Richtung, hier die Eisen-Pos. 1. Nach der statischen Berechnung in Y-Richtung liegen die Eisen in Y-Richtung. (Eisen-Pos. 3)

Nach Tabelle 3.5 können wir die Länge der Eisen-Pos. 6 bestimmen. Für den Stabdurchmesser 16 mm, einem Beton C20/25, finden wir den Wert 151. Das Eisen muss 1,51 m aus dem Fundament ragen. Die Einbindetiefe von 75 cm addiert mit dem unteren Schenkel, ergeben die Gesamtlänge der Eisen-Pos.6. Nach DIN 1045-1 sind Bügel mit dem Durchmesser 6 mm bis zum Tragstabdurchmesser 20 mm erlaubt. Bügel im Bereich der Fundamente sollten einseitig schmaler werden. Die Tragstäbe der Stützenbewehrung, die ebenfalls in der Ecke liegen, können dann ungehindert auf das Fundament gestellt werden.

5.3.2 Beschreibung zum Einzelfundament

Die Bewehrungsführung eines Einzelfundaments mit einem hoch bewehrten Stützenanschluss ist im **Kapitel 5.3.3** dargestellt. In der Zeichnung betragen die Fundamentabmessungen: b/d/h = 2,00/2,00/80. Die Maßangaben zu Fundamenten unter einem Meter werden immer in cm angegeben. Ebenso sollte die Angabe der Oberkante des Fundaments mit dem Kürzel OKFDM und die Unterkante des Fundaments mit UKFDM auf den Plan angegeben werden. Bei unterschiedlichen Bewehrungslagen darf die Angabe der Achsen, bzw. Reihen nicht fehlen.

Vor der eigentlichen Bewehrungsplanung muss die Umgebungsbedingung bekannt sein. Nach **Tabelle 2.1** kann dann die Expositionsklasse, hier ein XC3 und Frost mit XF1 und einem Beton C25/30, gewählt werden. Mit der **Tabelle 2.2** wird dann die Betondeckung mit 3,5 cm festgelegt. Zu beachten ist noch die Betondeckung, bzw das Verlegemaß für die Stütze. Die Betondeckungen können unterschiedlich ausfallen. Das Verlegemaß mit der Expositionsklasse XC3 und einer Stützenbewehrung mit dem Durchmesser 25 mm ist nach **Tabelle 2.2** mit 40 mm angegeben. Hier kann dann der Bügeldurchmesser abgezogen werden. Nach Tabelle 2.2 ist aber die Mindestbetondeckung von 35 mm bis zum Bügel maßgebend.

Die Angaben aus der Statik stellen sich wie folgt dar: Der Bewehrungsquerschnitt für die Stütze ist mit 56 cm^2 angegeben. In der Fundamentbemessung finden wir die Angaben über die erforderliche Bewehrung in X-Richtung mit 10,9 cm^2/m auf 1,20 m Breite und in Y-Richtung mit 14,3 cm^2/m auf 1,20 m Breite.

Nach **Tabelle 3.8**, Querschnitte von Flächenbewehrungen, können wir die Fundamentbewehrung ermitteln. In X-Richtung ist für die erforderliche Bewehrung von 10,9 cm^2/m nach dieser Tabelle, der Durchmesser 12 mm im Abstand von 10 cm zu verlegen. In der Zeichnung sehen wir die Eisen Pos. 1. Sie liegt in X-Richtung und deckt mit 13 Bewehrungsstäben, im Abstand von 10 cm die Breite von 1,20 m ab. In den Randbereichen werden Eisen-Pos. 2 und 4 als Zulagebewehrung vorgesehen. Die erforderliche Bewehrung in Y-Richtung mit 14,3 cm^2/m wird ebenfalls nach **Tabelle 3.8** ermittelt. Hier finden wir den Stabdurchmesser mit 14 mm im Abstand von 10 cm. Die vorhandene Bewehrung ist mit 15,3 cm^2/m in der Tabelle angegeben. In der Zeichnung liegt die Eisen-Pos. 3 in Y-Richtung. Die Eisen-Pos. 2 bildet in den Randbereichen die Zulagebewehrung. Ohne die Eisen-Pos. 4 an den Enden der Aufbiegungen würden die Stäbe umkippen. Die Eisen-Pos. 4, unten in den Ecken wird nicht aufgebogen, hier liegt schon der Schenkel der Eisen-Pos. 2. Die Länge der Bewehrungsstäbe richtet sich nach der Schalungslänge abzüglich des zweifachen Verlegemaßes.

Zur Ermittlung der Stützenbewehrung benutzen wir **Tabelle 3.9**, die Tabelle zur Ermittlung der Querschnitte von Balkenbewehrungen. In der Tabelle finden wir für die erforderliche Anschlussbewehrung von 56 cm^2, den Durchmesser 25 mm mit 12 Längsstäben. In der Zeichnung ist das im Grundriss die Eisen-Pos. 6. Die Übergreifungslänge mit der anschließenden Stützenbewehrung ermitteln wir nach **Tabelle 3.5**. Hier finden wir für einen Beton C25/30 und den Stabdurchmesser 25 mm, die Länge von 202 cm. Die gesamte Länge der Eisen-Pos. 6 ergibt sich aus der Übergreifungslänge plus der Einbindetiefe von 75 cm, plus dem Endhaken von 50 cm. Die gesamte Eisenlänge der Pos. 6 ist 3,30 m.

Wichtig ist noch die Überprüfung der Höchstbewehrung in einem Schnitt. Sie darf bei Stützen den 0,09-fachen Wert des Stützenquerschnittes nicht übersteigen. Mit der anschließenden Stützenbewehrung liegen in einem Schnitt = 2 x 12 Durchmesser 25 mm und einem Bewehrungsquerschnitt A_s von 118 cm^2. Der Stützenquerschnitt ist 1600 cm^2, 0,09 von 1600 = 144 cm^2. Die Eisen dürfen in einem Schnitt gestoßen werden.

5.3.3 Bewehrung eines Einzelfundamentes

1. Schalmaße angeben
2. Expositionsklasse festlegen (für Beton u. Betondeckung)
Hier FDM mit Frost, also Expositionsklasse XC3 und XF1 mit einem Beton C 25/30
und Betondeckung c_{nom} von 3,5 cm = Verlegemaß c_v
3. Bei der Bewehrungsführung auf X- u. Y-Richtung achten

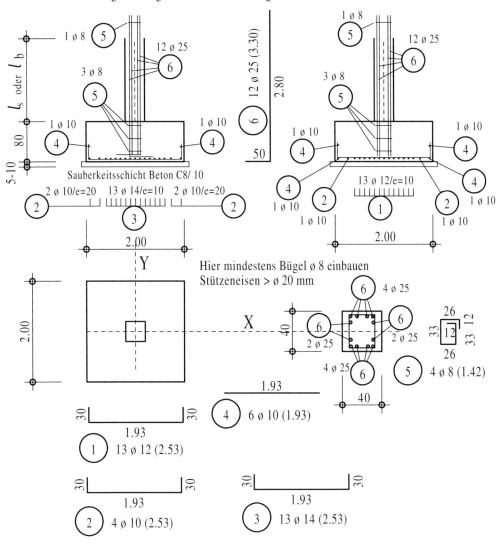

5.3.4 Beschreibung zum Streifenfundament

Im **Bild 5.3.a** im **Kapitel 5.3.5** ist ein Streifenfundament mit anschließender Bodenplatte dargestellt. Zu diesem Fundament sind die Umgebungsbedingungen mit einem Gründungsbauteil und einem Frost gefährdeten Bauteil festgelegt. Nach **Tabelle 2.1** ist die Expositionsklasse für Gründungsbauteile XC2 und für Frost gefährdete Bauteile XF1. Die Betongüte ist in der Tabelle mit einem C25/30 angegeben. In **Tabelle 2.2** finden wir die Betondeckung mit 3,5 cm.

Der Bügel im **Bild 5.3.a**, die Eisen-Pos. 1, muss an den Seiten und unten jeweils 3,5 cm kleiner werden. Oben sollten jedoch zu den 3,5 cm noch 2,0 cm abgezogen werden, denn in diesem Bereich wird die obere Mattenlage auf den Bügel gelegt und es gibt noch Überlappungsbereiche der Matte, die noch zusätzlich auftragen. Aus diesem Grund ist der Bügel nur 71 cm hoch. Die Eisen-Pos. 2 kann bis zu dem Stabdurchmesser 12 mm in laufende Meter ausgezogen werden. Die Angabe auf dem Plan „in der Schalung längen" bedeutet, die Eisen werden auf der Baustelle nach Schalungslänge geschnitten. Streifenfundamente werden bis zur Unterkante der Bodenplatte betoniert. Der Restbereich wird mit der Bodenplatte betoniert. Aus diesem Grund ist für beide Bewehrungslagen der gute Verbundbereich anzunehmen. Die Oberfläche des 1. Betonierabschnittes muss aber rau sein.

Nach **Tabelle 3.4** ist die Übergreifungslänge für einen Durchmesser 12 mm = 68 cm.

Bild 5.3.b stellt ein Streifenfundament mit Bodenplatte und einer aufgehenden Betonwand dar. Zur Ermittlung der Eisenlängen sind die Betonierabschnitte sehr wichtig. Wird die Bodenplatte bei der Längenermittlung nicht angerechnet, könnte das Eisen zu kurz sein. Liegt die Bodenplatte höher als das Streifenfundament, muss man auch dieses Maß berücksichtigen.

Vor der Bewehrungsplanung müssen die Umgebungsbedingungen bekannt sein. Hierbei ist das Projekt eine Garage zu einem vorhandenen Wohnhaus. Nach **Tabelle 2.1** werden die Expositionsklassen mit der Betongüte bestimmt.

Das Fundament ist ein Gründungsbauteil mit der Expositionsklasse XC2 und XF1 für den Innenbereich. Außen müssen die Expositionsklassen XD1 und XF1 angenommen werden. An der Unterseite des Fundaments ist die Expositionsklasse XC2 und XF1 und an der Oberseite XD1 maßgebend.

Die Bodenplatte muss unten mit der Expositionsklasse XC2 und oben mit XD1 festgelegt werden.

Die Betonwand wird außen mit der Expositionsklasse XD1 und innen mit XC3 bestimmt. Die Betondeckung beträgt für das Fundament und die Wand außen 5,5 cm. Für die Bodenplatte ist die Betondeckung oben 5,5 cm. In den anderen Bereichen beträgt die Betondeckung 3,5 cm. Der Beton wird mit einem C30/37 gewählt.

Der Bügel in **5.3.b**. muss die Breite von
50 cm – 3,5 cm – 5,5 cm = 41 cm
haben. Die Bügelhöhe wird mit
80 cm – 3,5 cm - 5,5 cm = 71,0 cm
errechnet. Aber zusätzlich müssen noch 2,0 cm für die obere Mattenlage abgezogen werden. Der Bügel Eisen-Pos. 3 muss die Höhe von 69,0 cm haben.

Die Wandanschlussbewehrung: Die Betonwand ist 24 cm stark. Von diesen 24 cm müssen wir außen 5,5 cm und innen 3,5 cm abziehen. Die Betonwand wird beidseitig mit einer Betonstahlmatte bewehrt. Diese Betonstahlmatte müssen wir beidseitig von der Anschlussbewehrung abziehen. Die Eisen-Pos. 5 in Bild 5.3.b darf nur 13 cm breit sein.

Bild 5.3.c und Bild 5.3.d
Hier spielt es keine Rolle welche Eisenform in der 1. oder 2. Lage liegt. Auch hier ist erst die Expositionsklasse und daraus resultierend die Betondeckung zu bestimmen. Unter allen Fundamenten ist eine mindestens 5 cm dicke Sauberkeitsschicht vorzusehen. Alle Fundamente sind auf tragfähigem Boden zu gründen. Nicht tragfähiger Boden ist zu entfernen und durch Magerbeton (C8/10) zu ersetzen.

5.3.5 Bewehrung eines Streifenfundamentes

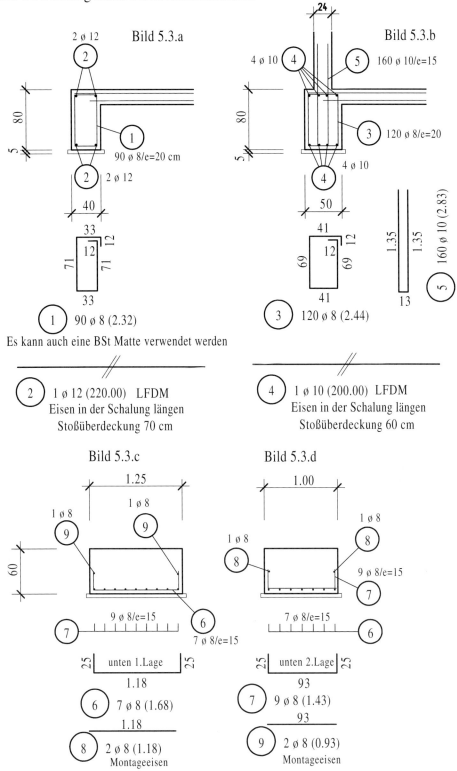

5.4 Blockfundament mit zwei Stützen

Oft kann man aus Platzmangel die Stützen nicht einzeln gründen. Hier kommt nun das Blockfundament zum Einsatz. Wird die Zeichnung im **Kapitel 5.4.1** um 180° gedreht, sieht man einen Unterzug auf zwei Stützen. Ein Blockfundament wird wie ein Unterzug bewehrt. Nur die Bewehrung liegt entgegengesetzt, die Feldbewehrung liegt oben, die Stützbewehrung liegt unten.

Vor der Bewehrungsführung, noch ein Hinweis: Nach DIN 1045-1 muss auf dem Plan die zugehörige Plannummer stehen, die Betonstahlgüte, die Expositionsklasse, dass Verlegemaß bzw. die Betondeckung und die letzte Eisenposition. Die Angabe über die Biegerollendurchmesser darf auch nicht fehlen.

Zu dem **Beispiel** im **Kapitel 5.4.1** finden wir in der Statik die Angaben zur Feldbewehrung mit 24 cm^2, die Stützbewehrung wurde mit 36 cm^2 und die Schubbewehrung mit 10 cm^2/m ermittelt. Die Anschlussbewehrung je Stütze ergibt 36 cm^2. Finden wir in der statischen Berechnung den Wert 24 cm^2 und nicht 24 cm^2/m, so bedeutet das, die 24,0 cm^2 Bewehrungsquerschnitt sind auf die gesamte Fundamentbreite gleichmäßig zu verteilen.

Bei diesen Fundamentlängen lohnt eine Staffelung der Bewehrung wegen der langen Übergreifung nicht.

Die Expositionsklassen müssen vor der Bewehrungsführung festgelegt werden. Das Fundament ist ein Gründungsbauteil ohne Frost und in die Expositionsklasse XC2 nach **Tabelle 2.1** einzustufen. Die Betongüte ist ein C20/25. Die Stütze, ein Bauteil zu der die Außenluft häufig Zugang hat, wird nach **Tabelle 2.1** in die Expositionsklasse XC3 und einem Beton C20/25 eingestuft. Die Betondeckung können wir erst mit der Wahl der Bewehrungsdurchmesser bestimmen. In der Expositionsklasse XC2 und XC3 ist nach **Tabelle 2.2** das Verlegemaß bis zum Stabdurchmesser 20 mm, gleich 35 mm

Die Bewehrung:
Die Bügelabmessungen werden nach den Schalungsmaßen, abzüglich zweimal 3,5 cm Verlegemaß bestimmt. Bei diesen Fundamentabmessungen sind zwei Bügelformen erforderlich. Diese zwei Bügelformen ergeben vier vertikale Stäbe, die zur Schubbewehrung herangezogen werden, denn die erforderlichen 10 cm^2/m Schubbewehrung, können nun durch vier vertikale Stäbe geteilt werden. In **Tabelle 3.8** finden wir den Durchmesser und den Abstand der Bügel. Die erforderliche Bügelbewehrung ist mit dem Stabdurchmesser 10 mm und dem Abstand von 25 cm angegeben. Kleinere Durchmesser sollten bei diesen Schalungsabmessungen nicht gewählt werden. Diese zwei Bügelformen werden nun im Abstand von 25 cm über die Fundamentlänge eingetragen.

Die Eisen-Pos. 3 ist zur Abdeckung der erforderlichen Stützbewehrung vorgesehen. Da die Verlegelänge unten, von der Mitte der Stütze bis zum Ende des Fundaments zu kurz ist, muss das Eisen aufgebogen werden. Der Durchmesser und die Stabanzahl der Eisen-Pos. 3 wird nach **Tabelle 3.9** ermittelt. Die erforderliche Stützbewehrung mit 36,0 cm^2 finden wir in der Tabelle mit dem Stabdurchmesser 20 mm und die Anzahl mit 12 Stäben angegeben. Der Haken oben ist konstruktiv. Eine Verankerung mit Pos. 4 muss nicht erfolgen. Um den Durchmesser und die Anzahl der Eisen-Pos. 4 zu ermitteln, wird wie bei Pos. 3 vorgegangen. Die Länge der Eisen-Pos. 4 wird mit der Schalungslänge abzüglich des zweifachen Verlegemaßes von 7 cm ermittelt.

Die Eisen-Pos. 5 und 6 sind konstruktiv und verhindern die Rissbildung. Der Bügel für die Stützenbewehrung wird einseitig schmaler, da die anschließende Stützenbewehrung ab Oberkante der Bodenplatte in den Ecken liegen muss. Den Durchmesser und die Anzahl der Eisen-Pos. 7 ermitteln wir nach **Tabelle 3.9**. Die Übergreifungslänge der Eisen-Pos. 7, hier ein Druckstoß, bestimmen wir nach **Tabelle 3.2**. Die Verankerungslänge ist l_b. Der Biegerollendurchmesser für den Stab mit 20 mm beträgt 7 d_s.

5.4.1 Blockfundament

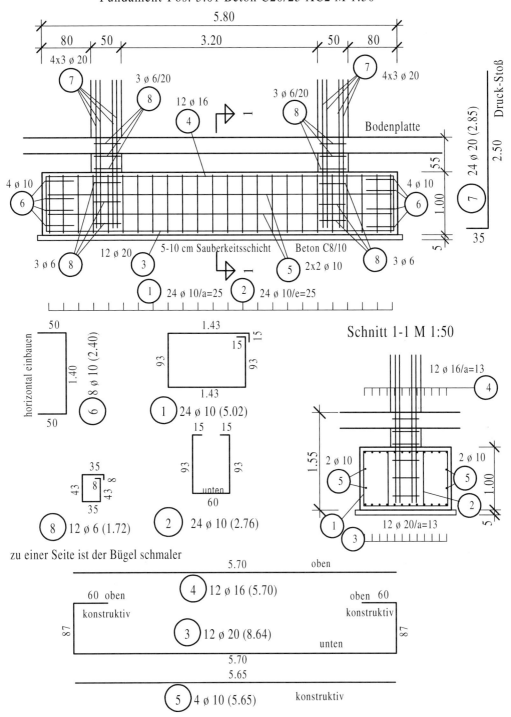

5.4.2 Blockfundament mit Ankerbarren

Werden in Fundamente Ankertöpfe oder ähnliche Verankerungen für den Anschluss von z.B. Stahlstützen eingebaut, müssen diese rückverankert werden. Diese Verankerung, bzw. der Durchmesser des Eisens, richtet sich nach der Verankerungsschraube, die in den Ankertopf eingebaut wird. Nach den Umgebungsbedingungen reichen die Expositionsklassen XC2 und XF1 und eine Betondeckung von 3,5 cm mit einem Beton C25/30. Der Bauherr fordert aber eine Betondeckung von 5 cm bis zum 1. Eisen. (hier Büge)

Die großen Bauteilabmessungen machen es unumgänglich einen Bügeldurchmesser mit 14 mm zu wählen. Eine zusätzliche Eisen-Pos. 2 wird zur Schubbewehrung und zur Unterstützung der oberen Bewehrungslage genutzt. Es reicht aus, wenn der äußere Bügel die Längsbewehrung umschließt, die Eisen-Pos. 2 muss nicht als Bügel oder Bügelform ausgeführt werden. Sie muss nur mit einem Haken die untere, bzw. die obere Lage umschließen. Die Ankerbarren, bestehend aus zwei U-Eisen, lassen sich so besser einbauen.

Eisen-Pos. 3 in der unteren und oberen Bewehrungslage, wird gleich mit einem Haken ausgebildet. Der Stabstahl wird so besser verankert und die Eisen-Pos. 4 benötigt dann zur Übergreifung nicht mehr den langen Schenkel. Zur Verankerung werden beide Schenkellängen angerechnet, wobei die kurze Eisenlänge, den Einbau des Verankerungstopfes nicht behindert. Bei der Längenermittlung der Eisen-Pos. 3, muss noch beidseitig der Durchmesser der Eisen-Pos. 5 abgezogen werden. Um Maßungenauigkeiten auszuschließen, sollte man 4 cm abziehen.

Damit bei Belastung die Anker nicht herausreißen, müssen sie rückverankert werden. Diese Rückverankerung geschieht mit der Eisenform Pos. 7. Die Rückverankerungsbewehrung muss immer eine Schlaufenform sein, bei der der Biegerollendurchmesser mindestens 15-mal d_s (Stabdurchmesser) beträgt. In diesem Beispiel ist der Biegerollendurchmesser etwas größer gewählt, denn die Eisen-Pos. 7 darf keinen engen Kontakt zu den Verankerungselementen haben. Die Veranke-rungslänge der Schlaufe beginnt ab Oberkante der U-Eisen. Aber die Schlaufenform selbst sollte bis ca. 5 cm unter die obere Bewehrungslage geführt werden. Zur Rückverankerung von Ankertöpfen ist die Eisen-Pos. 7, wie sie im **Kapitel 5.4.3** dargestellt ist, am besten geeignet, auch die Stellung der Abbiegungen am unteren Schlaufenende. Haken wie sie bei Unterstützungen angewendet werden sind ungeeignet. Bildet man den unteren Schenkel wie bei den Unterstützungen aus, würden die unteren Schenkel übereinander liegen. Die Biegeform der Eisen-Pos. 7 sollte wie in der Zeichnung vermaßt werden, so kann der Biegebetrieb sofort erkennen, wo die Krümmung beginnt.

Zur Aussteifung und zur Montagehalterung der Eisen-Pos. 7 wird die Eisen-Pos. 8 vorgesehen.

Die Biegerollendurchmesser betragen hier bis zum Durchmesser 20 mm = 4 d_s, ab dem Durchmesser 20 mm = 7 d_s

Auch auf dem Bewehrungsplan gehört die Angabe der Achsen mit den Schalmaßen. Die Baufirma erkennt dann sofort, in welche Richtung die Bewehrung eingebaut werden soll. Auf den Bewehrungsplan gehören weiter die Angabe der Betongüte die Stahlgüte (hier Betonstahl 500S) die Expositionsklasse mit der Betondeckung, die gleichzeitig die Höhe der Abstandhalter bestimmt und die Angaben über Unterstützungsform und Höhe. Im Beispiel brauchen keine Unterstützungen eingebaut werden. Der Bewehrungskorb ist durch die Eisen mit dem Durchmesser 14 mm steif genug. Die Angabe der letzten Eisenposition und die Biegerollendurchmesser sowie die dazugehörigen Pläne müssen ebenfalls auf dem Plankopf stehen.

5.4.3 Blockfundament
mit Rückverankerung

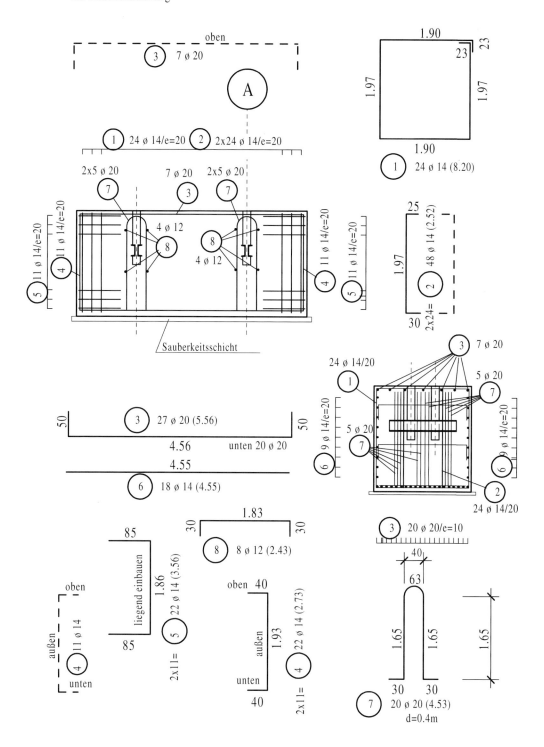

5.5 Köcherfundamente

Zur nachträglichen Montage und Einspannung von Fertigteilstützen, auch Stahlstützen, werden Köcherfundamente verwendet. Köcherfundamente werden in Ortbeton und in Fertigteilbauweise hergestellt. Verbreitet ist es auch, die Fundamentplatte mit der Fertigteilstütze im Fertigteilwerk zu betonieren.

Die Abmessungen der unteren Platte beim Köcherfundament sind abhängig von der Belastung, die auf das Fundament wirkt und von der Beschaffenheit des Baugrundes.

Der Köcher in seinen Abmessungen wird stark von den Stützenabmessungen beeinflusst. Da nach der Stützenmontage der Freiraum des Köchers um die Fertigteilstütze mit Beton vergossen wird, sollten die Köcherinnenwände mindestens rau sein. Je nach statischen Erfordernissen, müssen die Köcherinnenwände auch nach **DIN 1045-1 Bild 35** profiliert ausgeführt werden. Zu der Profilierung ist die Zeichnung im **Kapitel 5.5.1** zu beachten. Durch eine mindestens 1 cm tiefe Profilierung wird ein guter Verbund zwischen Stütze und Fundament hergestellt.

Die Wanddicke des Köchers richtet sich nach den Stützenabmessungen und daraus folgend, der Köcheröffnung am oberen Rand. Umlaufend sollte die Köcheröffnung unten 5 cm größer, am oberen Rand 10 cm größer als die Stützenbreite sein. Aus diesem Öffnungsmaß des Köchers ergibt sich die Wanddicke. Die Wanddicke des Köchers muss mindestens 1/3 der kleineren Lochweite betragen. Eine Stütze mit den Seitenabmessungen von 40 cm hat oben am Köcherrand eine Lochweite von 60 cm. Daraus resultiert eine Köcherwand von mindestens 20 cm. Das Breitenmaß der Köcherwand sollte aber wegen der starken Bewehrung, der damit verbundenen Biegeradien und der hohen Betondeckung nicht unter 35 cm liegen.

Die Einbindetiefe der Stütze in den Köcher ist das Maß t. Dieses Maß sollte größer oder gleich dem 1,2 fachen Wert der Stützenbreite entsprechen. Werden die Köcherinnenwände glatt ausgeführt, so muss die Einbindetiefe der Stütze, mit dem Faktor 1,4 vergrößert werden. Zu der errechneten Einbindetiefe der Stütze, muss der Köcher um 5 cm tiefer ausgebildet werden. Diese 5 cm werden kurz vor der Stützenmontage mit einer Ausgleichschicht aufgefüllt. Die Höhe ist dann die Stützenaufstandsfläche und wird mit SAF bezeichnet. Die Stützen selbst werden bei der Montage oben am Köcherrand verkeilt und je nach Stützenhöhe durch Montagestützen gegen Kippen gesichert.

Der Freiraum zwischen der Stütze und der Köcherinnenwand (oben umlaufend 10 cm, unten umlaufend 5 cm) wird mit einem Beton vergossen. Dieser Vergussbeton muss dem Fundamentbeton entsprechen.

Die Bezeichnung „Unterkante Fundament" mit UKFDM „Oberkante Fundament" mit OKFDM und „Stützenaufstandfläche" mit SAF dürfen auf dem Schalplan nicht fehlen. Wichtig ist es auch die Achsbezeichnungen und die Schalmaße im Bewehrungsplan anzugeben. Die Betondeckung kann an der Köcherinnenwand durch den Vergussbeton verringert werden.

Vor der Bewehrungsplanung ist immer die Expositionsklasse und die Betongüte festzulegen. Hier beim Köcherfundament ist besonders auf die Lage des Fundaments zur X- bzw. Y-Achse des statischen Systems zu achten. Die Berechnungswerte aus der Statik zur X-Achse werden in der Fundamentplatte auch in X-Richtung auf die Plattenbreite verteilt eingelegt. In der Zeichnung zum Kapitel 5.5.1 parallel zur Achse H. In Y-Richtung wird analog vorgegangen. Bei der Köcherbewehrung müssen wir die statischen Werte aus der X-Richtung in Y-Richtung verlegen. Also parallel zur Reihe 23 im Grundriss zum Kapitel 5.5.1. Die statischen Werte zur Y-Richtung werden in X-Richtung Verlegt, denn in der statischen Berechnung dreht das Moment um die Y-Achse und wirkt in X-Richtung.

5.5.1 Köcherfundament

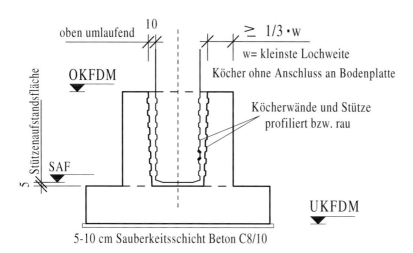

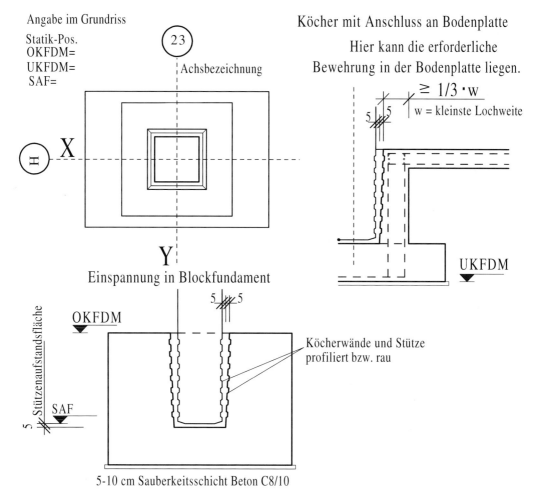

5.5.2 Köcherfundament

Ausbildung als Blockfundament.

Diese Art der Fundamente findet ihren Einsatz bei bindigen, tragfähigen Böden. Sie benötigen nicht große Grundfläche (wie im Kapitel 5.5 beschrieben und werden auch zur zusätzlichen Gründung über dem Bohrpfahl genutzt. Im Verbund mit dem Bohrpfahl dienen sie dann zur Einspannung der Fertigteilstützen.

Im **Kapitel 5.5.3** ist die Bewehrungsführung eines Blockfundamentes mit Köcher dargestellt. Zur Bewehrung wählen wir die Umgebungsbedingungen nach **Tabelle 2.1** mit der Expositionsklasse XD1 und XF2. Die Betongüte ist ein C30/37 und das Verlegemaß nach **Tabelle 2.2** ist mit 55 mm angegeben. Die Betondeckung auf der Köcherinnenseite kann verringert werden, denn durch den nachträglichen Vergussbeton erhöht sich die Betondeckung. Das Verlegemaß setzen wir an der Köcherinnenwand mit 3,5 cm fest.

Zur Längenermittlung der unteren Bewehrungslage müssen wir von dem Schalungsmaß, zweimal das Verlegemaß mit 5,5 cm abziehen. Im Köcherbereich ziehen wir für die obere Bewehrungslage außen 5,5 cm und innen 3,5 cm ab.

Mit den Angaben aus der Statik für die untere Bewehrung mit 3,8 cm^2/m in X- und Y-Richtung wählen wir mit Hilfe der **Tabelle 3.8** den Stabdurchmesser 10 mm im Abstand von 20 cm. In der statischen Berechnung ist eine Zulagebewehrung auf 1,40 m Breite in der unteren Bewehrungslage von 3,5 cm^2/m unterhalb des Köchers angegeben. Diesen Bereich decken wir mit der Eisen-Pos. 4 zusätzlich zur Eisen-Pos. 1 mit dem Durchmesser 10 mm im Abstand von 20 cm ab. Fehlt die Angabe der Verlegebreite in der statischen Berechnung zur verstärkten Bewehrung, ist dieser Bereich von der unteren Köcherwandecke beidseitig unter einem Winkel von 45° nach außen definiert. Dort wo diese gedachte Linie auf die untere Bewehrungslage trifft ist die Zulagebewehrung unter dem Köcher einzulegen. Zu beachten ist die Länge des vertikalen Schenkels der Eisen-Pos. 1. Durch die kreuzweise Verlegung und Biegeungenauigkeiten sollte dieser 5 cm kürzer ausgeführt werden. Um eine Bündelung der Bewehrung in den Ecken zu vermeiden wird die Eisen-Pos. 1 an zwei Seiten durch die Eisen-Pos. 3 ersetzt. Diese wird nicht aufgebogen.

Die Köcherbewehrung ist in X- und Y-Richtung für die vertikale Bewehrung mit 10 cm^2 und für die horizontale Bewehrung mit 4,5 cm^2 angegeben. In diesem Beispiel sind die Bewehrungsquerschnitte in beiden Richtungen gleich.

Die vertikale Bewehrung wird immer an der Köcherinnenseite vorgesehen. Die Bewehrung mit 10 cm^2 ermitteln wir anhand der **Tabelle 3.9** und finden unter Querschnitte von Balkenbewehrungen 9 Stäbe mit dem Durchmesser 12 mm. Diese sind auf je eine Köcherwand zu verteilen und ab dem Köcherboden nach **Tabelle 3.4** nach unten zu verankern. Die oberen Abbiegungen der Eisen-Pos. 5 und 6 werden konstruktiv ausgeführt. Zu beachten sind die unterschiedlichen Längen der vertikalen Schenkel, denn Eisen-Pos. 5 bzw. 6 werden auf die untere Bewehrungslage gestellt, wobei Eisen-Pos. 6 in der oberen Lage unter die kreuzende Eisen-Pos. 2 abgebogen werden muss.

In der horizontalen Köcherbewehrung müssen je Seite 4,5 cm^2 Bewehrung vorhanden sein. Nach **Tabelle 3.9** wählen wir 3 Stäbe mit dem Durchmesser 14 mm. Diese Eisen sollten oben konzentriert, an der Köcherinnenseite im Abstand von 7 bis 8 cm verlegt werden. Die Verankerungslänge der Eisen-Pos. 7 beginnt am Köcherrand und ist nach **Tabelle 3.3** mit 61 cm angegeben. Der untere Köcherbereich wird in der horizontalen Richtung konstruktiv bewehrt, wobei die horizontale Bewehrung an den Enden zum besseren Anschluss abgebogen werden sollte. Die restliche äußere Bewehrung wird konstruktiv ausgeführt und wird zur Stabilisierung des Bewehrungskorbes und zur Risssicherung herangezogen.

5.5.3 Bewehrung des Blockfundaments

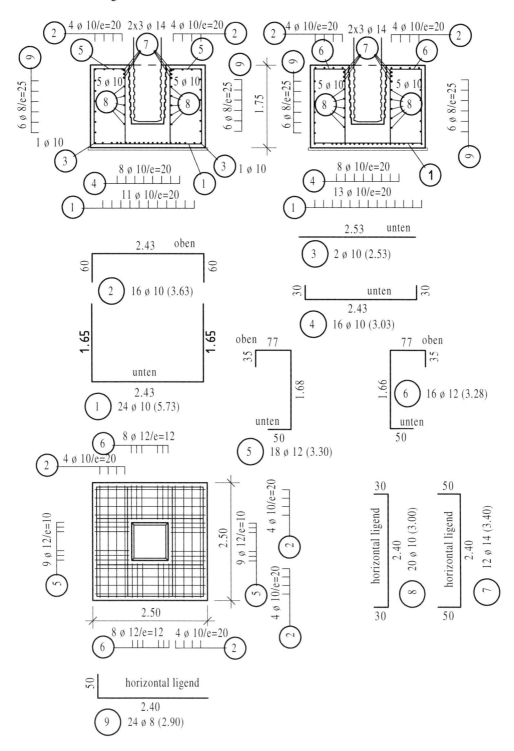

5.5.4 Köcherfundament Bewehrung (Fundamentplatte)

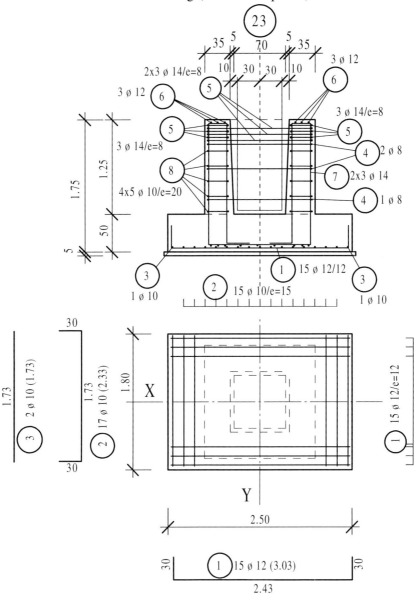

Die Expositionsklassen, Beton und Betondeckung, sind mit Kapitel 5.5.2 identisch. Für die untere Bewehrungslage spielt es keine Rolle, ob Pos.1 oder 2 in der 1. Lage liegt. Nur auf die X-und Y-Richtung muss bei der Bewehrungsführung geachtet werden. Pos. 1 liegt wie in der Statik berechnet in X-Richtung. Pos. 2 liegt in Y- Richtung. Die obere Fundamentplatte muss nicht bewehrt werden.
Der Bügel Pos. 4 ist statisch nicht erforderlich, er ist kostruktiv und wirkt stabilisierend auf den Bewehrungskorb. Nur wenn wir die Eisen-Pos. 5/ 6/ 7/ 8 konstruieren ist vorsicht geboten.

In der Statik sind für die Berechnung des Köchers andere Einflüsse angegeben, man sagt, das Kraftmoment dreht um die X-Achse und in anderer Richtung dreht es um die Y-Achse. Das bedeutet, die Bewehrung, die in der Statik für den Köcher in X-Richtung steht, muss in der Zeichnung in Y-Richtung gedreht werden. Die Berechnung in Y-Richtung muss in X-Richtung gezeichnet werden.

5.5.4 Köcherfundament Bewehrung (Köcherbewehrung)

Werden diese Eisenformen zu lang, sollte man sie trennen.

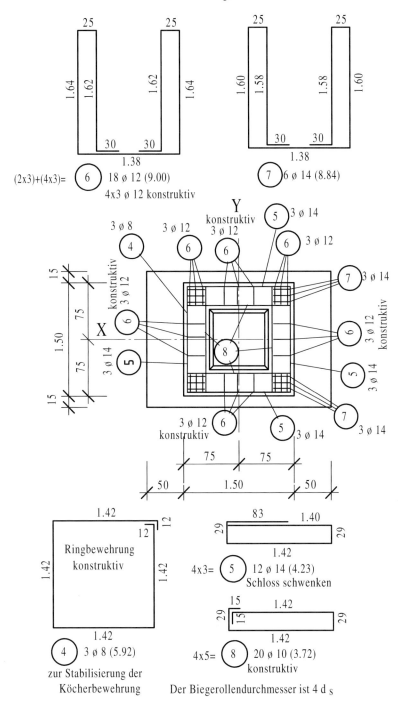

5.6 Fundamente; Sonderformen

Fundamente in dieser Form sind sehr oft zur Gründung von Industrieanlagen gebaut worden, z.B. zur Verankerung von Behältern und Silobauten. Bei diesen Fundamenten muss mit besonderer Sorgfalt auf die Betongüte und die Betondeckung geachtet werden, denn sie sind den Umgebungsbedingungen voll ausgesetzt. Die Expositionsklassen XD3/ XA3 und XF2 mit der Betongüte C35/45 treffen wir bei diesen Projekten immer wieder an, hier ist dann die Betondeckung, bzw. das Verlegemaß immer 5,5 cm bis zum ersten Eisen.

Für achteckige Fundamente mit hoher Belastung wird die Bewehrung jeweils unten und oben in vier Lagen verlegt. Um die Höhe der Unterstützungen zu ermitteln, muss von der Bauteihöhe das Verlegemaß mit zweimal 5,5 cm und zweimal 3 Bewehrungsstäbe abgezogen werden.

Für die Bewehrung an sich wird wohl die Rissbreitenbeschränkung maßgebend. Die Bewehrungsstäbe werden mit dem Durchmesser 16 mm im Abstand von 12,5 cm bis 15 cm verlegt. Um Maßungenauigkeiten auszugleichen, werden die Bewehrungsstäbe in der unteren und oberen Lage geteilt. Sie lassen sich dann leichter verlegen. Als Verlegeanweisung sollte der Vermerk „Eisen schwenken," neben den Eisenpositionen auf dem Plan stehen. Der obere Schenkel der Eisen-Pos. 1 und 2 sollte nicht zu lang ausgeführt werden. Zur Verankerung kann man besser die Eisen-Pos. 3 und 4 abbiegen.

Als Ringbewehrung werden Durchmesser 12 mm im Abstand von 10 cm vorgesehen. Hier ist es unmöglich, die Eisenform als Achteck auszubilden. Besser ist es, kürzere Formen zu bilden, die dann wesentlich einfacher einzubauen sind. Mit der Eisen-Pos. 5 werden 4 Stück je Umfang benötigt, wobei die langen Schenkel mit dem kurzen Schenkel übergreifen.

Eisen-Pos. 7 wird zur Rückverankerung von Ankerbarren oder Ankertöpfen vorgesehen. Der Durchmesser und die Anzahl der Eisenform, richtet sich nach der Größe der Ankerschraube.

Bei der Bewehrungsführung des runden Fundaments ist darauf zu achten, dass es in der Statik auch so gerechnet wurde, ansonsten ist die Bewehrung um dem Faktor 1,4 zu erhöhen.

Die Bewehrungsformen des runden Fundaments, können analog zum achteckigen Fundament ausgeführt werden. Auch hier sollten keine Passeisen verwendet werden. Die Eisenformen werden geschwenkt. Hierbei beginnt eine Eisenposition einmal von der linken Seite, dann wieder von der rechten Seite. Auch die Ringbewehrung sollte nicht in einer Kreisform ausgebildet werden, es ist besser 3-4 Formen zu wählen, die alle gleich mit Übergreifungslänge ausgebildet werden

Die Unterstützungshöhe bestimmen wir durch das jeweilige Abziehen des Verlegemaßes und der 2-fachen Bewehrungslage der oberen und unteren Bewehrung. Je Quadratmeter Fundamentplatte werden 4 Unterstützungsböcke vorgesehen. Bis zu einer Plattendicke von 40 cm können Unterstützungsböcke mit dem Durchmesser 12 mm vorgesehen werden. Bis zu einer Plattendicke von 60 cm sollte der Durchmesser 14 mm betragen. Ist die Platte 80 cm stark, wird der Durchmesser der Unterstützung 16 mm. Ab einem Meter Plattenhöhe sollte die Unterstützung aus dem Durchmesser 20 mm hergestellt werden. Zur Aussteifung und Kippstabilität werden ab einer Plattenhöhe von 60 cm die Unterstützungen durch zwei Längseisen am oberen Randgehalten.

Bis zu einem Stabdurchmesser von 20 mm beträgt der Biegerollendurchmesser 4 d_s. Ab dem Stabdurchmesser 20 mm beträgt er 7d_s. Zur Rückverankerung, wie z.B. Eisen-Pos. 7, beträgt der Biegerollendurchmesser mindestens 15 d_s.

5.6.1 Bewehrung der Sonderformen

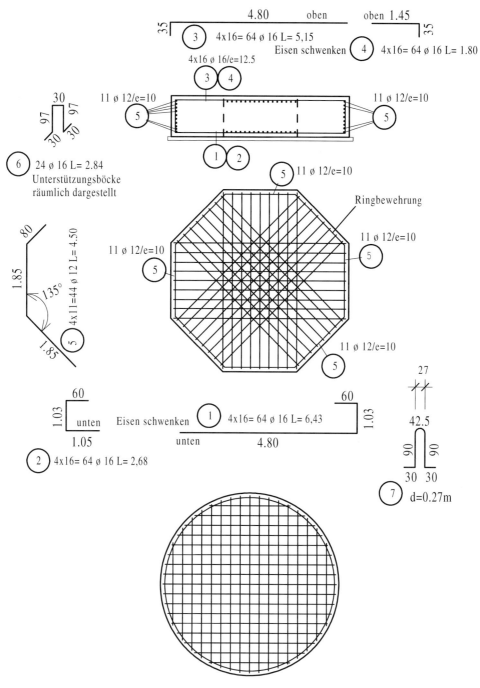

Bewehrungsführung und Form analog zur oberen Bewehrung

5.7 Duchstanzbewehrung für Fundamente

Oft ist es nicht möglich das Fundament den statischen Erfordernissen anzupassen, sei es durch Bauwerksbegrenzungen oder die statische Höhe kann nicht eingehalten werden. Die Gebäudelasten, die auf das Fundament wirken, sind zu hoch. Diese Lasten, über Stützen oder Wände ins Fundament abgeleitet, versuchen über einen Kegel von 45° den Beton herauszusprengen. Es entstehen Risse, durch die dann die Feuchtigkeit den Betonstahl angreifen kann. Die Zerstörung des Fundaments und weitere Bauwerksschäden sind dann nicht auszuschließen, oder werden erst nach Jahren durch Setzungsrisse an anderen Bauteilen deutlich.

Der entstandene Durchstanzkegel über einen Winkel von 45° von der Bauteilkante des zu stützenden Bauteiles gemessen, muss durch Bewehrung verstärkt werden. Diese nennt man die Durchstanzbewehrung.

Oft reicht es, die erforderliche Grundbewehrung einzulegen, und im Bereich des Durchstanzkegels die Bewehrung mit der gleichen Eisenform als Zulagebewehrung zu verstärken. In diesem Fall kann man die Grundbewehrung zur Durchstanzbewehrung anrechnen. Ist die erforderliche Durchstanzbewehrung aber höher, muss eine gesonderte Eisenform im Bereich des Durchstanzkegels eingelegt werden. Je nach der zur Verfügung stehenden Verankerungslänge (vom Durchstanzkegel gemessen) kann die Eisenform gerade ausgebildet werden.

Treten aber trotz der Zulagen immer noch hohe Querkräfte im Fundament auf, muss eine Querkraftbewehrung vorgesehen werden. Zur Querkraftbewehrung werden Bügel, aufgebogene Stäbe oder auch S-Haken herangezogen. Diese Eisenformen müssen so ausgebildet werden, dass sie die untere Bewehrungslage umschließen und nach oben im Fundament verankert sind. Oben müssen zur Kippstabilität, Montageeisen vorgesehen werden. Um sich diese aufwendige Bewehrungsführung zu ersparen, gibt es noch andere Möglichkeiten.

Der Einbau von Dübelleisten ist die einfachste Lösung. Diese Dübelleisten bestehen aus den Montageblechen und den Dübeln (Bolzenanker aus Stahl). Das Montageblech muss unter die untere Bewehrungslage greifen. Die Bolzenanker reichen bis zur oberen Bewehrung

Die Bewehrung eines Fundamente mit Durchstanzbewehrung ist im **Kapitel 5.7.1** und im **Kapitel 5.9** dargestellt. Die Bewehrungsführung ist analog der eines Fundaments, wobei die Durchstanzbewehrung in beiden Richtungen gleich ausgeführt werden sollte. Die Umgebungsbedingung, die Expositionsklasse, die Betongüte, das Verlegemaß und der Betonstahl ändern sich gegenüber einem Fundament mit Durchstanzbewehrung nicht.

Einbau einer Dübelleiste ins Fundament

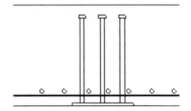

5.7.1 Durchstanzbewehrung

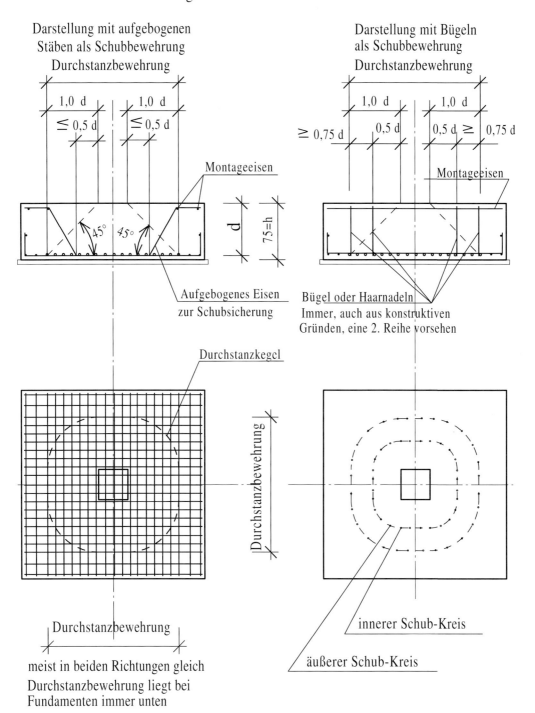

5.8 Die Fundamentplatte

Fundamentplatten werden zur Gründung von Wänden herangezogen, die einseitig z.B. durch Erddruck oder auch Wasserdruck belastet werden. Je höher die Wand und die Belastung wird, umso stärker und länger wird die Fundamentplatte auf der belasteten Seite. Die Last aus Erddruck, die auch unten auf die Betonplatte drückt und die Last aus Eigengewicht, sollen die Betonwand gegen Kippen sichern.

Eine Fundamentplatte mit Stützwand muss nach den Umgebungsbedingungen in mehrere Bereiche aufgeteilt werden.

Die Fundamentplatte ist ein Gründungsbauteil mit der Expositionsklasse XC2. Steht das Bauwerk im Grundwasser, ist die Expositionsklasse nach **Tabelle 2.1** in XC4 einzustufen. Der Beton ist ein C25/30 WU nach DIN 1045-2 und DIN EN 206-1. Das Verlegemaß ist nach **Tabelle 2.2** mit 4 cm angegeben. Für den Innenbereich ist die Fundamentplatte ein Gründungsbauteil mit der Expositionsklasse XC2 und einer Betondeckung von 3,5 cm.

Die Stützwand ist an der Wandinnenseite mit der Expositionsklasse XC1 und an der Wandaußenseite mit der Expositionsklasse XC4 zu bezeichnen. Das Verlegemaß ist innen mit 2,5 cm und außen mit 4 cm einzuhalten.

Die Expositionsklassen zur Bodenplatte ergeben oben ein XC1 und unten ein XC4. Ein Verlegemaß von 2,5 cm ist oben und 4 cm für unten nach **Tabelle 2.2** angegeben. Der Beton muss ein C25/30 sein.

In der Zeichnung im **Kapitel 5.8.1** sind die Bauteilabmessungen für die Bodenplatte mit 60 cm und für die Wand mit 30 cm angegeben. Die Höhe der Eisen-Pos. 1 und 2 errechnet sich aus der Fundamenthöhe, minus dem Verlegemaß aus der unteren und oberen Bewehrungslage. Das Verlegemaß von der Oberkante des Fundaments bis zum oberen ersten Eisen, war mit 3,5 cm angegeben. Hier müssen wir dann Aufrunden, denn Betonstahlabmessungen werden nicht in halben Zentimetern angegeben.

Grundsätzlich liegt die Tragbewehrung bei Fundamentplatten mit anschließender Stützwand, an der belasteten Seite. Zur besseren Kraftumlenkung muss der untere Schenkel, wie im Bewehrungsbeispiel dargestellt, zur nicht belasteten Seite zeigen.

Bei diesen Bauteilabmessungen können keine geschlossenen Bügelformen vorgesehen werden. Nach dem Bauablauf, hier wird erst die Eisen-Pos.1 verlegt, dann werden die Eisen der Pos. 5 eingelegt und teilweise angebunden, ist die Bügelform nicht möglich. Die Endhaken an der Eisen-Pos. 1 und 2 sind nur aus konstruktiven Gründen vorgesehen, denn nach der DIN 1045-1 ist eine Randeinfassung für diese Bauteile erforderlich. Durch den Haken ist diese Eisenposition gespart worden.

Bei der Ermittlung der Längsbewehrung ist wohl der Rissbreitennachweis maßgebend. Die Eisen-Pos. 5 kann als laufende Meter ausgezogen werden. Bis zu einem Stabdurchmesser von 12 mm ist das durchaus üblich und auch machbar.

Der vertikale Schenkel der Eisen-Pos. 4 muss mit der Übergreifungslänge nach **Tabelle 3.5**, aus dem Fundament ragen. Es ist durchaus möglich, den vertikalen Schenkel so lang auszubilden, bis der Bewehrungsquerschnitt der Eisen-Pos. 4 z.B. verspringt, bzw. abnimmt. An diesem errechneten Punkt greift dann mit Übergreifungslänge der neue, geringere Stabdurchmesser an. Die Übergreifungslänge für den Stabdurchmesser 20 mm beträgt 1,62 m. Mit dieser Verankerungslänge muss die Pos. 4 aber nicht ins Fundament geführt werden. Nach **Tabelle 3.1** kann die Länge mit dem Faktor 0,7 gekürzt werden. Die Verankerung beginnt ab dem oberen Fundamenteisen, der Eisen-Pos. 2

Analog zur Eisen-Pos. 4 wird Eisen-Pos. 3 ausgeführt. Die Übergreifungslänge beträgt nach **Tabelle 3.4** und der Betongüte C25/30 gleich 68 cm.

Die Unterstützungsböcke mit dem Durchmesser 14 mm, stehen auf der ersten Lage der unteren Bewehrung und müssen unter der Eisen-Pos. 5 liegen. Zur Höhenermittlung ist zu beachten, dass der Stabdurchmesser nicht gleich der Nenndurchmesser ist.

5.8.1 Fundamentplatte

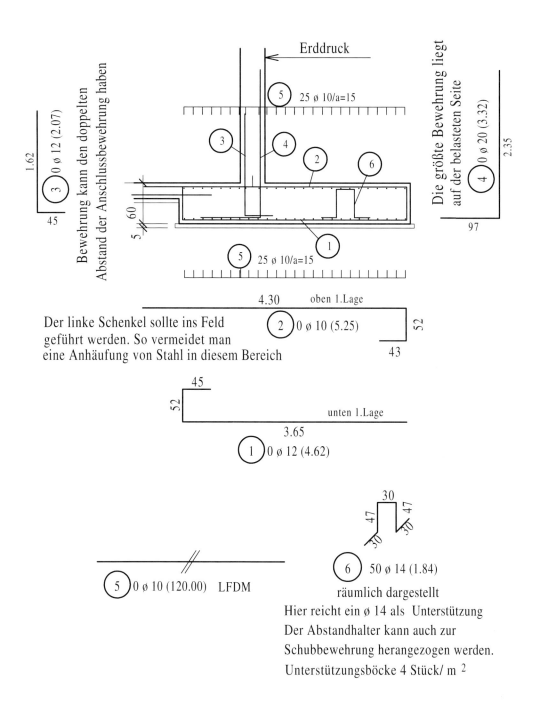

5.9 Durchstanzbewehrung
für ein Fundament

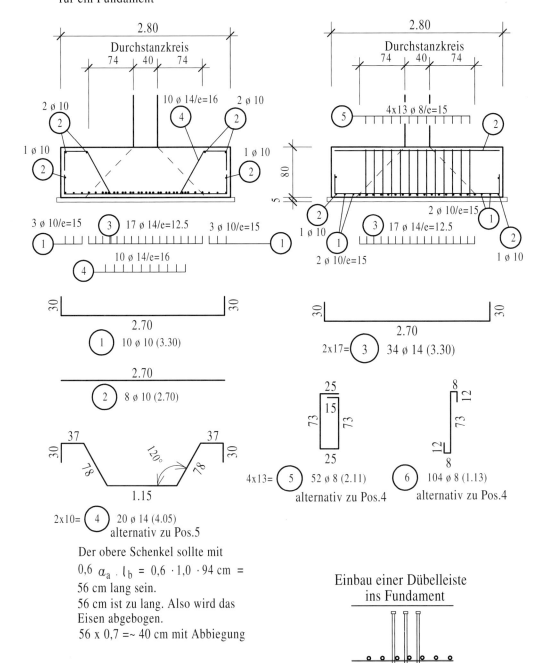

Der obere Schenkel sollte mit
$0{,}6 \; \alpha_a \cdot l_b = 0{,}6 \cdot 1{,}0 \cdot 94 \text{ cm} = 56 \text{ cm}$ lang sein.
56 cm ist zu lang. Also wird das Eisen abgebogen.
$56 \times 0{,}7 =\sim 40$ cm mit Abbiegung

5.10 Flachgründung

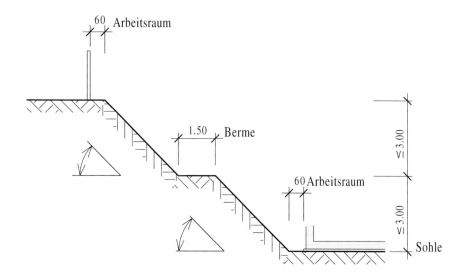

Die oben dargestellte Baugrube gehört zur Flächengründung. Zur Ausführung ist ein großer Platzbedarf erforderlich. Ist dieser Raum nicht vorhanden, muss die Tiefengründung bei der Planung berücksichtigt werden.
Der Böschungswinkel ist bei der Baugrube von der Bodenbeschaffenheit abhängig. So muss vor der eigentlichen Planung die Beschaffenheit des Bodens bekannt sein.
Bei nichtbindigen oder weichen bindigen Böden sollte der Böschungswinkel 45° sein.
Bei steifen oder halbfesten bindigen Böden sollte der Winkel 60° sein.
Bei Fels ist der Winkel 80°.
Zur Beurteilung des Böschungswinkels muss ein Bodengutachten vorliegen, oder aber mindestens die Beschaffenheit des Bodens aus der Nachbarbebauung bekannt sein. Zur Planung der Baugrube ist die Kenntnis des Grundwasserstandes unerlässlich. Es ist zu prüfen, ob in der Bauzeit der Untergeschosse, das Grundwasser durch Pumpen unterhalb der Baugrubensohle gehalten werden kann.

Besteht die Gefahr, dass bei starkem Regen mit Wassereinbrüchen zu rechnen ist, oder ist im Bereich der Grube mit einstürzenden Gebäuden, umfallenden Bäumen und Schlammlawinen zu rechnen, muss die Baugrube gesichert werden.

Vor der Planung des Gebäudes ist die Einholung eines Bodengutachtens über die Beschaffenheit des Baugrundes unerlässlich. Anhand dieses Bodengutachtens kann die Gründung bestimmt werden.

In Bergbausenkungsgebieten und bei drückendem Wasser ist eine Bodenplatte von ca. 25-30 cm, je nach Gebäudelast von Vorteil.

Kommt aus der Gebäudelast ermittelt, nur eine Gründung mit Streifenfundamenten und Einzelfundamenten in Betracht, können die Abmessungen schon aus dem Bodengutachten ermittelt werden.

Sauberkeitsschichten mit einer Stärke von 5 cm, bei starkem chemischen Angriff auch 10 cm aus Beton C8/10, sind in jede Gründung einzubeziehen.

5.11 Tiefengründung

Ist aus Platzmangel eine Baugrube mit Erdaushub und Abböschung nicht ausführbar oder steht in der Baugrube Grundwasser an, wird eine Tiefengründung vorgesehen. Bei der Tiefengründung wird ein Verbau zum Schutz vor einstürzendem Erdreich oder drückendem Wasser eingebracht. Dieser Verbau wird sehr oft als Gebäudeaußenwand genutzt.
Guten Schutz bieten die Bohrpfahlwand, die Schlitzwand, die Spundwand und der Verbau mit Rammpfählen, auch *Berliner Verbau, genannt. Letztgenannter ist aber nicht als wasserdicht zu bezeichnen. Alle Verbauarten werden vor dem eigentlichen Erdaushub zur Erstellung der Baugrube ausgeführt. Bohrpfähle werden gebohrt. Spundwände und Pfähle werden gerammt.
Zur Herstellung von Schlitzwänden wird mit einem Spezialgreifer ein Schlitz in den Boden erstellt. Diese Schlitzwände, die auch eine Bewehrung erhalten, wurden schon bis zu einer Tiefe von 50,0 m ausgeführt.
Um zu verhindern, dass der Boden ausbricht, wird eine Stützflüssigkeit in den Schlitz eingebracht. In einem Verfahren wird die stützende Flüssigkeit gegen einen Beton ausgetauscht. Die Wandstärke beträgt dann 80 cm bis 1,20 m und ist nicht unbedingt als wasserdicht zu bezeichnen. Nachbearbeitungen sind erforderlich. Durch die zu hohe Mischung des Betons mit der Stützflüssigkeit müssen die oberen 30 bis 40 cm des Betons abgebrochen werden.
In dem anderen Verfahren wird erst eine Leitwand zur Greiferführung eingebaut. Der Schlitz wird ausgehoben und eine Suspension (Betonit-Steinmehl-Zement-Suspension) wird eingefüllt. Anschließend wird eine Spundwand eingebracht. Nun erfolgt der Aushub der Baugrube mit den jeweils statischen Rückverankerungen. Die Suspension wird an der Baugrubenseite entfernt. Auf der Erdreichseite verbleibt die Suspension im Boden und bildet die wasserdichte Schicht. Diese Ausführung der Schlitzwand wird auch als Dichtwand bezeichnet.
Für Schlitzwände gilt die DIN 4126-Schlitzwände.
Für die Stützflüssigkeit gilt die DIN 4127-Schlitzwandtone.
Bohrpfahlwand und Schlitzwand eignen sich besonders zur Baugrubensicherung und sind gleichzeitig als Gründungsbauteil geeignet. Die Spundwand ist durch Anordnung eines Kopfbalkens bedingt geeignet.
Die direkte Belastungen nur aus einer Stütze oder Wand können auch durch Injektionspfähle aufgenommen werden. Die Bewehrung aus dem Injektionspfahl greift dann sofort in das anschließende Bauteil. Hier muss immer eine Spaltzugbewehrung eingebaut werden.
Spundwand mit Rückverankerung zur Baugrubensicherun: Vor dem Aushub der Baugrube wird die Spundwand in den Boden gerammt. Danach erfolgt der Aushub des Bodens nur bis zur angegebenen Ankerhöhe. Die Ankertiefe wird gebohrt und mit Kunstharzmörtel verpresst. Der Anker wird eingetrieben und die Gurtung aus Stahlprofilen mit Konsole an die Spundwand befestigt. Der Anker wird mittels Mutter und U-Scheiben angezogen. Je nach Gründungstiefe können auch mehrere Anker in der Höhe eingebaut werden.
Bohrpfahl: Vor dem Aushub wird ein Loch in den Boden gebohrt, wobei ein Nachläufer das Loch vor dem Einsturz des Bodens schützt. Der Bewehrungskorb wird eingebracht und das Loch mit Beton verfüllt. Eine Rückverankerung mit Verpressankern ist möglich.
Bohrpfahlwand mit Spritzbeton: Der Beton wird nachträglich, meist mit einer Matte bewehrt aufgebracht. Er macht die Bohrpfahlwand wasserdicht. Bei der überschnittenen Bohrpfahlwand werden in Abständen unbewehrte Bohrpfähle hergestellt. Nach der Aushärtung des Betons werden neue Löcher zur Aufnahme der bewehrten Bohrpfähle gebohrt. Die Überschneidung der Pfähle sollte mindestens 15 cm betragen. Diese Art der Ausführung ist als wasserdicht zu bezeichnen.

* Berliner Verbau (s. 5.11.2)

5.11.1 Tiefengründung; Details

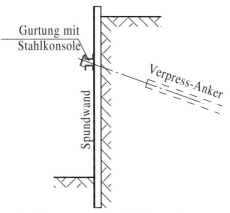
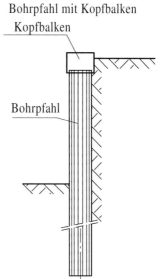

5.11.2 Berliner Verbau

Für nicht allzu große Tiefen der Baugrubensicherung wird der Berliner Verbau eingesetzt. Spundwände, Bohrpfähle usw. benötigen eine große Einbindetiefe unterhalb der Gründungssohle in den tragfähigen Boden. Durch ihre große Fläche beim Eintreiben in den Baugrund muss die genaue Lage der vorhandenen Rohre und Leitungen bekannt sein. Hier hat der Berliner Verbau durch seine geringe Einbindetiefe seine Vorteile.

Stahlprofile die von der Grubentiefe, den Abständen und dem statischen Nachweis abhängig sind, werden vor dem Aushub der Baugrube in den Boden gerammt. Die Einbindetiefe bis unterhalb der Grubensohle muss nicht tief bzw kann gleich null sein. Ist die Möglichkeit gegeben, die Stahlträger tiefer in den Boden zu rammen, kann auch je nach statischen Erfordernissen auf die Verstrebung verzichtet werden.

Der Berliner Verbau ohne Verstrebung und mit tiefen Eintrieb der Stahlprofile wird folgendermaßen ausgeführt: Nach statischen Erfordernissen werden die Stahlprofile in den tragenden Baugrund gerammt. Anschließend wird das Erdreich ca. 50 cm ausgehoben und die erforderlichen Holzbohlen (Kanthölzer) werden zwischen den Stahlprofilen, meist HE-B, eingeschoben. In dieser Ausführung wird nun lagenweise weiter gearbeitet. Die Holzbohlen werden dabei von oben nachgedrückt. Gegen die Holzbohlen baut sich der Erddruck auf und presst diese an die Flansche der Stahlprofile. Baugruben bis 2 m Tiefe kann man ohne zusätzliche Aussteifung bei der entprechenden Profilwahl ausbauen.

Ist eine tiefere Baugrube erforderlich, muss eine Druckstreben–Aussteifung vorgesehen werden. In der Zeichnung im **Kapitel 5.11.3** ist ein Berliner Verbau dargestellt. Hier ist es nicht möglich, die Stahlstützen tief in den Baugrund zu rammen da die Bauteile dies unmöglich machen. Die Prüfung der vorhandenen Leitungen und Rohre nach ihrer Lage und Höhe ist unerlässlich. Anhand der statischen Berechnung kann die Konstruktion erstellt werden.

Auch hier werden vor dem Aushub der Baugrube die Stahlprofile in den Boden gerammt. Anschließend wird das Erdreich ca. 50 cm abgetragen und die Holzbohlen werden zwischen den Stützen eingebaut. An dieser Stelle müssen nun die Stahlprofile zu einem Rahmen an die vorhandenen Stahlstützen angeschweißt werden. Die Druckstreben, die diagonal genau auf der Stützenachse liegen müssen, werden eingeschweißt. Mit dem Fortschritt des Erdaushubes, der noch einen Meter betragen darf, werden die Holzbohlen von oben nachgeschoben. Hier werden die rechtwinkelig zu den Wänden verlaufenden Druckstreben eingebaut. Druckstreben sind meist Baustützen, die mit einer Spindel auf die erforderliche Länge gebracht werden. Der nächste Meter Erdreich wird ausgehoben und im weiteren Verlauf die Holzbohlen von oben aufgefüllt und nachgedrückt.

Bevor der Erdaushub weiter fortgesetzt werden kann, müssen die Druckstreben eingebaut werden. Der zweite Stahlrahmen wird ca. 30 cm über der Baugrubensole vorgesehen. Durch den größeren Erddruck muss ein stärkeres Profil vorgesehen werden.

Ist der untere Stahlrahmen montiert, können die Druckstreben (Baustützen) entfernt werden. In der Baugrube ist nun genügend Platz vorhanden, um mit den Bauarbeiten beginnen zu können.

Nach Abschluss der Baumaßnahme kann der Verbau wieder ausgebaut, bzw. zurückgebaut werden.

5.11.3 Berliner Verbau; Darstellung

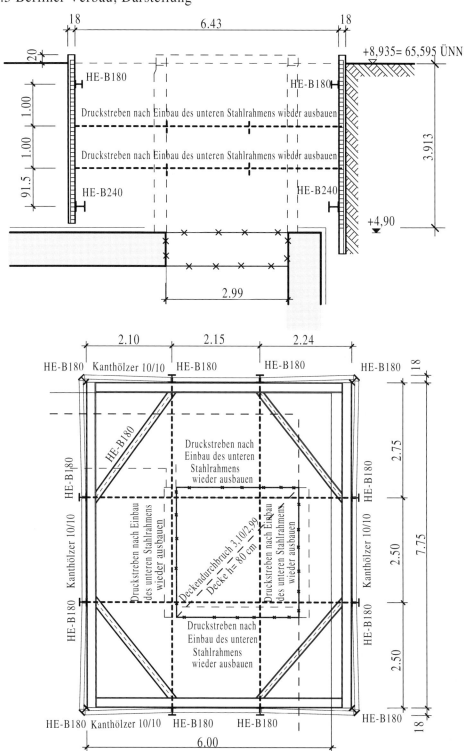

5.11.4 Die Bohrpfahlbewehrung

Ist die erforderliche Tiefe des Bohrloches erreicht, wird der Bewehrungskorb mit der Mindestbetondeckung von 6 cm für Bohrpfähle eingebracht. Der verwendete Beton muss mindestens C25/30 sein.
Bohrpfähle werden im Bauzustand immer 20 cm über das erforderliche Höhenmaß betoniert, denn in diesem Bereich hat der Beton nicht mehr die Eigenschaften der geforderten Betongüte. Hier staut sich die Betonschlämpe und das Restwasser an. Der 20 cm Überstand wird später abgeschlagen. Der Bohrpfahl sollte im Endzustand immer 5 cm länger als die Unterkante des anschließenden Bauteiles sein.
Die Mindestbewehrung für Bohrpfähle und Rundstützen sind 6 Bewehrungsstäbe. Zu der eigentlichen Betonstahlbewehrung sind noch Elemente aus Baustahl der Güte S 235 JR einzubauen.

Die Bewehrungsführung:
Gefordert sind nach der statischen Berechnung 40 cm^2 Längsbewehrung. Anhand **Tabelle 3.9** finden wir für 40 cm^2 = 13 Bewehrungsstäbe mit dem Durchmesser 20 mm. Nun muss die Übergreifungslänge für das anschließende Bauteil mit dem Stabdurchmesser 20 mm und einer Betongüte C25/30 ermittelt werden.
In diesem Beispiel haben wir eine Zugverankerung. Bei einer Druckverankerung ist l_b maßgebend. In **Tabelle 3.5** finden wir mit α_1 = 2,0 die Übergreifungslänge 1,62 m. Ist die Verankerungslänge für das anschließende Bauteil zu lang, muss eine Endverankerung mit Haken vorgesehen werden. Bohrpfähle erhalten als Ersatz zur Bügelbewehrung eine Wendelbewehrung.
Die Länge der Wendel errechnet sich aus der Ganghöhe s_w, hier 25 cm,
Zuerst bestimmen wir den Biegerollendurchmesser d_{br}, dass ist der Innendurchmesser des Wendels.
d_{br} = d - 2 x c_v - 2 x d_{sw} = Durchmesser des Bohrpfahles minus zweimal Betondeckung minus zweimal der Durchmesser des Wendels. Das sind bei einem Pfahldurchmesser von 70 cm =
70 - 2 x 6 cm – 2 x 0,8 cm = d_{br} = 56,4 cm.
Die Anzahl der Windungen = n, errechnet sich aus der Länge der Umschnürung (Länge des Bohrpfahls) minus zweimal das Verlegemaß geteilt durch die Ganghöhe.
n = 7,95 – 2 x c_v / s_w
n = 7,95 – 0,12 / 25 = 31,32 Windungen.
Die Länge einer Windung ist:
$[(d_{br} + d_{sw}) \pi]^2 + s_w^2$ und daraus die Wurzel. = $[(56,4 + 0,8) 3,14]^2 + 25^2$ und daraus die Wurzel = 181,3 cm für eine Windung.
Die Länge des Wendels ist 56,78 m.
Der Anfang eines Wendels ist unten gerade, so kommen noch als Halbkreis ca. 85 cm hinzu. Die Formel der Wendelberechnung findet sich im **Kapitel 5.11.6** wieder.
Die Eisen-Pos. 3 dient als Abstandhalter und wird an die Position A angeschweißt. Das Außenmaß der Aussteifungsringe mit den Abstandhaltern muss 1,0 cm kleiner als der Bohrpfahldurchmesser sein. Der Bewehrungskorb sollte gut an der Schalung hintergleiten können. Der Aussteifungsring muss leicht zwischen die Stäbe passen und der Abstand sollte 2,50 bis 2,60 m nicht überschreiten. Als Ersatz zur Eisen-Pos. 3 werden auch Flachstähle zur Abstandssicherung verwendet.
Das Fußkreuz dient zur unteren Aussteifung des Korbes und verhindert den Auftrieb der Bewehrung beim Ziehen der Bohrpfahlschalung. Zur besseren Auftriebssicherung wird zu dem Fußkreuz auch eine Stahlplatte aufgeschweißt. Alle Längsstäbe werden an die Aussteifungsringe der Typen A und B angeschweißt.
Zum Transport und zum Einbringen in das Bohrloch werden oben zwei Traversen aus Rundstahl an die Bewehrung geschweißt. Die Enden der Wendel werden abgebogen oder verschweißt.
Eine genaue Vermaßung und die Angabe der Bezugshöhen muss auch auf dem Bewehrungsplan stehen. Ebenso die Angaben über Beton, Betondeckung, Stahlgüte und Biegerollendurchmesser. Auch die Plannummern der Schalpläne sollten nicht fehlen.

5.11.5 Bohrpfahl Bewehrung

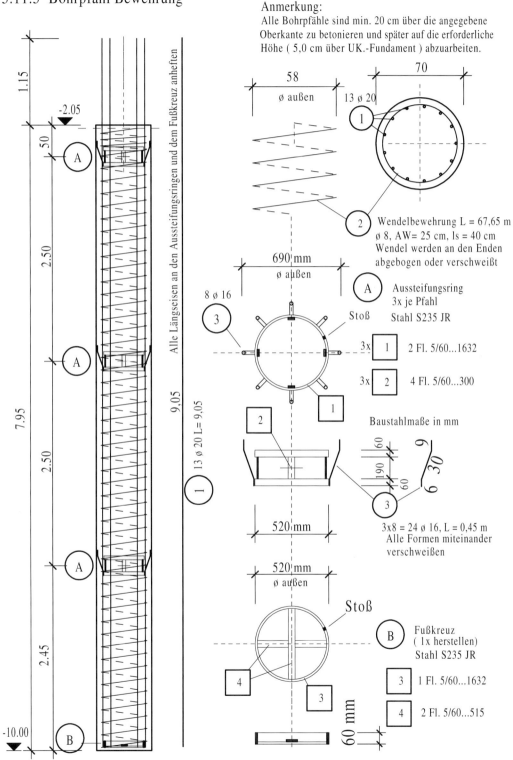

5.11.6 Wendelberechnung

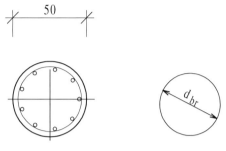

Wendelbewehrung

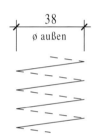

s_w = Ganghöhe (Bügelabstand) nach statischer Berechnung
d_{br} = Durchmesser der Biegerolle= $d - 2(c_v + d_{sw})$
d_{sw} = Stabdurchmesser Wendel ; n = Anzahl der Windungen
$l = n \cdot l_1$; l_1 = Länge einer Windung

Berechnung, Länge einer Windung:

$$l_1 = \sqrt{[(d_{br} + d_{sw}) \cdot \pi]^2 + s_w^2}$$

Anzahl der Windungen $n = \dfrac{\text{Länge der Stütze}}{s_w}$

Beispiel Wendelberechnung:
Pfahl ⌀ 50 cm; Länge = 8,00 m
Wendel ⌀ 10 mm; s_w = 10,0 cm; c_v = 6,0 cm

Anzahl der Windungen $n = \dfrac{788}{10} = 79$

Schnittlänge $l =$

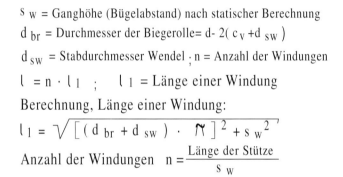

$$l = 40 \cdot \sqrt{[(d_{br} + d_{sw}) \cdot \pi]^2 + s_w^2}$$

$[(36 + 1{,}0) \cdot 3{,}14]^2 + 10^2$
13497,8   +100

79 · 116,60 = 9211,4
Schnittlänge = 92,11 m

Wendel werden an den Enden abgebogen oder verschweißt.

5.11.7 Bohrpfahl mit Balken

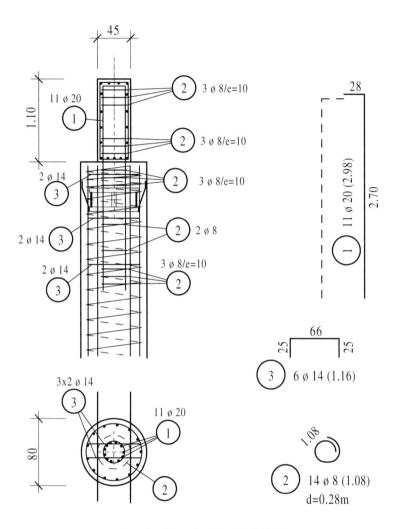

(Beschreibung im Kapitel 5.11.8)

5.11.8 Kopfbalken

Erläuterung zum Kopfbalken im Kapitel 5.11.7

Zur besseren Verdeutlichung ist der Balken über dem Bohrpfahl sehr schlank gewählt. Viele Baufirmen haben nicht die Möglichkeit oder den Willen, den Bewehrungskorb für den Bohrpfahl mit seinen Anschlusseisen so einzubringen, dass diese Stäbe aus der Bohrpfahlbewehrung fluchtgerecht mit dem anschließenden Bauteil stehen. Es bleibt nur die Möglichkeit, eine zusätzliche Bewehrung zum Anschluss an den Balken einzubinden.

Diese Anschlussbewehrung, aus der Statik entnommen, muss so eingebaut werden, dass sie in jeder Stellung der Bohrpfahlbewehrung fluchtgerecht ins anschließende Bauteil reicht. Eine Kreisform bietet sich hier an.

Achten muss man auf die Betondeckung des anschließenden Bauteiles. Hier ist es der Balken. Die Bügelstärke und die beiden äußeren Längsstäbe des Balkens müssen abgezogen werden. Zu diesem Maß sollte noch ein Sicherheitswert von 1 bis 2 cm eingerechnet werden. Denn durch den Biegerollendurchmesser des Bügels wird kein Längseisen genau in der Ecke liegen.
An den Enden der Zulagestäbe müssen jeweils mindestens drei Bügel, hier kreisrund, eingebaut werden. Die Anschlussbewehrung Pos. 1 muss mit l_s des größten Durchmessers der Stäbe verankert werden. Bei einem Beton C25/30 und einem Durchmesser von 20 mm sind das nach **Tabelle 3.5** = 1,62 m. Reicht die Verankerungslänge nicht aus, muss ein Haken vorgesehen werden. Der Hakenabzug ist dann 1,62 m · 0,7. Die Eisen-Pos. 3 dient zur Montagehalterung, um den Bewehrungskorb stabil in seiner Lage zu halten.

Erläuterung zum Kopfbalken über eine Spundwand im Kapitel 5.11.9

Werden als oberer Abschluss über Spundwänden Kopfbalken vorgesehen, ist mit einer hohen Betondeckung zu rechnen. Die Expositionsklassen nach den **Tabellen 2.1 und 2.2** sind dann XD1 bis XD3 und XF2 oder XF4. Diese Bauteile werden sehr oft neben Straßen und Wege vorgesehen. Die Betondeckung oder das Verlegemaß c_v ist immer 5,5 cm bis zum ersten Bewehrungsstab. Gewählt werden dann Betone in der Güteklasse C30/37 bis C35/45.
Die Bewehrungsführung ist relativ einfach. Maßgebend für die Bewehrung ist die Rissbreitenbeschränkung in Längsrichtung.
Abhängig von der Bauteillänge sind das in diesem Beispiel der Stabdurchmesser 14 mm im Abstand von 7,5 cm. Die Bügelbewehrung ist mit dem Durchmesser 12 mm im Abstand von 20 cm vorgesehen. Sind die Querschnitte des Balkens geringer, können auch Bügel mit dem Durchmesser 10 mm verwendet werden.
Auf der Innenseite der Kopfbalken brauchen keine Längsstäbe vorgesehen werden, lediglich die Eisen-Pos. 5 sollte in den Tälern der Spundwände eingebaut werden. Die Eisen-Pos. 3 dient oben als Aussteifung und gleichzeitig als Auflager auf die Abstandhalter.
Die Rissbreitenbewehrung wird durch die Eisen-Pos. 6 abgedeckt.
Zum Verbund an die Spundwand und zur Schubbewehrung wird die Eisen-Pos. 4 in den Tälern der Spundwand eingeschweißt. Alternativ zur Eisen-Pos. 4, können die Eisen der Pos. 1 oder 2 direkt an die Spundwand geschweißt werden. Die erforderliche Schweißnahtlänge ist 50 mm.
Je nach statischen Erfordernissen, werden zur Kraftübertragung noch zusätzlich Kopfbolzenanker an die Spundwand geschweißt.

5.11.9 Bewehrung Kopfbalken

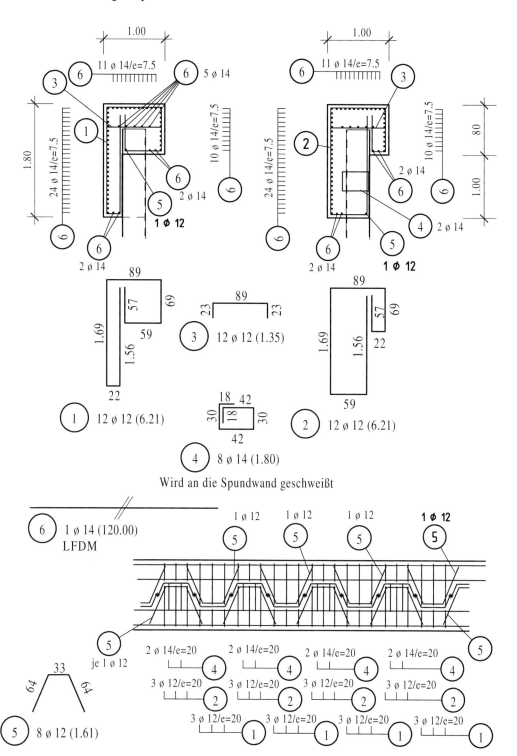

5.11.10 Bohrpfahlwand mit Kopfbalken

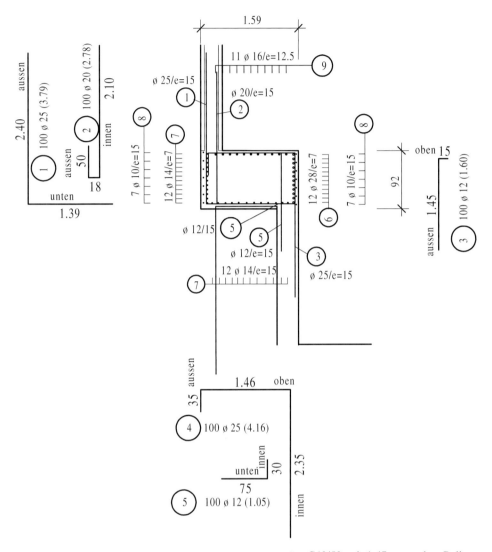

Zur Zentrierung der Stahlbetonwände wird ein hochbewehrter Kopfbalken über eine Bohrpfahlwand gebaut. Die untere Wand hängt sich in den Kopfbalken ein. Die obere Wand wird beidseitig mit Halbfertigteilen erstellt. Der mittlere Bereich wird mit Beton vergossen. Die Bewehrung muss in den Bereich des Ortbetonkerns geführt werden. Die tragende Bewehrung liegt immer auf der belasteten Seite. Über dem Balken greifen von außen Erddruckkräfte an und an der unteren Wand treten Zugkräfte auf.

Die Eisen-Pos.1 muss nach Tabelle 3.4 und der Betongüte C40/50 mit 1,47 m aus dem Balken ragen. Die Eisen-Pos. 2 muss demnach mit 1,18 m aus dem Balken ragen.

Um eine geschlossene Bügelform zu erhalten, wird die Pos. 4 oben bis zur Wand geführt und mit einem Haken versehen. Die Hakenlänge sollte mindestens $10\,d_s$ betragen. Die Eisen-Pos. 8 ist als Zulageeisen zu sehen. Sie soll die Betondeckung verringern.

5.11.11 Bohrpfähle mit Balkenrost

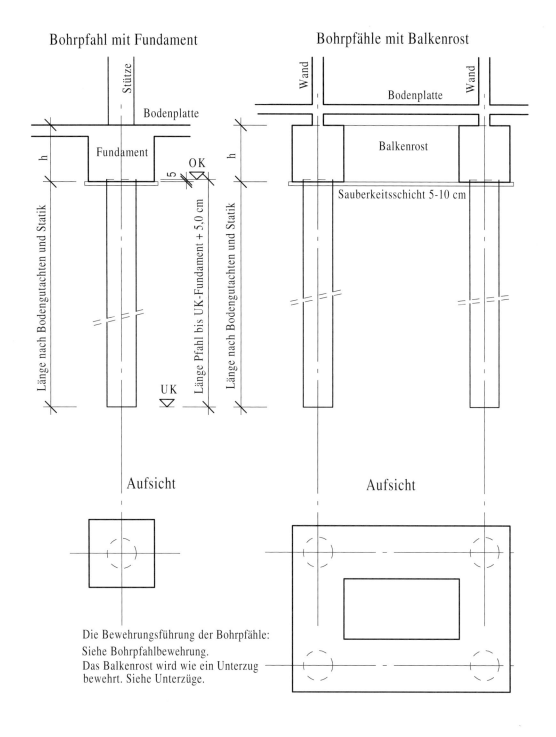

5.12 Die Deckelbauweise

Diese aufwendige Bauweise lohnt sich nur zur Erstellung von größeren Bauobjekten mit mehreren Untergeschossen. Die Deckelbauweise wird z.B. bei enger Stadtbebauung vorgesehen, wenn die angrenzenden Gebäude es unmöglich machen, den Verbau mit Erdankern zu sichern.

Der Verbau, meist aus Bohrpfahlwänden oder Schlitzwänden auch die Kombination ist möglich wird bis zu zwei Untergeschossen als Kragwand berechnet. Die später erstellten Decken dienen hier als aussteifende Scheibe. Die Verbauwände werden mindestens bis unter die Gründungssohle gebohrt, bei Schlitzwänden mit einem Spezialgreifer geschlitzt. Ist der Verbau eingebracht, erfolgt der Erdaushub meistens für zwei Untergeschosse.

Bevor nun die erste Decke, die Decke über dem 3. Untergeschoss, (im 1. Bauabschnitt die Bodenplatte des 2. Untergeschosses) betoniert wird, sind für den weiteren Bauablauf noch aufwendige Vorarbeiten zu erbringen.

Es wird, wie bei einer Bodenplatte, eine Sauberkeitsschicht Beton C8/10 eingebaut. Auf diese Bodenplatte wird eine Folie ausgebracht, um später die Sauberkeitsschicht von der Betondecke besser trennen zu können. In der geplanten Platte müssen große Öffnungen ausgespart werden durch die später der Bagger das Erdreich unter dem 2. Untergeschoss ausheben kann. Nach statischen Vorgaben werden weitere Bohrpfähle gesetzt, die im weiteren Bauablauf als Stützen genutzt werden.

Die Anschlussbewehrung für die oberen und unteren Betonbauteile muss eingebaut werden. In die Seitenschalungen der großen Durchbrüche werden Bewehrungsanschlüsse vorgesehen. Diese Durchbrüche werden später, wenn das unterste Geschoss betoniert wurde, je nach Bedarf wieder geschlossen. Auflagertaschen für das Deckenauflager müssen in die Schlitzwand oder Bohrpfahlwand hergestellt werden. Oberhalb und unterhalb der Decke werden Aufkantungen erstellt, in denen die Fugenbänder und die Anschlussbewehrung eingebaut wird. Als Ersatz für die Anschlussbewehrung ist es auch möglich, in den nicht stark bewehrten Bereichen, die Anschlussbewehrung für das Untergeschoss mit Bewehrungsanschlüssen auszuführen.

Die Deckenbewehrung wird mit Listenmatten und Stabstahlzulagen bewehrt. Im **Kapitel 5.12.1** sind verschiedene Anschlüsse einer Decke in der Deckelbauweise dargestellt.

Durch die hohe Belastung ist eine Stützenkopfverstärkung mit einer hohen Durchstanzbewehrung auch an den Enden der Unterzüge unumgänglich. Die Durchstanzbewehrung in Decken liegt immer oben.

Erst nach dem Betonieren der Decke, jetzt noch Bodenplatte, und dem Geschoss darüber mit seinen aussteifenden Bauteilen wird das Erdreich unter der Bodenplatte nur abschnittsweise ausgehoben. Diese Bereiche werden nun betoniert. Natürlich ist es nicht möglich, die Betonwände bis unter die Decke zu betonieren, die oberen Restbereiche der Ortbetonwände werden von oben durch kleine Kanäle (Öffnungen in der Decke) vergossen. In dieser Bauweise werden die weiteren Untergeschosse hergestellt. Parallel zum Baufortschritt der Untergeschosse werden die oberen Geschosse erstellt.

5.12.1 Deckelbauweise

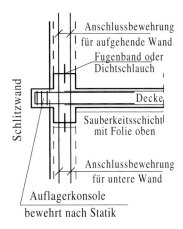

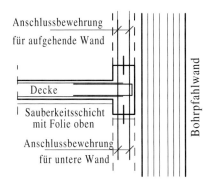

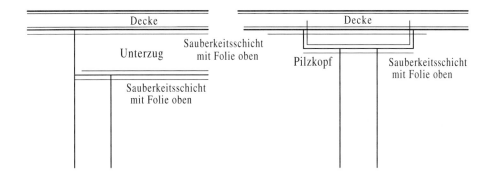

6 Bodenplatten

6.1 Die Bodenplatte

Die Bodenplatte mit den Fundamenten ist das abschließende Bauteil eines Gebäudes. Je nach Ausführung leiten sie die Lasten aus dem Gebäude in den tragenden Baugrund ab und sind wie ein Gründungsbauteil zu betrachten. Die Bewehrungsführung ist anders wie bei den Fundamenten, sie ist großflächiger und der Beton ist anderen Bedingungen unterworfen.

Gerade die Einführung der neuen DIN 1045-1 verleiht der Bodenplatte eine ganz neue Bedeutung. Eine Bodenplatte in der Garage eines Einfamilienhauses, früher gerade 15 cm stark im oberen Drittel mit einer Betonstahlmatte Q131 (frühere Bezeichnung, wird nicht mehr hergestellt) ausgeführt, ist nach Einführung der Expositionsklassen ganz neu zu betrachten.

Die Bodenplatte ist ein Gründungsbauteil mit der Expositionsklasse XC2. Bei umlaufenden Streifenfundamenten mit 80 cm Tiefe ist für die Bodenplatte kein Frost vorhanden. Nur die neue Einstufung in die Expositionsklasse XD1, einer Betondeckung von 5,5 cm und einem Beton C30/37 machen die Garage für ein Einfamilienhaus zum Industriebauwerk, also unnötig teuer. Kein Statiker oder Konstrukteur wird diesen Regeln nach den Umgebungsbedingungen nicht folgen.

Bodenplatten als Abschluss von Kellerräumen werden in die Expositionsklasse XC1 eingestuft.

Die Bodenplatte ohne Streifenfundamente als Gründungsbauteil genutzt, findet immer häufiger ihre Anwendung. Bei schlechten Bodenverhältnissen, oder in Bergbausenkungsgebieten hat diese Bodenplattengründung ihre Vorteile. Hier wird dann die Gebäudelast direkt auf die Bodenplatte abgegeben. Sie ist 25 bis 30 cm stark und sollte 15-20 cm über die Gebäudeaußenwand geplant werden.

Sind in der Bodenplatte Versprünge, die eine gleichmäßige Ausdehnung der Platte behindern, ist die Bodenplatte ein schwindbehindertes Bauteil. Durch diese Absätze oder Versprünge, es können auch Streifenfundamente sein, kann sich die Bodenplatte nach dem Betonieren nicht frei bewegen. Trocknet der Beton, bilden sich Risse, sogenannte Schwindrisse. Um diese Risse auf ein geringes Maß zu reduzieren oder sie so klein wie möglich zu halten, ist die Rissbreitenbewehrung erforderlich.

Zu dieser Rissbreitenbewehrung wird ein statischer Nachweis über die Rissbreitenbeschränkung erbracht. Diese Bewehrung kann wesentlich höher ausfallen als die erforderliche Tragbewehrung. Sinn der Rissbreitenbewehrung ist es, die Risse, die während der Aushärtungszeit des Betons entstehen, von einigen größeren Rissen auf viele kleine zu beschränken. Eine Bewehrung mit engen Abständen und kleinen Durchmessern ist vorteilhaft. In den meisten Fällen reicht eine Betonstahlmatte Q513A.

Für Bodenplatten, die sich nach allen Seiten frei bewegen, gleiten können, ist kein Rissbreitennachweis erforderlich.

Die Bewehrung einer Bodenplatte besteht meist aus einer unteren und oberen, vollflächig verlegten Mattenbewehrung. Stehen auf der Bodenplatte Wände oder Stützen, so ist die Stützbewehrung unten einzulegen. In der oberen Lage liegt die Feldbewehrung. Bei Decken und Unterzügen liegt die Feldbewehrung unten, die Stützbewehrung in der oberen Lage. Eine konstruktive Randeinfassung aus Steckbügeln mit dem Durchmesser 8 mm Abstand von 15 + d/10, ca. 17 cm, ist immer vorzusehen.

Die Mindestbewehrung wird auch bei Bodenplatten ohne Abminderung durchgehend eingelegt. Die Höchstbewehrung ist das 0,08-fache des Betonquerschnittes auf 1,0 m Länge. Die Bewehrung wird immer in A_s cm^2/m angegeben. Bodenplatten für einen wasserdichten Raum, eine Weiße Wanne sind in der DIN 1045-2,5.5.3 und DIN EN 206-1 geregelt. Der Mindestbeton ist ein C25/30 WU. Für wasserundurchlässige Betone sollte hinter der Bezeichnung C25/30 WU stehen. WU steht für wasserundurchlässigen Beton. Die Bewehrung ist immer mit Rissbreitenbewehrung einzulegen.

6.1.1 Die Bodenplattenversprünge

Bild 6.1.a
Zugstäbe an einspringenden Ecken:
Bei Winkeln $a < 15°$ können die Bewehrungsstäbe mit nicht zu kleinem Biegerollendurchmesser abgebogen werden. Die entstehende Umlenkkraft ist an jedem Stab oder paarweise zurückzuverankern.

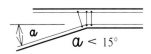

Bild 6.1.c
Bei Winkeln $> 15°$ müssen sich kreuzende Zugstäbe gerade weitergeführt und mit l_b verankert werden.

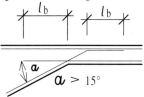

Bild 6.1.b
Stützbewehrung unter 90°
Auch für Bodenplatten

Bügel konstruktiv

oben l_s
Bügel nicht anrechenbar
l_s oben
unten

Bild 6.1.d
Auswechselbewehrung an stumpfen Ecken:
Auch für Treppen.

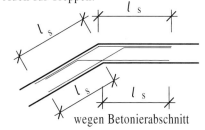

wegen Betonierabschnitt

Bei diesen Ausführungen der Bodenplatte ist ein Rissbreiten-Nachweis erforderlich.
Auch bei angeformten Fundamenten und Streifenfundamenten kann sich die Bodenplatte nicht ohne Zwang beim Abfließen der Hydrationswärme verkürzen bzw. verformen.

Verankerungslängen aufgebogener Stäbe:

Bild 6.1.e
Druckzone Bei Einbau in Bodenplatte umdrehen.

Bild 6.1.f

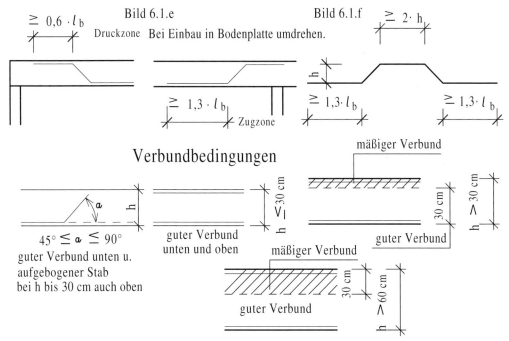

Verbundbedingungen

$45° \leq a \leq 90°$
guter Verbund unten u.
aufgebogener Stab
bei h bis 30 cm auch oben

guter Verbund
unten und oben

mäßiger Verbund

guter Verbund

mäßiger Verbund

guter Verbund

6.1.2 Bewehrungsanordnung für Bodenplatten

Im **Kapitel 6.1.3** ist dargestellt, in welchen Ebenen und Bereichen die Bodenplattenbewehrung liegt. Die Feldbewehrung, die wir aus der Statik entnehmen, liegt oben und die Stützbewehrung unter Wänden, Stützen und Wandpfeilern muss in der unteren Lage verlegt werden. Die Bodenplatte ist ein großflächiges Bauteil und wird mit Betonstahlmatten 500 M bewehrt.

Es gibt Sonderfälle im Industriebau, in der nur Rundstahl 500 S verlegt oder Sonderdynmatten in Bodenplatten eingebaut werden dürfen. Das ist bei schwingender Belastung, oder schwerem Gabelstaplerverkehr der Fall.

Die Stützbewehrung liegt in der unteren Lage der Bodenplattenbewehrung. Um die Länge der Stützbewehrung anzugeben, die oft aus der Statik nicht zu ermitteln ist, gehen wir folgendermaßen vor.

Auf einer DIN A4-Seite zeichnet man eine horizontale Linie in Mitte des Blattes. Auf dieser Linie trägt man im Maßstab 1:50 oder 1:100 die Achsmaße der Wände durch lange vertikale Linien auf. Auf diesen vertikalen Linien trägt man von der horizontalen Linie gemessen, nach oben die A_s –Werte der Stützbewehrung in Metern auf. Der Maßstab sollte nicht gewechselt werden und 5 m auf dem Maßstab, sind dann 5 cm^2/m Stützbewehrung.

Beispiel: Ist der Achsabstand der Wände 7,00 m, so tragen wir diese 7,00 m im Maßstab 1:50 auf der horizontalen Linie ab. Auf der vertikalen Linie, der Wandachse, tragen wir dann im Maßstab 1:50 die 5 m nach oben ab. Punkt oder kleiner Strich reichen aus. Zur Ermittlung der Feldbewehrung tragen wir nun in der Mitte der horizontalen Linie zwischen den Wandachsen im gleichen Maßstab die A_s – Werte der Feldbewehrung nach unten ab. Jetzt verbinden wir die Punkte der Stützbewehrung mit denen der Feldbewehrung durch einen Bogen, wobei der Bogen unter der horizontalen Linie größer wird. Diese horizontale Linie nennen wir die Nulllinie. Sie trennt die Werte der Stützbewehrung von der Feldbewehrung.

Wie auf **Bild 6.1.g** zu ersehen, ist der Bogen oberhalb der Horizontalen nur leicht gewölbt. Dort wo der Bogen die horizontale Linie schneidet, haben wir den rechnerischen Endpunkt. Der rechnerische Endpunkt, das Versatzmaß und die Verankerungslänge ist im **Kapitel 3** zu finden.

Um nun die Länge der Stützbewehrung zu ermitteln, müssen wir noch beidseitig das Versatzmaß (Abschnitt 3.2) und die Verankerungslänge $l_{b,net}$ addieren. Vereinfacht kann man sagen, bei einer Plattenstärke von 25 cm reichen beidseitig ein Zuschlag von 50 cm. Nun ist die Länge der Stützbewehrung ermittelt.

Anhand dieser Kurve kann man jetzt jedes beliebige Staffelmaß abgreifen. Liegt in der Bodenplatte vollflächig eine Betonstahlmatte Q257A, so fehlen an der erforderlichen Stützbewehrung noch ca. 2,5 cm^2/m. Diese 2,5 tragen wir in Metern, von der Spitze nach unten ab und können in den Schnittpunkten die Länge der rechnerischen Endpunkte messen. Auch hier muss noch beidseitig das Versatzmaß und die Verankerungslänge addiert werden.

Diese Bewehrung von 2,5 cm^2/m sollte aus Stabstahlzulagen (Bst 500S) eingelegt werden. Grundsätzlich kann man sagen, dass bei Bodenplatten die untere und obere Bewehrungslage vollflächig mit Betonstahlmatten bewehrt wird. Die erforderliche Mehrbewehrung, z.B über der Stützung, wird mit Stabstahlzulagen abgedeckt.

In der Längenermittlung zur Feldbewehrung mit einem erforderlichen Bewehrungsquerschnitt 5 cm^2/m gehen wir wie folgt vor. Als Grundbewehrung ist eine Betonstahlmatte Q335A eingelegt. Den fehlenden Restquerschnitt von 1,65 cm^2/m tragen wir von der unteren Kurve nach oben ab. Im Schnittpunkt haben wir wieder die rechnerischen Endpunkte und addieren beidseitig 50 cm. Diese Zulagen werden auf die untere Feldbewehrung gelegt. Die Ermittlung der Matten oder Rundstahlbewehrung macht nur Sinn, wenn sie größer als die erforderliche Mindestbewehrung ist.

6.1.3 Bewehrungsanordnung

Bild 6.1.g

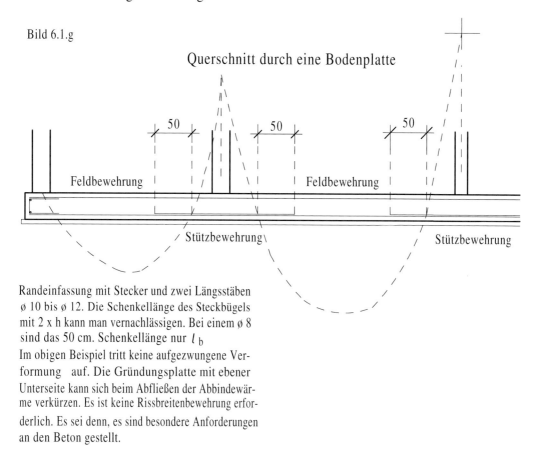

Randeinfassung mit Stecker und zwei Längsstäben
ø 10 bis ø 12. Die Schenkellänge des Steckbügels
mit 2 x h kann man vernachlässigen. Bei einem ø 8
sind das 50 cm. Schenkellänge nur l_b
Im obigen Beispiel tritt keine aufgezwungene Verformung auf. Die Gründungsplatte mit ebener
Unterseite kann sich beim Abfließen der Abbindewärme verkürzen. Es ist keine Rissbreitenbewehrung erforderlich. Es sei denn, es sind besondere Anforderungen
an den Beton gestellt.

Bild 6.1.h
Bewehrungsführung mit Anschluss
einer Außenwand

Bild 6.1.i
Bewehrungsführung mit Anschluss
einer Innenwand
Anschlussbewehrung in U-Form

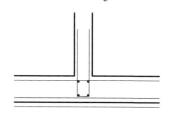

6.1.4 Rissbreitenbewehrung

Folgendes ist bei der konstruktiven Bewehrung zur Begrenzung der Rissbreite zu beachten.
1. Kleine Stabdurchmesser wählen.
2. Geringe Stababstände.
3. Geringer Abstand zum Bauteilrand in der 1. Lage.
4. Versetzte Bewehrungsstöße.
5. Eine außenliegende Bewehrung.

Die zu erwartende Rissbreite richtet sich nach den Umgebungsbedingungen bzw. welchen Anforderungen das Bauteil ausgesetzt ist. In der **Tabelle 4.10** finden Sie die Werte zur Begrenzung der Rissbreite. Anhand der Expositionsklasse kann man in **Tabelle 4.10** die Mindestanforderungsklasse und die zu erwartende Rissbreite finden. Mit der Rissbreite kann man den Stabdurchmesser und den Stababstand bestimmen. Bei Doppelstabmatten ist der Einzelstabdurchmesser bei der Berechnung einzusetzen.

Liegen Bodenplatten ohne jegliche Formänderung frei auf der Sauberkeitsschicht auf und werden beim Schwinden des Betons und durch das Abfließen der Hydrationswärme, der Abbindewärme, nicht an der Verformung gehindert, kann auf den Rissbreitennachweis verzichtet werden. Die Verformung durch die Reibung der Eigenlast ist gering und wird durch die eingelegte Bewehrung aufgenommen.

Sind jedoch Versprünge oder Fundamente mit der Bodenplatte verbunden, treten aufgezwungende Verformungen auf. Die Bodenplatte kann sich nicht frei ausbreiten, bzw. verkürzen. Beim Überschreiten der Zugfestigkeit des Betons entsteht ein Riss. Durch Bewehrung kann man im Beton keine Risse vermeiden. Aber durch eine geeignete Rissbreitenbewehrung kann man vermeiden, dass sich die Längenänderung der Platte auf diesen einen Riss konzentriert.

Der Statiker muss nun die geeignete Mindestbewehrung zur Vermeidung des einen Risses bestimmen

Die Mindestbewehrung kann größer als die erforderliche Tragbewehrung sein. Bei den statischen Nachweisen ist die Mindestbewehrung aus der Rissbreitenbeschränkung meistens größer als die Berechnung zur Tragbewehrung.

Die Mindestbewehrung, auch hier die Bewehrung zur Rissbreitenbeschränkung, muss durchlaufen und über die Auflager geführt werden.

6.1.5 Rissbreitenbewehrung

Schnitt durch eine Betonwand
Bild 6.1.a

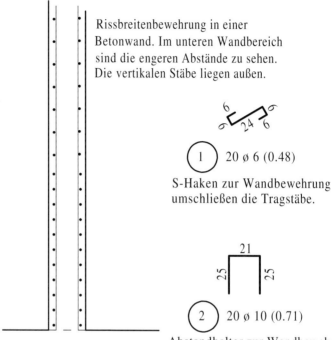

Rissbreitenbewehrung in einer Betonwand. Im unteren Wandbereich sind die engeren Abstände zu sehen. Die vertikalen Stäbe liegen außen.

(1) 20 ø 6 (0.48)

S-Haken zur Wandbewehrung umschließen die Tragstäbe.

(2) 20 ø 10 (0.71)

Abstandhalter zur Wandbewehrung liegen zwischen den Bewehrungsstäben.

Schnitt durch eine Bodenplatte
Bild 6.1.b

Auch im Bereich von Vesprüngen und und Kanälen muss die Rissbreitenbewehrung eingelegt werden.

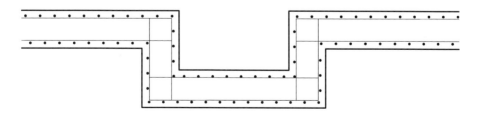

6.2 Erläuterung zu den Bewehrungsdetails

In der Beschreibung der Details wurde von einem Beton C20/25 und einem Verlegemaß von 3,5 cm ausgegangen.

Bild 6.2.a zeigt einen einfachen Außenwandanschluss. Die Wandanschlussbewehrung besteht hier aus einer U-Form. Um die Länge dieser Pos. 1 zu ermitteln, müssen wir wissen, wie weit das Eisen aus der Bodenplatte herausragen muss. In der **Tabelle 3.4** ist die Länge zu dem Durchmesser 8 mm und einem Beton C20/25 mit 53 cm angegeben.

Die Breite der Pos. 1 bestimmt sich aus dem 2-fachen Abzug der Betondeckung und der Wandbewehrung. Von einer 25 cm starken Wand sind dann 2 x 3,5 cm Betondeckung und 2 x 1,5 cm für die anschließende Matte abzuziehen.

Bodenplatten sollten immer eine Randeinfassung erhalten. Der Steckbügel zur Randeinfassung, Eisen-Pos. 2 muss zweimal die Höhe der Bodenplatte oder l_b nach **Tabelle 3.2** in die Platte einbinden. Die Höhe des Steckbügels wird analog zur Eisen-Pos. 1 ermittelt. Achten sollte man auf die Eckbereiche der Bodenplatte. Hier kreuzen sich die Steckbügel und es muss eine neue Eisenform gewählt werden. Dieser Steckbügel sollte in der Höhe 2 cm kleiner sein.

Die Eisen-Pos. 3 ist statisch nicht erforderlich. Um aber Pos. 1 und 2 in ihrer Lage zu halten, sollte sie in den Eckbereichen vorgesehen werden.

Im **Bild 6.2.b** ist der Außenwandanschluss mit Fugenblech, einer Aufkantung zum leichteren Einbau der Bewehrung und die Wandanschlussbewehrung aus 10 mm Stäben dargestellt.

Eine Wandanschlussbewehrung aus L-Formen findet man nur bei Rahmenecken, oder auskragenden Wänden. Wegen des schnelleren Einbaus wird auch hier die U-Form gewählt.

Nach **Tabelle 3.4** muss der vertikale Schenkel der Eisen-Pos. 1 mindestens 66 cm über die Aufkantung ragen. Das ist die Anschlussbewehrung für die anschließende Betonwand. Die Betondeckung und die Randeinfassung sind nach **Bild 6.2.a** auszuführen.

Im **Bild 6.2.c** ist ein Wandanschluss mit Fugenband dargestellt. Die Eisen-Pos. 1, 2, 3 sind in der Form und Lage wie in den Bildern 6.2.a und 6.2.b dargestellt. Zum leichteren Einbau der Bewehrung und des Fugenbandes wurde eine Aufkantung von 10 cm Höhe vorgesehen.

Um das Fugenband in seiner Lage zu halten, ist eine zusätzliche Bewehrung erforderlich. Die Eisen-Pos. 4 wird beidseitig des Fugenbandes im Abstand von 30 cm eingebaut. Der Abstand des Schenkels zum Fugenband sollte 2 cm betragen. Diese Eisenform ist eine konstruktive Bewehrung und bedarf keiner Verankerungslänge. Das Verlegemaß, Übergreifungslänge und die Eisenformen sind dem **Bild 6.2.b** zu entnehmen.

Im **Bild 6.2.d** ist ein biegesteifer Wandanschluss an eine Bodenplatte dargestellt. Zur Abdichtung des Bauwerks ist hier ein spezielles Fugenblech eingebaut worden. Dieses Blech wird nur auf die Bewehrung gestellt und hält dem Wasserdruck stand.

Eine biegesteife Ecke lässt sich nicht mit U-Formen herstellen. Die Verankerungslängen in der Bodenplatte sind bei der U-Form zu kurz.

Die Eisen-Pos. 1 muss bei Belastung von außen, auch außen liegen. Tritt die Belastung von innen auf, muss Pos. 1, die stärkere Bewehrung, auch innen liegen. In **Tabelle 3.4** ist die Übergreifungslänge für Pos. 1 mit dem Stabdurchmesser 12 mm mit 79 cm angegeben. Die Eisen-Pos. 1 muss mindestens 79 cm aus der Bodenplatte ragen, sie muss aber auch in der Bodenplatte mit der Zugbeanspruchung verankert werden. Diese Verankerung beginnt ab der oberen Bewehrungslage in der Bodenplatte und kann mit dem Faktor 0,7 nach **Tabelle 3.1** abgemindert werden. Die Pos .4 wird statisch nicht so stark beansprucht und muss mit dem Durchmesser 10 mm mindestens 66 cm aus der Bodenplatte ragen. Um die innere Ecke zu sichern, wird zusätzlich die Eisen-Pos. 5 eingebaut. Diese Form liegt immer oben und schließt an die äußere Bewehrung an.

6.2.1 Bewehrungsdetails

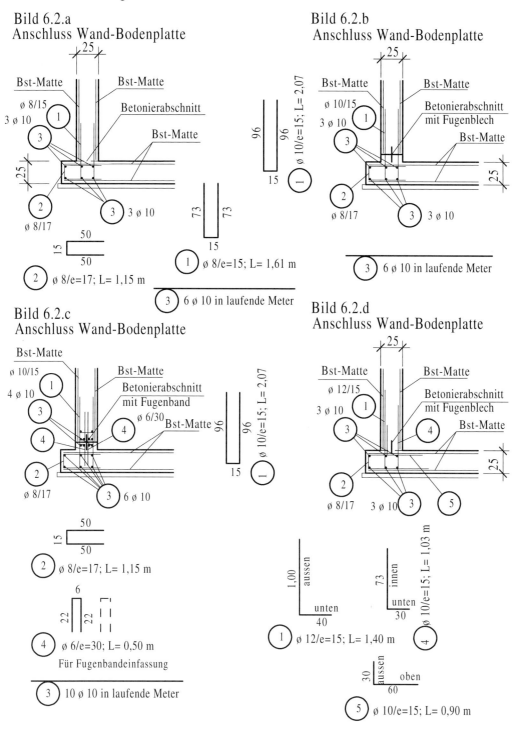

Bild 6.2.a Anschluss Wand-Bodenplatte

Bild 6.2.b Anschluss Wand-Bodenplatte

Bild 6.2.c Anschluss Wand-Bodenplatte

Bild 6.2.d Anschluss Wand-Bodenplatte

6.2.2 Erläuterung zu den Bewehrungsdetails

Die Bewehrung wurde für einen Beton C20/25 und einer Betondeckung von 3,5 cm gewählt.

Bild 6.2.e zeigt einen Wandanschluss für eine Mittelwand. Die Anschlussbewehrung zu der aufgehenden Wand wird mittels einer U-Form hergestellt, denn einzelne Stäbe mit einem Haken zu versehen würde zu einem längeren Arbeitsaufwand und einer ungenauen Verlegung führen.

Die U-Form oder Eisen-Pos. 1 muss mit der anschließenden Mattenbewehrung übergreifen. Diese Übergreifungslänge können wir aus **Tabelle 3.4** mit dem Stabdurchmesser und der Betongüte ablesen. Nach der Tabelle muss die Eisen-Pos. 1 mindestens 53 cm aus der Bodenplatte ragen. Diese Länge kann man mit dem Faktor $A_{s,erf} / A_{s,vorh}$ kürzen. Zu der Übergreifungslänge addieren wir noch die Einbindetiefe von 20 cm bei einer Bodenplattenstärke von 25 cm hinzu und das Schenkelmaß ist 73 cm.

Zu bestimmen ist noch die Breite der U-Form. Hier müssen beidseitig von der Wandstärke, die Betondeckung von 3,5 cm und beidseitig die Betonstahlmatte abgezogen werden. Dieses Maß sollte man nicht zu knapp wählen, denn im Stoßbereich der Wandbewehrung liegen zwei Matten übereinander. Die Betondeckung muss eingehalten werden. Die Längseisen, Pos. 2, sichern die Lage der Eisen-Pos. 1.

Bild 6.2.f zeigt einen Wandanschluss für eine Mittelwand mit starker Biegebeanspruchung und wechselnder Belastung. Aus diesem Grund, werden zum Wandanschluss zwei L-Fornen gewählt.

Die Übergreifungslänge der Eisen-Pos. 1 entnehmen wir aus der **Tabelle 3.4** mit 79 cm und addieren die Einbindetiefe hinzu. Die Schenkellänge beträgt 1,00 m.

Auch die untere Schenkellänge wird nach **Tabelle 3.4** bestimmt. Die Verankerung beginnt ab der oberen Mattenlage und kann mit dem Faktor 0,7 aus **Tabelle 3.1** abgemindert werden. Beachten sollte man noch die Lage der unteren Schenkel.

Bild 6.2.g stellt den Anschluss einer Mittelstütze an die Bodenplatte dar. Die Belastung aus der Stütze ist für die 25 cm starke Bodenplatte zu hoch. Alternativ zu einem Fundament wird hier eine Bodenplattenverstärkung vorgesehen. Die Abmessungen betragen, b/d/h = 50/50/50 cm und die Abmessungen der Stütze sind 25/25 cm.

Die Bewehrung: Die Überprüfung der Höchstbewehrung in einem Schnitt hat Vorrang vor der Ermittlung der Übergreifungslänge. Die Stütze wird mit vier Stäben vom Durchmesser 16 mm bewehrt. Im Stoßbereich befinden sich 2 x 4 = 8 Stäbe und haben eine Querschnittsfläche von 16,1 cm^2 nach **Tabelle 3.9**. Die Stütze hat einen Querschnitt von 625 cm^2. Dieser Wert multipliziert mit dem Faktor 0,09 ergibt die Höchsbewehrung in einem Stützenquerschnitt. Sie beträgt 56,5 cm^2. Die Eisen dürfen in einem Schnitt gestoßen werden.

Die Übergreifungslänge wird nach **Tabelle 3.5** für Zugstöße bestimmt. Sie beträgt für einen Stabdurchmesser 16 mm und einem C20/25 mindestens 1,51 m. Der untere Schenkel kann mit dem Faktor 0,7 multipliziert werden und die Verankerungslänge beginnt ab der oberen Bewehrungslage. Der Bügel Pos. 3 muss einseitig schmaler werden, denn die Anschlussbewehrung muss vorbeigeführt werden.

Bild 6.2.h zeigt einen Bodenplattenversprung. Die Eisenform Pos. 1 wird bei Versprüngen zur Weiterleitung der Stützbewehrung eingebaut. Der Durchmesser und die Länge der oberen Schenkel sind der Statik zu entnehmen. Die Stäbe der Pos. 1 müssen so weit ins Feld geführt werden, bis die anschließende Matte den erforderlichen Bewehrungsquerschnitt aufnehmen kann. Von diesem Punkt wird das Eisen mit dem Versatzmaß und $l_{b,net}$ verankert. Der Durchmesser sollte 14 mm nicht überschreiten.

6.2.3 Bewehrungsdetails

Bild 6.2.e
Anschluss Wand-Bodenplatte

Bild 6.2.f
Anschluss Wand-Bodenplatte
Stützenanschluß analog

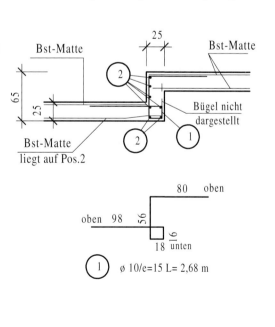

Bild 6.2.g
Anschluss Stütze-Bodenplatte

Bild 6.2.h
Bewehrung Bodenplattenversprung

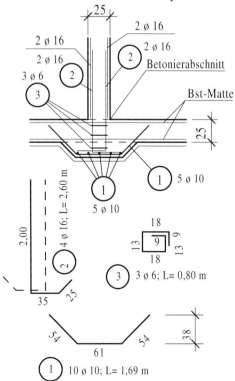

6.3 Bewehren einer Bodenplatte

Nach den Umgebungsbedingungen ist die Bodenplatte ein Gründungsbauteil und in die Expositionsklasse XC2 einzustufen. Als Beton sollte mindestens ein C20/25 verwendet werden. In **Tabelle 2.1** findet man zwar einen Beton C16/20 in der Expositionsklasse XC2, zur Anwendung sollte aber der Beton C20/25 kommen. Dieser C20/25 entspricht dem alten B25 und dieser hatte nach jahrelanger Erfahrung sehr gute Eigenschaften. Der Statiker rechnet immer mit den Werten eines C20/25.

Die Betondeckung oder das Verlegemaß c_v finden wir anhand der Expositionsklasse in **Tabelle 2.2**. In dieser Tabelle ist die Betondeckung von 3,5 cm gleichbleibend bis zum Stabdurchmesser 20 mm. Mit der Angabe des Verlegemaßes werden die Höhen der Abstandhalter und Unterstützungen bestimmt.

Die Bodenplatte, ein großflächiges Bauteil, wird in der unteren und oberen Bewehrungslage mit Betonstahlmatten bewehrt. Im **Kapitel 6.3.1** wurde eine Betonstahlmatte Q513A in der unteren und oberen Lage eingezeichnet. Die Angaben über diese Matte finden sich in **Tabelle 4.1** wieder. Die Betonstahlmatte, 6 m lang und 2,15 m breit mit einem Bewehrungsquerschnitt von 5,13 cm^2/m in Längsrichtung und 5,03 cm^2/m in Querrichtung, ist eine Randsparmatte. Das bedeutet, dass die ersten drei Maschen in Querrichtung zur Übergreifung genutzt werden. Die Übergreifungslänge in der Längsrichtung wird nach **Tabelle 4.2** bestimmt. Hier muss man aber folgendes beachten:

Die Bodenplatte ist 25 cm stark, dementsprechend sind die Verbundbereiche für die obere und untere Bewehrungslage dem guten Verbund zuzuordnen. In **Tabelle 4.2** finden wir für eine Q513A und einen Beton C20/25 die Übergreifungslänge mit 49 cm angegeben. Anhand der **Tabelle 4.4** können wir dieses Maß überprüfen. 3 Maschen sind 3 x der Abstand der Mattenstäbe gleich 45 cm. Addieren können wir noch die Stabüberstände von 2,5 cm je Mattenende. Nach der Maschenregel beträgt die Übergreifungslänge 50 cm.

Ist die erste Mattenlage verlegt, werden nun die Steckbügel Pos. 2 und 3 mit der Pos. 4 und den Längsstäben Pos. 6 eingebaut Um die Höhe der Pos. 2 zu ermitteln, müssen 2 x das Verlegemaß und 2 x die Matte abgezogen werden. 25 – 7 – 3 = 15 cm. Die Länge der Schenkel ist nach **DIN 1045-1** = zweimal die Plattenstärke oder l_b. Die Pos. 3 im Kreuzungsbereich der Steckbügel wird 2 cm niedriger gewählt.

Die Eisen-Pos. 4 ist die Anschlussbewehrung für die aufgehenden Wände. Diese Form muss nach **Tabelle 3.4** eine Übergreifungslänge von 66 cm haben. Die Schenkellänge ist dann die Übergreifungslänge plus 20 cm Einbindetiefe. Die Breite der Eisen-Pos. 4 ermitteln wir mit der Wandstärke minus 2 x dem Verlegemaß, minus 2 x der Mattenstärke. 25 – 7 – 3 = 15 cm.

Grundsätzlich sollten in jeder Wandecke mindestens vier Längsstäbe mit dem Durchmesser 12 mm, als Anschlussbewehrung vorgesehen werden. Die Eisen-Pos. 5 ist als Anschlussbewehrung bestimmt. Die Länge der Schenkel richtet sich nach **Tabelle 3.4** mit der Übergreifungslänge von 79 cm und der Einbindetiefe von 20 cm. Der horizontale Schenkel kann konstruktiv ausgeführt werden.

Als Stützbewehrung sind in der unteren Lage unter der Mittelwand 7,5 cm^2/m Bewehrung erforderlich. Die vorhandene Betonstahlmatte Q513A kann man von diesem Wert abziehen. Der Restquerschnitt wird mit Stabstahlzulagen abgedeckt. Bevor die obere Mattenlage verlegt wird, müssen die Unterstützungskörbe eingebaut werden. Die U-Körbe stehen auf der Schalung, hier auf der Sauberkeitsschicht. Die Höhe errechnet sich mit der 25 cm starken Bodenplatte minus 1 x die Betondeckung, minus die obere Mattenlage. Im Stoßbereich der Matten, können drei Matten übereinander liegen. 25 – 3,5 – 2,5 = 19 cm. Gewählt wird ein Unterstützungskorb U19. Die Anzahl errechnet sich aus der Grundfläche der Bodenplatte multipliziert mit dem Faktor 1,3 in Metern. Ein Korb ist 2 m lang und liegt dann im Abstand von 70 cm.

6.3.1 Bodenplattenbewehrung

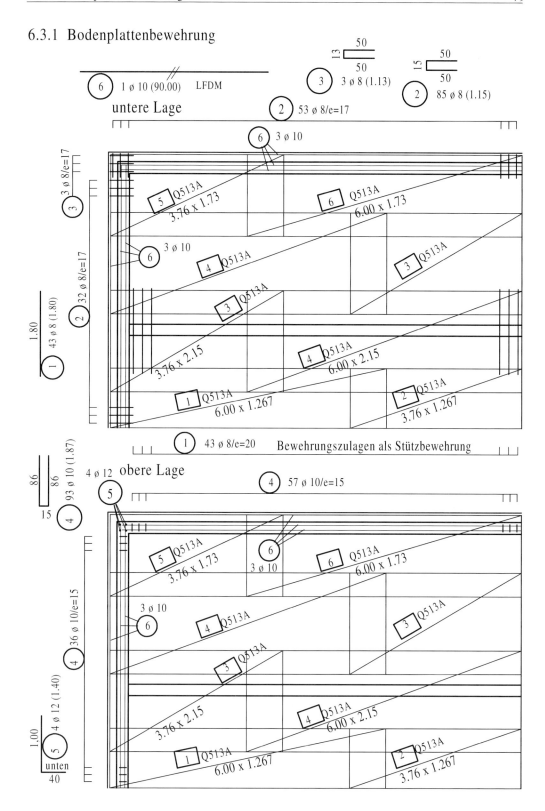

6.3.2 Bewehren einer Bodenplatte mit Versprung

Im **Kapitel 6.3.3** sehen wir den Schnitt und den Teilgrundriss einer Bodenplatte mit Versprung. Die Außenwand wird von innen belastet und es tritt eine Rahmenwirkung auf.

Anhand der Umgebungsbedingungen müssen erst die Expositionsklassen festgelegt werden. In **Tabelle 2.1** finden wir die Expositionsklassen mit der Betongüte und nach **Tabelle 2.2** werden die Verlegemaße bestimmt.

Eine Bodenplatte ist immer ein Gründungsbauteil mit der Expositionsklasse XC2. Wird dieses Bauteil zur Gründung einer Garage genutzt, muss die Expositionsklasse XD1 berücksichtigt werden. Auf dem Grundriss ist die obere und linke Wand eine Betonaußenwand mit direkter Beregnung. Die Expositionsklasse wird nach **Tabelle 2.1** mit XC4 angegeben, ist aber im Bereich des Gebäudes mit Fahrzeugverkehr zu rechnen, muss das Bauwerk nach der Expositionsklasse XD3 ausgeführt werden. In dem Beispiel wählen wir die Expositionsklasse XD3 und XF1.

Nach **Tabelle 2.1** und **2.2** muss für die Bodenplatte ein Beton C30/37 verwendet werden. Das Verlegemaß zur Betondeckung, ist nach Tabelle 2.2 für die Bodenplatte und die Betonwände mit 55 mm angegeben. Der Beton für die Außenwände muss ein C35/45 sein.

Die Bewehrung der Bodenplatte wird mit dem Querschnitt von 3,5 cm^2 /m in der unteren und oberen Bewehrungslage angegeben. Am Bodenplattenversprung tritt ein Stützmoment auf, dass einen Bewehrungsquerschnitt von 7 cm^2 /m. erfordert. Der Bewehrungsquerschnitt für den Außenwandanschluss ist mit 10 cm^2 /m angegeben. Diese hohe Bewehrung muss an der Wandinnenseite liegen, denn hier treten durch die Innenbelastung die Zugkräfte auf.

Durch die Vorgaben aus der Statik wird die Bodenplatte in der unteren und oberen Lage mit einer Betonstahlmatte Q377A bewehrt.

Die Übergreifungslänge nach **Tabelle 4.2** und der Mattenlage im guten Verbundbereich ist mit dem Beton C30/37 gleich 31 cm. Die Betonstahlmatte Q377A ist eine Randsparmatte. Diese drei Maschen werden zur Übergreifung in Querrichtung mit 50 cm genutzt.

Die Höhe der Unterstützungen errechnet sich aus der Plattenhöhe, minus Verlegemaß und minus Betonstahlmatte. Beachten sollte man im Übergreifungsbereich der Betonstahlmatten, dass drei Matten übereinander liegen. Gewählt wird bei einer Plattenhöhe von 30 cm ein Unterstützungskorb mit der Höhe von 22 cm. Der Unterstützungskorb steht auf der Sauberkeitsschicht.

In biegebeanspruchten Bauteilen muss die Bewehrung bei Versprüngen umgelenkt werden. Zu beachten ist hier, dass die Stützbewehrung bei den Bodenplatten unten liegt. Die Eisen müssen in der unteren Lage liegen. Nach **Tabelle 3.8** müssen wir für die Eisen-Pos. 2 den Stabdurchmesser 12 mm mit dem Abstand von 15 cm wählen. Die Betonstahlmatte können wir hier nicht anrechnen, denn sie ist in der vertikalen Richtung nicht vorhanden. Die Schenkel der Eisen-Pos. 2 müssen so weit ins Feld geführt werden, bis die erforderliche Stützbewehrung mit 3,77 cm^2 /m ausreichend ist. Ab hier muss das Eisen mit dem Versatzmaß und $l_{b,net}$ verankert werden. Die Bügel-Pos. 6 und Eisen-Pos. 7 sind konstruktiv vorzusehen, sie sollten aber immer eingebaut werden.

Die Wandanschlussbewehrung wird nach **Tabelle 3.8** mit dem Durchmesser 14 mm und dem Abstand 15 cm gewählt. Durch das aufzunehmende Biegemoment, müssen die Eisen-Pos. 1 und 3 von der Wandinnenseite zur oberen Lage der Bodenplatte umgelenkt werden. Die Schenkel müssen so weit ins Feld oder in die Wand geführt werden, bis der erforderliche Bewehrungsqueschnitt der Anschlussbewehrung erreicht ist. Die anschließenden Eisenpositionen sind analog zu den Anschlussdetails auszuführen.

6.3.3 Bewehrungsführung der Bodenplatte

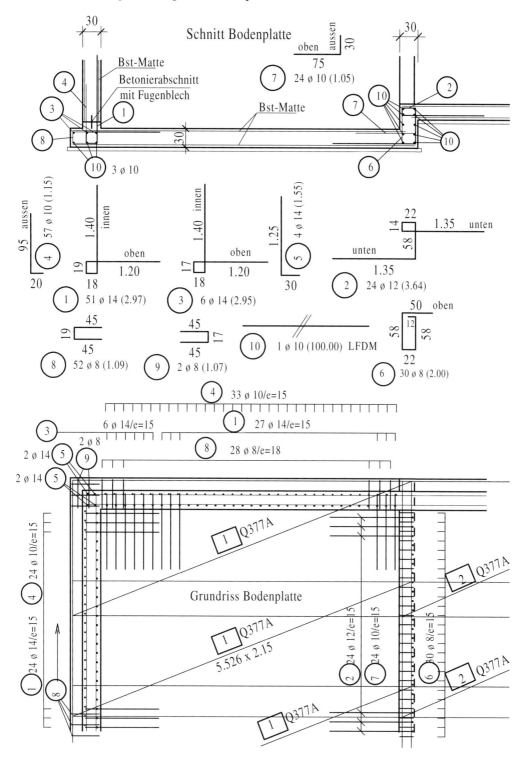

7 Die Weiße Wanne

7.1 Erläuterung zur Weißen Wanne

Bauwerke, die sich im Grundwasserbereich befinden, werden als Weiße Wanne ausgebildet. Eine Weiße Wanne besteht aus einer Stahlbetonbodenplatte mit umschließenden Stahlbetonwänden. Gefordert ist bei dieser Ausführung, dass der Beton wasserdicht sein muss.
Der Beton wird bei einer Weißen Wanne durch Zusatzstoffe wasserundurchlässig. An der Bezeichnung WU-Beton, erkennt man sofort, dass ein wasserundurchlässiger Beton gefordert ist. WU-Betone sind nach ihren Eigenschaften in der **DIN EN 206-1** und **DIN 1045-2** geregelt. Die DIN fordert für WU-Betone, die Mindestbetongüte eines C25/30.
Zur Herstellung einer Schwarzen Wanne wird Normal-Beton verwendet und durch eine außenliegende Abdichtung vor Feuchtigkeit geschützt. Sie ist nicht als wasserdicht zu bezeichnen. Als Schwarze Wanne kennen wir jedes betonierte Kellergeschoss, dass nicht mit WU-Betonen hergestellt wurde.

Bei der Weißen Wanne ist besondere Sorgfalt auf die Ausführung der Fugen zu legen. Versprünge sollten soweit möglich vermieden werden. In den Abständen von 5m bis 7 m sollten Dehnfugen vorgesehen werden, die eine ungehinderte Verformung des Bauteils ermöglichen.
Arbeitsfugen unterteilen längere Bauteile in einzelne Betonierabschnitte. Scheinfugen werden mit Dreikantleisten, die in die Schalung eingebaut werden, hergestellt. Sinn der 2 cm Scheinfuge ist es, dort wo der Konstrukteur eine Rissbildung vermutet, sogenannte Sollbruchstellen zu bestimmen. Diese verhindern bei Rissbildung ein weiteres Aufklaffen.

Fugenabdichtungen können mit Fugenbändern, Fugenblechen und Injektionsschläuchen ausgeführt werden. Der Einbau von Dichtrohren ist im Bereich der Sollbruchstellen zu empfehlen. Alle Fugenbänder, Bleche und Dichtrohre müssen miteinander verschweißt werden. Die Bewehrung zur Fugenausbildung, ist im **Kapitel 7.1.1** dargestellt.
Zur Begrenzung der Rissbreite, muss eine gut duchdachte und geplante Rissbreitenbewehrung vorgesehen werden. Die Stäbe zur Begrenzung der Rissbreite werden in Wänden horizontal eingebaut und sollten außen liegen. Diese horizonzalen Bewehrungsstäbe, sind mit einem kleinen Durchmesser und geringen Abständen, 10 bis 15 cm, die ideale Bewehrung zur Begrenzung der Rissbreite.
Der Einbau von **Fertigteilelementen** in Wänden mit nachträglich einbetoniertem Ortbetonkern findet immer mehr Anwendung in der Ortbetonbauweise. Diese Bauweise ist aber nicht unbedingt vorteilhaft zur Aubildung einer Weißen Wanne. In den Bereichen der Anschlussfugen zum Ortbeton und den Stoßfugen der Fertigteile, können Undichtigkeiten auftreten, die später nach dem Eindringen der Feuchtigkeit nicht mehr lokalisiert werden können. In den Stoßbereichen der Fertigteilelemente, ist auch der Einsatz von Dichtrohren möglich. Diese Dichtrohre sind vertikal mittig zum Ortbetonkern zu stellen und unten mit dem Fugenband zu verschweißen.

7.7.1 Bewehrungsdetails

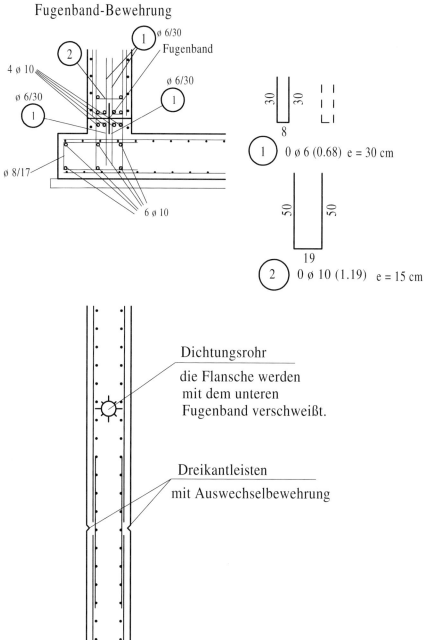

8 Stützen

8.1 Ortbetonstützen

Stützen leiten die vertikale Belastung aus dem Gebäude in die Fundamente weiter. Hier sollte der Konstrukteur ein genaues Augenmerk auf die Querschnittsabmessungen und die Ausführung richten. Die Expositionsklasse, die Betondeckung, die Bewehrungswahl und die Betongüte, wie Normalbeton bzw. hochfester Beton müssen mit in die Planung einfließen. Anschlüsse an die anschließenden Bauteile und Querschnittsabmessungen sind zu beachten.

Nach DIN 1045-1 ist die **kleinste Seitenlänge** einer Stütze 20 cm. Für waagerecht hergestellte Fertigteilstützen ist sie 12 cm.

Der **kleinste Stabdurchmesser** ist nach der DIN 1045-1, für Längsstäbe (Tragstäbe) bei Stützen mit 12 mm festgelegt. Der Abstand der Längsstäbe untereinander ist s ≤ 30 cm. In Stützen mit den Abmessungen b ≤ 40 cm und h ≤ b genügt ein Stab je Ecke. Ist eine Seitenlänge größer 40 cm, muss der Abstand der Längsstäbe kleiner gleich 30 cm sein und der Abstand vom Eckeisen zum letzten Eisen in der betreffenden Ecke darf nicht größer als 15- mal der Bügeldurchmesser sein. Bei einem Bügel von 8 mm Durchmesser ist der Abstand der Eisen, 15 x 0,8 cm = 12 cm und die maximale Stabanzahl je Ecke darf 5 Bewehrungsstäbe nicht überschreiten.

Stützen mit polygonalem Querschnitt müssen mit mindestens einem Stab je Ecke bewehrt werden. Kreisförmige Stützenquerschnitte, werden mit mindestens 6 Längsstäbe auf den Umfang verteilt bewehrt.

Nach der DIN 1045-1 darf die **Höchstbewehrung** in einem Schnitt, nicht größer als das 0,09-fache des Stützenquerschnittes sein. Die Formel lautet 0,09x A_c, wobei A_c die Gesamtfläche des Betonquerschnittes in einem Schnitt ist. Ist der Bewehrungsquerschnitt größer 0,09 des Betonquerschnitts müssen die Stöße der Längsbewehrung versetzt werden. Liegen mehrere Stöße nahe beieinander, <10x Durchmesser des Stabes, müssen die Stöße auch versetzt werden.

Der Längsversatz solcher Stöße muss ≥ 1,3 x l_s sein. l_s (Übergreifungslänge) nach **Tabelle 3.3** bis **3.5**. Der Stababstand der gestoßenen Stäbe sollte gleich 0, bzw. kleiner gleich dem 4-fachen Durchmesser des Längsstabes entsprechen.

Ist ein Längsversatz nicht durchführbar, sind Muffenstäbe (Bewehrungsanschlüsse) vorzusehen.

Stützeneisen, die ins obere Geschoss geführt werden, sollten ab einem Stabdurchmesser 16 mm abgebogen werden. Dieser Biegebeginn bei querenden Decken und Unterzügen, liegt 50 cm unterhalb des Bauteiles. Die Länge der Biegung ab einem Stabdurchmesser von 20 mm ist 50 cm und 5 cm tief. Für Stäbe mit dem Durchmesser 16 mm sind es nach den obigen Angaben nur 30 cm und die Tiefe der Biegung ist 3 cm. Stäbe mit dem Durchmesser 12 und 14 mm brauchen nicht abgebogen werden.

Die Querbewehrung (Bügel): Der Mindestdurchmesser für Bügel ist $d_s \geq d_{sl,max}/4$; ≥ 6 mm bei Stabstahl und ≥ 5 mm bei Betonstahlmatten.

$d_{sl,max}$ ist der größte Durchmesser der Längsbewehrung.

Die Bügelabstände (s_{max}) $s_{max} \leq 12 \, d_{sl,min}$; ≤ kleinste Seitenlänge oder Durchmesser einer Stütze; ≤ 300 mm.

Hier ist $_{sl,min}$ der kleinste Durchmesser der Längsbewehrung. Einfacher gesagt, der größte Bügelabstand bei Stützen muss kleiner oder gleich dem 12-fachen kleinsten Stabdurchmesser der Längsbewehrung sein. In den Bereichen unter und über den Unterzügen oder Platten müssen die Bügelabstände auf einer Höhe der größten Seitenlänge des Stützenquerschnittes enger verbügelt werden. Der normale Bügelabstand muss mit dem Faktor 0,6 multipliziert werden. Auch an den Endbereichen von Übergreifungsstößen müssen die Bügel auf 1/3 der Übergreifungslänge enger verbügelt werden. Das ist aber erst ab einem Durchmesser von 16 mm erforderlich.

8.1.1 Bewehrungsquerschnitte

Bild 8.1.a
Beispiel: Stütze 40 cm
1 Längsstab je Ecke

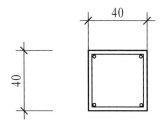

Bild 8.1.b
Beispiel: Nicht mehr als
5 Längsstäbe je Ecke

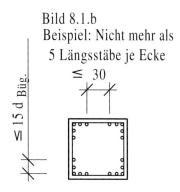

Bild 8.1.c

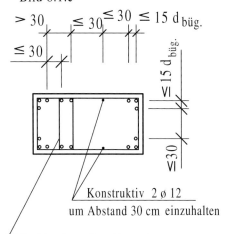

Konstruktiv 2 ø 12
um Abstand 30 cm einzuhalten

Bügel im doppelten Abstand
der Außenbügel, da die Trageisen größer 15-mal ø Bügel vom nächsten Eisen liegen.

Bild 8.1.d

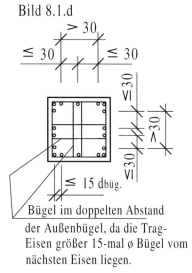

Bügel im doppelten Abstand
der Außenbügel, da die Trag-
Eisen größer 15-mal ø Bügel vom
nächsten Eisen liegen.

Bild 8.1.e

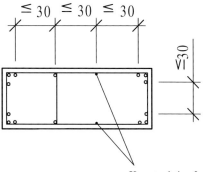

Konstruktiv 2 ø 12
um Abstand 30 cm
einzuhalten

8.1.2 Übergreifungslänge für Stützen

Die Übergreifungslängen für Stabstahl sind in den **Tabellen 3.2** bis **3.5** angegeben. In **Tabelle 3.2** finden wir das Grundmaß der Verankerung und gleichzeitig die Verankerungslänge der Bewehrungsstäbe für Druck beanspruchte Stützen.
In **Tabelle 3.3** ist die Übergreifungslänge für Stabstähle angegeben, deren Stoßanteil kleiner gleich 30 % ist. Nach **Tabelle 3.6** müssen die Längen in Tabelle 3.3 nur bis zum Stabdurchmesser 14 mm angegeben werden.
In **Tabelle 3.4** sind die Übergreifungslängen für den Vollstoß bis zum Stabdurchmesser 14 mm und ab dem Stabdurchmesser 16 mm mit dem Stoßanteil von kleiner gleich 30 % angegeben.
In **Tabelle 3.5** finden wir die Übergreifungslängen für Stäbe, deren Stoßanteil am gesamten Bewehrungsquerschnitt größer 30 % ist. Dieser Stoßanteil ist als Vollstoß zu betrachten. Hier muss die Übergreifungslänge nach **Tabelle 3.6** erst ab dem Stabdurchmesser 16 mm tabellenmäßig erfasst werden.
Wie im **Kapitel 8.1** beschrieben, richtet sich der Bügelabstand nach dem Stabdurchmesser der Längsbewehrung oder der kleinsten Seitenlänge bzw. dem Durchmesser der Stütze. Der Abstand der Bügel muss aber immer kleiner oder gleich 30 cm sein.
Ein **engerer Bügelabstand** ist am Stützenfuß und unterhalb der Decke bzw. Unterzug auf das Maß der größten Seitenlänge einer Stütze erforderlich. Nach der DIN 1045-1 ist in diesen Bereichen, der erforderliche Bügelabstand mit dem Faktor 0,6 zu multiplizieren. **Ein Beispiel**: Ist der Bügelabstand 20 cm und die größte Seitenlänge der Stütze 50 cm, so muss auf diese 50 cm der Bügelabstand 20-mal 0,6 = 12 cm sein. Zusätzlich sind an den Stoßenden der Längsstäbe ab einem Stabdurchmesser von 20 mm Zulagebügel erforderlich. Diese Zulagebügel müssen an beiden Stoßenden auf einem Drittel der Übergreifungslänge die gleiche Bügelquerschnittsfläche wie die Querschnittsfläche des gestoßenen Stabes haben. Das bedeutet, bei einem Stabdurchmesser 20 mm und einem Bewehrungsquerschnitt von 3,14 cm^2 müssen auf 1/3 der erforderlichen Verankerungslänge 7 Bügel mit dem Durchmesser 8 mm liegen. Die Verteilungslänge dieser 7 Bügel errechnen wir mit **Tabelle 3.5**. In der Tabelle ist für einen Stabdurchmesser 20 mm und einem Beton C20/25 die Übergreifungslänge mit 1,89 m angegeben. 1/3 von 1,89 m = 0,63 m. Die 7 Bügel müssen im Abstand von 10 cm eingebaut werden.
Ist der gegenseitige Abstand der gestoßenen Stäbe, größer als der vierfache Stabdurchmesser, muss für jeden Stab die geforderte Quer-bewehrung vorhanden sein. Es müssen dann größere Bügeldurchmesser gewählt werden, oder der Abstand muss auf 5 cm verringert werden.
Es ist durchaus möglich, Stützen ohne Bewehrungsanschlüsse direkt auf den Beton zu stellen. Diese Druckstützen werden dann unten mit einem Dorn zentriert. Dieser Anschluss ist aber nur bei Druckstützen möglich und unten am Fuß der Stütze müssen auf das Grundmaß der Verankerungslänge (l_b) die gewählten, erforderlichen Bügelabstände mit dem Faktor 0,6 multipliziert werden.
Probleme bereitet immer wieder der Kreuzungspunkt Stütze - Unterzug. Hier muss der Konstrukteur auf die richtigen Bauteilabmessungen achten und auch den planenden Architekten von der Notwendigkeit größerer Bauteilabmessungen überzeugen. Zu schlanke Bauteile erhöhen die Gefahr von Bauwerksschäden.
Im Kreuzungspunkt der Stütze mit dem Unterzug können aus Platzmangel die Unterzugeisen nicht abgebogen werden. Die Längsstäbe der Stütze müssen unterhalb des Bauteiles abgebogen werden. Nach der DIN ist das bis zum Stabdurchmesser 14 mm nicht erforderlich. Im Bereich der Abbiegung sollten 3 Zulagebügel vorgesehen werden.

8.1.3 Übergreifungslänge

Ab einem ø 20 müssen die Bügel an den Enden eines gestoßenen Stabes auf einer Länge von $l_s/3$ den 0,6-fachen Bügelabstand haben und eine Querschnittsfläche gleich der des gestoßenen Stabes.

Mindestdurchmesser der Querbewehrung $d_s \geq d_{sl,max}/4 \geq$ 6 mm bei Stabstahl
$\geq$ 5 mm bei Betonstahlmatten

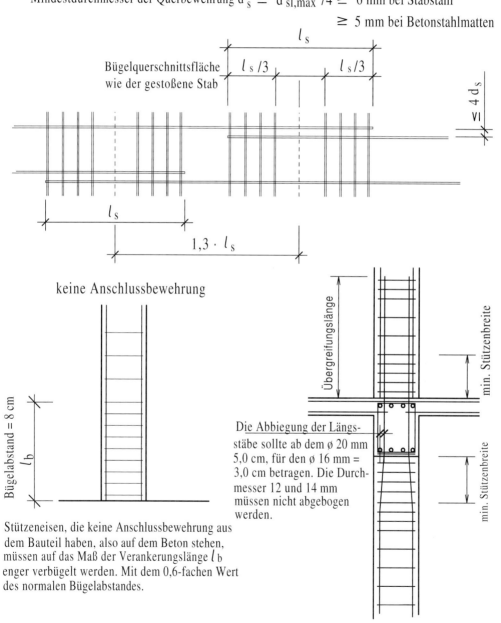

Die Abbiegung der Längsstäbe sollte ab dem ø 20 mm 5,0 cm, für den ø 16 mm = 3,0 cm betragen. Die Durchmesser 12 und 14 mm müssen nicht abgebogen werden.

Stützeneisen, die keine Anschlussbewehrung aus dem Bauteil haben, also auf dem Beton stehen, müssen auf das Maß der Verankerungslänge l_b enger verbügelt werden. Mit dem 0,6-fachen Wert des normalen Bügelabstandes.

8.2 Beschreibung zur Stütze Eingeschossig

Vor der Bewehrungsplanung werden anhand der Umgebungsbedingungen die Expositionsklasse, die Betongüte und das Verlegemaß bestimmt. In **Tabelle 2.1** ist zu einer Innenstütze ohne Frosteinwirkung die Expositionsklasse XC1 mit einem Beton der Güte C16/20 angegeben. Dieser Beton ist nach DIN 1045-1 mindestens gefordert, es ist aber möglich, für Bauteile eine größere Betongüte zu wählen. In der statischen Berechnung finden wir die Angabe eines C20/25 und die erforderliche Stützenbewehrung mit 12 cm^2.
Nach der **Tabelle 3.9** sind für die erforderliche Bewehrung von 12 cm^2 vier Bewehrungsstäbe mit dem Durchmesser 20 mm einzubauen. Mit dem Stabdurchmesser und der Expositionsklasse können wir nach **Tabelle 2.2** das Verlegemaß bestimmen.
Das Verlegemaß ist in **Tabelle 2.2** für den Stabdurchmesser 20 mm mit 30 mm angegeben. Von diesen 30 mm kann man den Bügeldurchmesser mit 6 mm abziehen. Das gewählte Verlegemaß ist 25 mm und damit größer, als der Tabellenwert für den Durchmesser 6 bzw. 8 mm. Ist die Stütze ein F90 Bauteil, muss das Verlegemaß nach **Kapitel 2.3** bestimmt werden. Hier ist das Verlegemaß bis zum Bügel 30 mm.
Kapitel 8.2.1 zeigt die Bewehrung einer eingeschossigen Stütze.
Zur Längenermittlung der Eisen-Pos. 1, ist vom oberen Deckenrand ein Abstand von mindestens 8 cm einzuhalten. Ein zu kleiner Abstand könnte zu Betonabplatzungen führen. Unten stehen die Längseisen auf der Bodenplatte oder dem Fundament und übergreifen mit den Bewehrungsstäben aus dem Fundament. Verfolgt man den Verlauf der Anschlussbewehrung, hier als gestrichelte Linie dargestellt, ist sofort klar, warum die Bügel im Fundament einseitig schmaler werden sollten. In diesem Beispiel können die Längsstäbe gerade an der Anschlussbewehrung vorbeigeführt werden.

Der **Bügeldurchmesser** richtet sich nach den Durchmessern der Längsstäbe. Bis zu einem Stabdurchmesser von 20 mm können für den Bügel Betonstähle mit dem Durchmesser 6 mm verwendet werden. Das Bügelmaß errechnet sich aus der Stützenbreite minus dem zweifachen Verlegemaß. Das Bügelmaß ist 34 auf 34 cm.
Bügelschlösser werden bei Stützen immer mit einem Haken versehen. Von der Biegung ab, sollte das Eisen noch 5d$_s$ länger sein. Für einen Bügel mit dem Durchmesser 6 mm, vermaße ich den Haken immer mit 9 cm, für einen Durchmesser 8 mm, immer den Haken mit 12 cm und für einen Bügel mit dem Durchmesser 10 mm ist der Haken 15 cm lang.
Der Biegerollendurchmesser nach **Tabelle 3.11** und **3.12** ist 4 x der Stabdurchmesser. Der Abstand der Bügel ist mit der kleinsten Stützenbreite oder dem 12-fachen kleinsten Stabdurchmesser zu wählen. Der kleinere Wert ist maßgebend. Der Bügelabstand ist 12 x 2,0 cm = 24 cm. Gewählt sind 20 cm.
Unten am Stützenfuß und oben unterhalb der Decke müssen auf den Bereich der größten Stützenbreite die Bügelabstände mit dem Faktor 0,6 multipliziert werden. In den unteren 40 cm ist der erforderliche Bügelabstand = 10 cm. An den Stoßenden der Übergreifung wird ein Zwischenbügel vorgesehen.
Unterhalb der Decke sollten nach der DIN 1045-1 die obersten 40 cm enger verbügelt werden. Nun ist aber die Verankerungslänge von 17 cm für den Stabdurchmesser 20 mm zu kurz. Das Grundmaß für einen Stabdurchmesser 20 mm ist nach **Tabelle 3.2** mit 94 cm angegeben. Nach **Kapitel 3.2.1** ist das Maß l$_b$ mit 94 cm größer als die 2-fache Stützenbreite. Der Bereich muss enger verbügelt werden. Auf die Länge von 94 cm müssen Bügel im Abstand von 8 cm vorgesehen werden.
Auf dem Bewehrungsplan gehören die Angaben über die letzte Eisen-Pos., die Expositionsklasse, die Betongüte mit dem Verlegemaß, die Stahlgüte und der Biegerollendurchmesser. Auch die Schalmaße sollten angegeben werden.

8.2.1 Bewehrungsführung der Stütze

Stütze 40/40
Pos.ST1 1x herstellen M=1:50
$C_v = 3{,}0$ cm, XC1, Beton C20/25

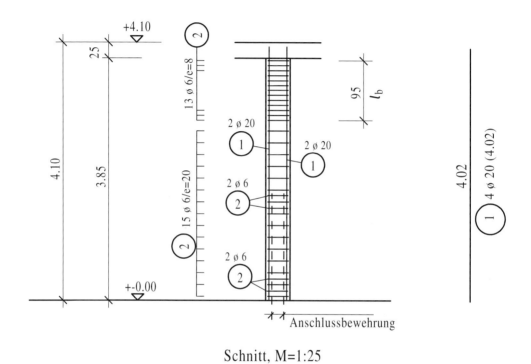

Schnitt, M=1:25

Ausführung von Bügelschlössern bei Stützen:

8.3 Erläuterung zur Stütze

Die Bewehrungsführung einer Ortbetonstütze mit dem Bewehrungsanschluss für die aufgehenden Bauteile ist im **Kapitel 8.3.1** dargestellt. Den ersten Betonierabschnitt, bildet die Unterkante der Unterzüge. Anschließend werden die Unterzüge betoniert und ab hier beginnt die Übergreifungslänge zum Anschluss der oberen Bewehrungsstäbe.

In der Statik finden wir die Werte zur Ermittlung der Stützenbewehrung mit 25,7 cm^2 angegeben. Die Bügelabstände und Durchmesser muss der Konstrukteur bestimmen.

Die erforderliche Bewehrung, 8 Längsstäbe mit dem Durchmesser 20 mm, legen wir mit Hilfe der **Tabelle 3.9** fest. Hier ist der erforderliche Bewehrungsquerschnitt mit 25,7 cm^2 zwar leicht unterschritten, ist aber noch im Bereich des erlaubten.

Die Bewehrung ist jetzt ermittelt, aber wie werden die 8 Stäbe auf den Stützenquerschnitt verteilt? Ein Blick in die statische Berechnung der Unterzüge zeigt uns den Unterzug mit der größten Belastung, bzw. größten Bewehrung. Rechtwinklig zu diesem Unterzug müssen je Seite 4 x Durchmesser 20 mm eingebaut werden.

Mit dem gewählten Stabdurchmesser 20 mm und den bekannten Umgebungsbedingungen können wir die Expositionsklasse und Betongüte nach **Tabelle 2.1** und das Verlegemaß nach **Tabelle 2.2** bestimmen. Gewählt ist ein Beton C25/30 und die Betondeckung (Verlegemaß c_v) mit 3 cm.

Die Bewehrungsführung:
Von den Querschnittsabmessungen der Stütze ziehen wir an allen Seiten das Verlegemaß 3 cm ab und erhalten das Bügelaußenmaß mit 34 cm. Der Bügeldurchmesser wird bis zum Längsstabdurchmesser 20 mm mit 6 mm gewählt und der erforderliche Bügelabstand ist 12-mal Längsstabdurchmesser. Der erforderliche Bügelabstand ist 24 cm, aber aus konstruktiven Gründen und um Betonabplatzungen zu vermeiden, wähle ich den Bügelabstand nicht über 20 cm. Die Bügel müssen unterhalb des Unterzugs und über der Bodenplatte bzw. über dem Fundament, auf die Höhe der größten Stützenbreite einen engeren Abstand haben. Dieser Abstand muss dem 0,6-fachen Wert des normalen Bügelabstandes entsprechen. Auf eine Höhe von jeweils 40 cm müssen die Bügel im Abstand von 12 cm vorgesehen werden. Engere Bügelabstände sind auch an den Stoßenden der Übergreifungsstäbe und an den Knickpunkten der Abbiegungen erforderlich. Zuerst werden die Bügel im Abstand von 20 cm auf die Höhe der Stütze verteilt. Durch Zulagen in der Mitte sind die geforderten Abstände eingehalten.

Im Bereich kreuzender Unterzüge, mit den Außenmaßen der Stütze, müssen die Längsstäbe abgebogen werden. Die Stützeneckeisen würden sonst mit den waagerecht verlaufenden Unterzugeisen aneinander stoßen. Durch die Lage der enger liegenden Unterzugeisen würde eine Abbiegung zu einer geringen oder keiner Betondeckung führen. Es ist vorteilhafter, das Stützeneisen abzubiegen. Auch innenliegende Stützenlängseisen müssen bei kreuzenden Unterzügen abgebogen werden.

Die Abbiegung sollte für den Stabdurchmesser 20 mm 50 cm unter dem Unterzug beginnen. Die Länge der Abbiegung muss 50 cm sein und mit einer Tiefe von 5 cm ausgeführt werden. Befindet sich die Abbiegung innerhalb des Unterzugs, würde der Platz für das Unterzugeisen nicht ausreichen. Die **Übergreifungslänge** können wir für ein auf Zug beanspruchtes Bauteil nach **Tabelle 3.5** bestimmen. Mit der Betongüte C25/30 und dem Stabdurchmesser 20 mm müssen die Längsstäbe oben 1,62 m aus dem Unterzug ragen. Die Tabelle 3.5 ist maßgebend, weil alle Stäbe in einem Schnitt gestoßen werden. Aufgerundet ist die Länge 1,65 m

Die Schalmaße sind nach DIN anzugeben. Die zugehörigen Zeichnungen, die Expositionsklasse, die Betondeckung, die Betongüte, der Biegerollendurchmesser und die Stahlgüte mit der letzten Eisen-Pos. müssen auf dem Plan stehen.

8.3.1 Bewehrungsführung der Stütze

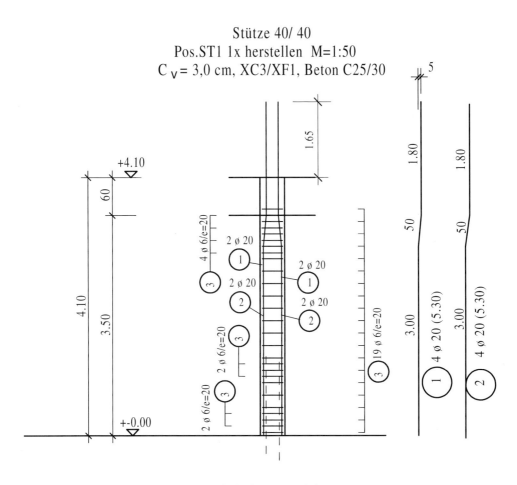

Stütze 40/40
Pos.ST1 1x herstellen M=1:50
$C_v = 3{,}0$ cm, XC3/XF1, Beton C25/30

Schnitt, M=1:25

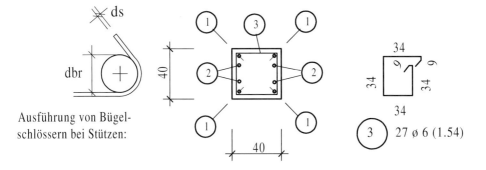

Ausführung von Bügel-
schlössern bei Stützen:

8.4 Erläuterung zur Stütze 20/ 70 cm

Im **Kapitel 8.4.1** ist eine Innenstütze ohne jegliche Anforderungen an die Umgebungsbedingungen dargestellt. Die Stütze hat die nach der DIN 1045-1 geforderten 20 cm Mindestabmessung und ist eingeschossig.
Die Vorgabe ist ein Beton C20/25 und der Bewehrungsquerschnitt ist mit 12,6 cm^2 je Seite angegeben.
Um das Verlegemaß zu bestimmen, müssen wir erst die erforderliche Bewehrung, bzw. den Stabdurchmesser festlegen. Diese finden wir in **Tabelle 3.9** unter „Querschnitte für Balkenbewehrungen".
Die erforderliche Bewehrung ist: Je Seite 4 x der Durchmesser 20 mm. Mit dem Stabdurchmesser und der Betongüte können wir nun mit **Tabelle 2.2** das Maß nom $_c$ für den Stabdurchmesser 20 mm und für den gewählten Bügeldurchmesser 8 mm ablesen.
Das Verlegemaß ist nom $_c$ Stabdurchmesser minus Bügeldurchmesser. Diese 22 mm müssen größer als das Maß nom $_c$ des 8 mm Bügels sein. Das gewählte Verlegemaß ist 25 mm bis zum Bügel. Von den Stützenabmessungen ziehen wir nun beidseitig 2,5 cm ab und erhalten die Bügelabmessung.
Die Länge der Längseisen richtet sich hier nach der Geschosshöhe und der Deckenstärke. Um Betonabplatzungen oberhalb der Decke zu vermeiden, muss das Eisen ca. 8 cm kürzer werden. Achten muss man auf die Stababstände der Eisen-Pos. 1. Der zweite Bewehrungsstab darf nicht weiter als der 15-fache Durchmesser des Bügels aus der Ecke liegen, denn sonst sind Zwischenbügel erforderlich. Siehe hierzu auch die Beispiele und Erläuterungen im **Kapitel 8.1**. Der mögliche Stababstand in diesem Beispiel ist 12 cm mit einem Bügeldurchmesser 8 mm. Nun ist aber der Zwischenabstand der Eisen immer noch größer 30 cm. Hier können wir nun ein konstruktives Längseisen mit dem Durchmesser 12 mm vorsehen. Diese Möglichkeit ist aber nur gegeben, wenn der erforderliche Bewehrungsquerschnitt in der Stütze schon ausreichend ist.

Die in der DIN 1045-1 geforderten Mindestabstände der Bügel mit dem 0,6-fachen Wert der erforderlichen Bügelabstände am Stützenanfang und oben unterhalb der Decke bzw. des Unterzugs, sind in diesem Fall nicht zutreffend. Die Verankerungslänge für den Längsstabdurchmesser 20 mm ist zu kurz. Nach **Kapitel 3.2.1** muss oben auf einer Länge l_b (das Grundmaß der Verankerungslänge) der Bügelabstand enger sein. Das Grundmaß der Verankerungslänge ist in **Tabelle 3.2** für einen Durchmesser 20 mm und dem Beton C20/25 mit 94 cm angegeben. Auf diese Länge müssen oben, unterhalb der Decke engere Bügel mit dem 0,6-fachen Abstand der erforderlichen Bügelabstände vorgesehen werden. Unten, am Stützenfuß sind die geforderten 0,6-fachen Abstände der Bügel auf die Höhe der größten Stützenbreite einzubauen. Der erforderliche Mindestabstand der Bügel richtet sich in der DIN 1045-1 nach dem dünnsten Stabdurchmesser oder der kleinsten Stützenbreite. Der kleinere Wert ist maßgebend. In diesem Beispiel ist der Stabdurchmesser mit 12 mm vorgegeben. Der Durchmesser des Stabes mit 12 multipliziert ergibt den erforderlichen Bügelabstand mit 14,4 cm. Gewählt werden dann 15 cm.
Zu dieser Stützenbreite wählen wir den Bügel mit dem Durchmesser 8 mm und verlegen sie im Abstand von 15 cm über die gesamte Stützenlänge. In den Bereichen der engeren Verbügelung ist der Abstand dann 7,5 cm. Auch an den Übergreifungsenden der Längsstäbe müssen die Bügel in einem engeren Abstand verlegt werden. Hier reicht als erforderliche Querbewehrung ein Zulagebügel an den Stoßenden aus. Diese Erläuterung ist nur ein Beispiel. Denn bei dieser Geschosshöhe und der großen Übergreifungslänge muss die Längsbewehrung aus dem Fundament sofort bis in die Decke geführt werden.
Der Biegerollendurchmesser ist für den Bügel = 4 x Stabdurchmesser. Ab einem Stabdurchmesser von 20 mm ist der Biegerollendurchmesser 7x Stabdurchmesser.

8.4.1 Bewehrungsführung der Stütze

Stütze 20/70
Statik-Pos. 4.08 Beton C20/25, XC1, Verlegemaß= 2,5 cm

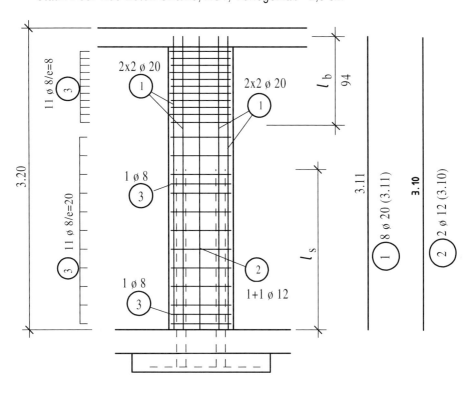

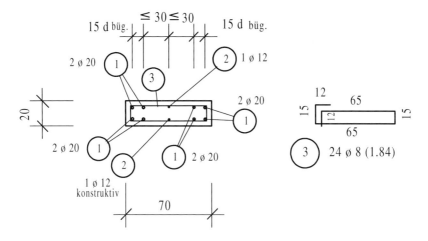

8.5 Stütze rund

In der DIN 1045-1 sind für Rundstützen mindestens sechs Längsstäbe auf den Umfang verteilt vorgeschrieben. Durch die unterschiedlichen Bügelabstände verwenden wir hier Ringbügel, keine Wendelbewehrung. Bewehrt werden Stützen mit dem Betonstabstahl der Güte 500S (A).
Im **Kapitel 8.5.1** ist die Bewehrungsführung einer Rundstütze dargestellt.
Vor der Bewehrungsplanung müssen die Umgebungsbedingungen bekannt sein. Diese sind als Außenstütze eines Parkdecks nach der **Tabelle 2.1** in die Expositionsklasse XC4 und XD3 mit einer Betongüte C35/45 einzustufen.
Mit Hilfe der **Tabelle 3.9** können wir die erforderliche Bewehrung mit den Vorgaben aus der statischen Berechnung ermitteln. Für den erforderlichen Bewehrungsquerschnitt von 45 cm^2 wählen wir neun Stäbe mit dem Durchmesser 25 mm. Diese geringfügige Unterschreitung von 0,8 cm^2 ist noch im Bereich der erlaubten 2% Unterschreitung.
Nun müssen wir das Verlegemaß c_V mit der Betongüte C35/45 und dem Stabdurchmesser 25 mm festlegen. In **Tabelle 2.2** finden wir für die Expositionsklasse XD3, den Wert nom $_c$ mit 55 mm angegeben. Das Verlegemaß bis zum Bügel ist 5,5 cm. Ziehen wir von dem Durchmesser der Stütze, hier 50 cm, zweimal das Verlegemaß ab, erhalten wir den Außendurchmesser von 39 cm
Die Bewehrungsführung: Der Abstand der Bügel ist 12 x Stabdurchmesser. Das ist ein Bügelabstand von 30 cm. Um Betonabplatzungen und Risse zu vermeiden habe ich 25 cm Bügelabstand gewählt. Nach der DIN 1045-1 ist unten am Stützenanfang und oben unter dem Unterzug oder der Decke, eine engere Verbügelung auf die Höhe des Stützendurchmessers mit dem 0,6-fachen Wert des erforderlichen Bügelabstandes einzulegen. Oben und unten müssen auf 50 cm Höhe, engere Bügel im Abstand von 25-mal 0,6 = 15 cm eingebaut werden. Gewählt habe ich zum leichteren Einbau, unten den mittleren Wert von 25 cm, also 12,5 cm. Unterhalb des Unterzuges, im Bereich der Abbiegung des Längseisens, habe ich die Bügel im Abstand von 8 cm gewählt. Um eine Sprengwirkung und eine eventuelle Ausknickung der Längsstäbe an der Abbiegung zu vermeiden, müssen hier mindestens drei Bügel im Abstand von 8 cm eingelegt werden. **An den Stoßenden** der Übergreifungen muss nach DIN 1045-1 auf 1/3 der Übergreifungslänge, die gleiche Bügelquerschnittsfläche wie der gestoßene Stab vorhanden sein. Das bedeutet: Die Übergreifungslänge für den Längsstabdurchmesser 25 mm ist in diesem Beispiel 1,60 m. Auf 1/3, also 53 cm, müssen 4,91 cm^2 an Querbewehrung (Bügel) vorhanden sein. Wir müssen 6 Bügel vom Durchmesser 10 mm im Abstand von 10 cm in diesem Stoßbereich von 53 cm einlegen.
Im Kreuzungsbereich von Unterzügen, werden die Längsstäbe der Stütze, unterhalb des Unterzuges auf eine Länge von 50 cm und 5 cm Tiefe abgebogen. Werden keine Unterzüge vorgesehen, ist eine Abbiegung bei Rundstützen, nicht erforderlich. Bei Rundstützen können die Anschlusseisen daneben gestellt werden. Bei Eckstützen ist das nicht möglich.
Die Übergreifungslängen finden wir in der **Tabelle 3.5**.
Die Bewehrungsquerschnitte sind in der **Tabelle 3.9** angegeben.

Auch bei dieser Stütze sollte an die Bemaßung gedacht werden. Die Angaben über die Expositionsklasse, Beton, Betondeckung, Biegerollendurchmesser, Stahlgüte und letzte Eisenposition mit den dazugehörigen Plänen müssen auf dem Plankopf eingetragen werden.

8.5.1 Bewehrungsführung der Stütze

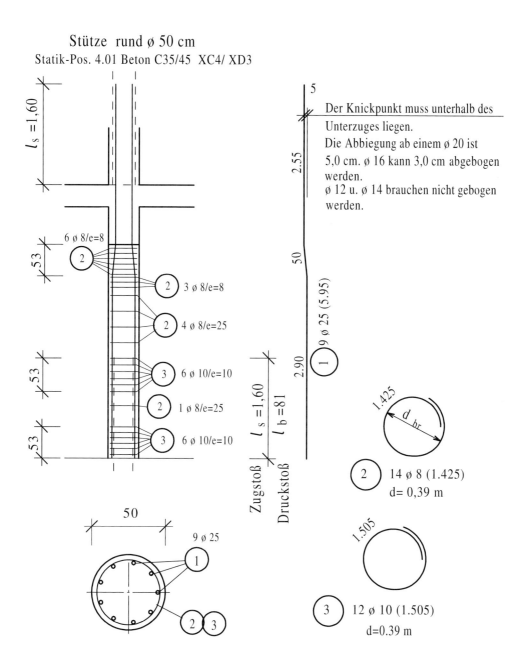

8.6 Stütze hoch bewehrt

Im **Kapitel 8.6.1** ist die Bewehrungsführung einer hoch bewehrten Stütze dargestellt. Vorgegeben sind ein Stützenquerschnitt mit den Abmessungen 50/50 cm, der Bewehrungsquerschnitt mit 122 cm^2 und die Umgebungsbedingungen. Die Stütze ist ein Außenbauteil mit der Expositionsklasse XC3/XF1 und einer Betongüte C20/25.

In **Tabelle 3.9** finden wir die erforderliche Längsbewehrung für den Bewehrungsquerschnitt von 122 cm^2 mit 20 Bewehrungsstäben und dem Durchmesser 28 mm.

Mit dem Stabdurchmesser der Längsbewehrung, dem Durchmesser des Bügels (hier 10 mm) und der Betongüte können wir anhand der Expositionsklasse das Verlegemaß mit **Tabelle 2.2** bestimmen. Maßgebend ist hier die Betondeckung nom $_c$ des Bügels mit 35 mm. Würden wir nom $_c$ des Längsstabes zum Ansatz bringen, müssten wir 43 mm minus 10 mm Bügelstärke rechnen. Dieser Wert liegt aber unter dem geforderten Verlegemaß des 10 mm Bügels mit 35 mm. Das einzuhaltende Verlegemaß ist 35 mm bis zum Bügel. Wichtig ist das Verlegemaß zur Bestimmung der Bügelabmessungen, der erforderlichen Betondeckung und zur Bestimmung der Abstandshalterhöhe.

Vor der eigentlichen Bewehrungsführung müssen wir noch die vorhandene Bewehrung in einem Schnitt prüfen. Nach DIN 1045-1 darf in einem Bewehrungsschnitt nur der 0,09-fache Wert des Bewehrungsquerschnittes gegenüber des Stützenquerschnittes liegen. Im Übergreifungsbereich der Längsstäbe liegen 2 x 123,20 = 264,4 cm^2 Bewehrungsquerschnitt. Der Stützenquerschnitt beträgt 50 x 50 cm = 2500 cm^2. Diesen Wert mit 0,09 multipliziert, ergibt die mögliche Be-wehrung in einem Schnitt. Die mögliche Bewehrung mit 225 cm^2 liegt wesentlich niedriger als die vorhandene Bewehrung. Die Längsstäbe müssen versetzt gestoßen werden.

Die Bewehrungsführung: 12 Längsstäbe, die Eisen-Pos. 1 und 3, führen wir mit der Übergreifungslänge nach **Tabelle 3.5** mit 2,65 m über den Unterzug ins Obergeschoss. Der Bewehrungsquerschnitt liegt hier mit 32 Stäben bei 203 cm^2. Er liegt also unter dem Betonquerschnitt. Im Bereich des querenden Unterzugs müssen die Längsstäbe, hier die Eisen-Pos. 1, abgebogen werden. Die restlichen 8 Längsstäbe müssen nach der DIN 1045-1 versetzt gestoßen werden,. siehe auch **Kapitel 8.1.3**. Das Versatzmaß ist das 1,3-fache der Übergreifungslänge. 1,3 x 2,65 m= 3,445 m. Die 8 Bewehrungsstäbe müssen von der Mitte des ersten Stoßes an, 3,45 m länger werden. Von diesen Stäben müssen vier Stäbe, die Eisen-Pos. 2 unterhalb des Unterzugs, abgebogen werden. Die Abbiegung beginnt 50 cm unterhalb des Unterzugs und muss 50 cm lang mit 5 cm Abbiegung sein.

Die Querbewehrung:
Hoch bewehrte Stützen müssen mit Bügeln (Durchmesser 10 mm) im Abstand von 15 cm verbügelt werden. In der DIN 1045-1 ist aber noch ein engerer Bügelabstand auf der Höhe der größten Stützenbreite, am Stützenfuß und unterhalb des Unterzuges oder Decke gefordert. Diese Bereiche müssen mit dem Faktor 0,6 multipliziert, enger verbügelt werden. In diesem Beispie, müssen 50 cm mit dem Bügelabstand (15 · 0,6 = 9,0), gewählt 7,5 cm verbügelt werden.

Zu beachten ist der engere Bügelabstand an den Enden der Übergreifungsstöße. Hier ist nach der DIN gefordert, dass auf einem Drittel der Übergreifungslänge mindestens der Bewehrungsqueschnitt der Querbewehrung wie der Querschnitt des gestoßenen Stabes vorhanden ist. Bei einer Übergreifungslänge von 2,65 m, wie in diesem Beispiel, müssen auf einem Drittel (= 88 cm), Bügel mit dem Querschnitt von 6,16 cm^2 vorhanden sein. Nach **Tabelle 3.9** müssen wir 8 Bügel an jedem Stoßende im Abstand von 12 cm vorsehen. Als Querbewehrung kann man hier nur einen Schenkel des Bügels anrechnen. Trotz der vielen Bewehrungsstäbe sind keine Zwischenbügel erforderlich. Der dritte Stab aus der Ecke ist nur 15 x Bügeldurchmesser vom 1. Eisen entfernt. Der Abstand zum nächsten Eisen ist unter 30 cm.

8.6.1 Bewehrungsführung der Stütze

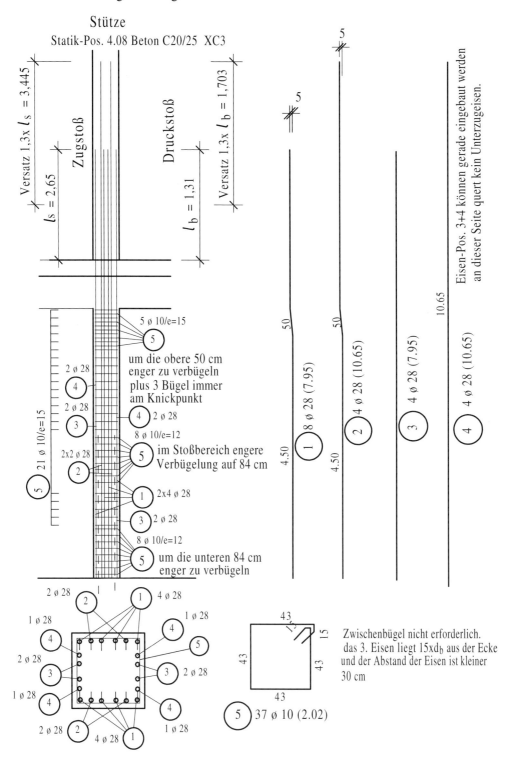

8.7 Stützenanschlüsse

Im **Kapitel 8.7.1** sind verschiedene Stützenanschlüsse dargestellt.

Bild 8.7.a zeigt einen Bewehrungsanschluss mit einer Längsstababbiegung für Stützen mit gleichen Querschnittsabmessungen. Diese Abbiegung sollte unterhalb der Decke bzw. der unteren Deckenbewehrung beginnen und 50 cm lang und 5 cm tief sein. Für den Längsstabdurchmesser 16 mm reicht eine Abbiegungslänge von 30 cm und 3 cm Tiefe. Die Längsstäbe mit dem Durchmesser 12 mm, bzw. 14 mm brauchen nicht abgebogen werden. Diese Abbiegung dient als Platzhalter und als Anschlussbewehrung für die Eisen im Obergeschoss. Ohne diese Abbiegung könnte das anzuschließende Eisen nicht in der Bügelecke liegen.

Die Bügel sind nach DIN 1045-1 mindestens bis auf die Höhe der größten Stützenbreite mit dem Faktor 0,6 enger zu verbügeln. Diese engere Verbügelung sollte aber über die Abbiegung hinaus geführt werden. Mindestens drei Bügel im Abstand von 8 cm werden über die Abbiegung geführt. Oberhalb der Decke ist die engere Verbügelung für den Stützenfuß dargestellt. Hier müssen auf Höhe der größten Seitenlänge der Stütze, die Bügel einen engeren Abstand haben. Dieser Abstand ist der 0,6-fache Bügelabstand der erforderlichen Bügelabstände. Größer als 10 cm sollte man die Abstände für den engeren Bereich nicht wählen.

Im Bild 8.7.b ist ein Stützenanschluss mit unterschiedlichen Querschnittsabmessungen dargestellt. Ist der Abstand von der Außenkante der oberen Stütze bis zur Außenkante der unteren Stütze kleiner als die 1/2-fache Deckenstärke, können die Längsstäbe der Stütze durchgeführt werden. Natürlich müssen sie abgebogen werden. Die Abbiegung sollte mindestens 50 cm unterhalb der Decke beginnen und die Abbiegetiefe muss das Maß des Stützenversatzes plus die Eisenstärke des oberen anzuschließenden Eisens haben. Sonst kann der obere Längsstab nicht in der Bügelecke stehen.

Die Bügelabstände sollten hier am Stützenkopf nicht über 8 cm liegen und mit vier Bügeln über die Abbiegung geführt werden. Der obere Anschluss ist auf die Höhe des größten Seitenmaßes der Stütze mit dem 0,6-fachen Wert des erforderlichen Bügelabstandes enger zu verbügeln. Auf 1/3 der Übergreifungslänge muss die Querbewehrung dem Bewehrungsquerschnitt des gestoßenen Längsstabes entsprechen.

Im Bild 8.7.c ist ein Stützenanschluss dargestellt, der sehr große unterschiedliche Stützenquerschnitte aufweist. Hier ist der Versatz größer als die halbe Deckenstärke. Die Längsstäbe dürfen nicht durchgeführt werden. Es müssen zusätzliche Bewehrungsstäbe vorgesehen werden, die mit der Übergreifungslänge l_s des größten Stabdurchmessers, plus halbe Deckenstärke in die untere Stütze einbinden. Über der Decke ragen die Bewehrungsstäbe mit der erforderlichen Übergreifungslänge heraus.

Die Abstände der Bügel müssen unterhalb der Decke dem 0,6-fachen Abstand der erforderlichen Bügelabstände auf Höhe der größten Stützenbreite oder dem Grundmaß der Verankerungslänge entsprechen. Der Bewehrungsquerschnitt der Querbewehrung sollte auf dieser Länge mindestens dem Bewehrungsquerschnitt der gestoßenen Stäbe entsprechen. Am Stützenanschluss der oberen Bewehrung sind die Bügelabstände und Durchmesser nach Bild 8.8.b auszuführen.

Im Bild 8.7.d und 8.7.e
sind Stützenanschlüsse mit einbetonierten Stahlprofilen und Stahlplatten dargestellt. Diese Stützen finden ihre Anwendung in der mehrgeschossigen Bauweise. Für die Ausführung dieser Stützenverstärkungen gibt es verschiedene Lösungen. Stützen mit einem einbetonierten Stahlkern aus Vollquerschnitt-Rohren oder I-Profilen mit außenliegender Bewehrung, gebündelte an die Stahlplatte angeschweißte Bewehung aus Betonstahl Bst 500S oder Baustahl aus BST S 235 JR und höher. Hierbei ist immer eine Zulagebewehrung aus Betonstabstahl 500S (A) oder Betonstahlmatten zur Einhaltung der Betondeckung erforderlich. Diese kann bei der Bemessung mitgerechnet werden.

8.7.1 Bewehrungsdarstellung der Anschlüsse

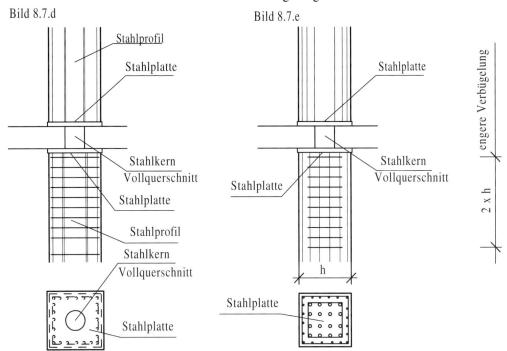

8.8 Verbundstützen

Verbundstützen sind Stützen, die mit dem Beton, den Stahleinlagen und anderen Werkstoffen, z.B. Baustahlprofilen aus den Stahlgüten S 235 JR (früher St 37-2) oder höher, im Verbund die Lasten aus dem Bauwerk in die Fundamente oder in den Baugrund weiterleiten. In der statischen Berechnung kann die Betonstahlbewehrung mit herangezogen werden oder die Betonstahlbewehrung besteht nur aus dünnen Längsstäben und dient nur dem Brandschutz.

Die Vorteile der Verbundstützen gegenüber der herkömmlichen Bauweise: Sie können bei stetig gleichem Stützenquerschnitt in allen Geschossen große Lasten abtragen. In den unteren Geschossen mit der größten Belastung können Stahlprofile mit großem Querschnitt vorgesehen werden, die dann in den oberen Geschossen abnehmen oder ganz entfallen können.

Bei dieser Ausführung muss besonders auf den Anschluss der Decke an die Stütze geachtet werden. Die obere Bewehrung der Decke muss auch im Bereich der Stahlstützen vorhanden sein. Dies erreicht man mit aufgeschweißten Bewehrungsstäben oder es werden Löcher in den Stegen oder Flanschen vorgesehen, durch denen dann die Bewehrung geführt wird.

Bei sehr hohen Stützenlasten sollte man zu einer Konstruktion mit Verbundstützen greifen, denn hochfeste Betone eignen sich nicht für das Brandschutzverhalten.

In der mehrgeschossigen Bauweise wird das Stahlprofil mit Kopf- und Fußplatten versehen bis zur Oberkante der Decke geführt. Die Stahlstütze im Obergeschoss wird dann auf diese aufgeschweißt.

8.8.2 Konsolbewehrung

Auf dieser Seite sind die verschiedenen Formen und Möglichkeiten einer Konsolbewehrung zeichnerisch dargestellt.

Der Biegerollendurchmesser der Konsoltragbewehrung muss an der Biegung, die im Innenbereich der Stütze liegt, immer 15-mal der Stabdurchmesser sein. Alle anderen Krümmungen können mit dem Biegerollendurchmesser 4 x Stabdurchmesser bzw 7 x Stabdurchmesser ab einen Durchmesser 20 mm gebogen werden.

Die einfachste und beste Lösung zur Bewehrungsführung ist es, eine Konsole zu planen, die in der Breite beidseitig 5 cm schmaler als das anschließende Bauteil ist. Hier lässt sich dann die Konsolbewehrung leicht einbauen und durch diesen Absatz entsteht eine saubere Betonanschlussfläche. Kleine Risse und Unebenheiten werden nicht sichtbar.

Zu beachten sind die Bügel der Stützenbewehrung, die auch im Konsolbereich durchlaufen müssen. Die horizontalen Bügel der Konsole sollten außen liegen. Die im oberen Viertel angeordnete horizontale Bügelbewehrung der Konsole kann auf die Konsolbewehrung angerechnet werden. Der Bügel hat die Form und die Ausführung des Bügelschlosses wie Eisenposition 4 im **Bild 8.8.i**. Im Anschluss werden die vertikalen Bügel vor-gesehen, die keine tragende Funktion haben. Sie sollen den Korb stabilisieren und Risse im Beton vermeiden. Zum Einbau der Konsolbewehrung ist die Eisen-Pos. 3 oder 4 nach **Bild 8.8.g** am besten geeignet. Die Eisenform Pos. 3 im **Bild 8.8.g** benötigt zu viel Platz beim Einbau, und die statische Höhe ist dann nicht mehr gegeben. Bei der im **Bild 8.8.i** dargestellten Konsole ist auf die Bügelform Pos. 3 zu achten. Es sind Lasteinhängebügel, die immer mit l_s verankert werden.

8.8.1 Querschnitte von Verbundstützen

Bild 8.8.a

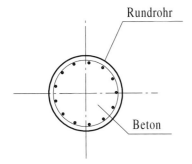

Bild 8.8.b

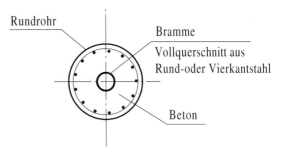

Bild 8.8.c

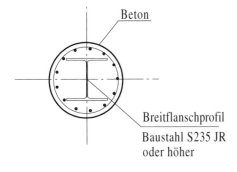

Bild 8.8.d

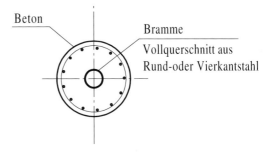

Bild 8.8.e

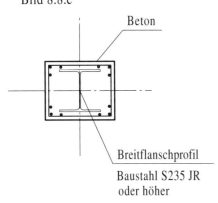

Bild 8.8.f

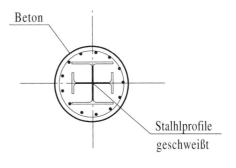

8.8.2 Konsolbewehrung

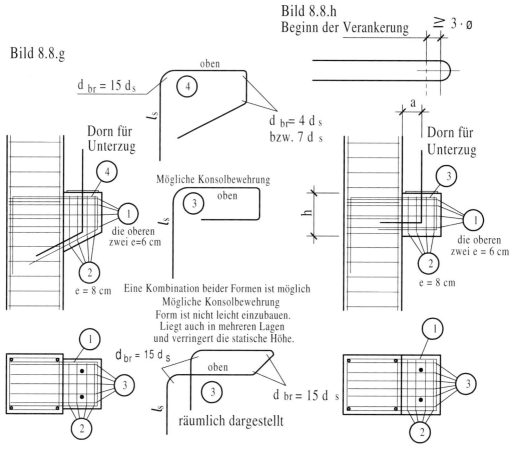

Bild 8.8.g

Bild 8.8.h Beginn der Verankerung

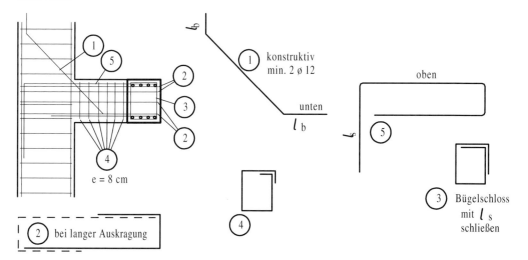

Bild 8.8.i

Konsolbewehrung mit angehängten Balken

8.9. Wendelberechnung

Erläuterung zur Wendelberechnung
s_w = Ganghöhe (Bügelabstand) nach statischer Berechnung
d_{br} = Durchmesser der Biegerolle = $d - 2(c_v + d_{sw})$
d_{sw} = Stabdurchmesser Wendel ; n = Anzahl der Windungen
$l = n \cdot l_1$; l_1 = Länge einer Windung
Berechnung, Länge einer Windung:
$l_1 = \sqrt{[(d_{br} + d_{sw}) \cdot \pi]^2 + s_w^2}$ = Länge einer Windung
Anzahl der Windungen $n = \dfrac{\text{Länge der Stütze}}{s_w}$

Nach den Forderungen der DIN 1045-1 über Bügelabstände ist es ungünstig oder aufwendig, Bügelwendel für Rundstützen zu verwenden. Oben am Stützenanschnitt, unten und an den Stoßenden der Längsstäbe müssen engere Bügelabstände vorgesehen werden. Es ist vorteilhafter runde Bügel einzubauen.
Bügelabstand: $12 \cdot d_{sl,min}$ oder kleinste Stützenbreite.

Beispiel Wendelberechnung:
Stütze ø 50 cm; Geschosshöhe = 4,00 m
Wendel ø 10 mm; s_w = 10,0 cm; c_v = 3,5 cm

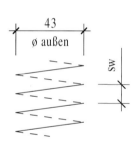

Anzahl der Windungen $n = \dfrac{400}{10} = 40$

Schnittlänge $l =$

$l = 40 \cdot \sqrt{[(d_{br} + d_{sw}) \cdot \pi]^2 + s_w^2}$
$\quad\quad\quad [(41 + 1,0) \cdot 3,14]^2 + 10^2$
$\quad\quad\quad\quad 17392,33 \quad\quad\quad +100$

$40 \cdot 132,25 = 5290$ cm   Die Schnittlänge ist = 52,90 m

Wendel werden an den Enden abgebogen oder verschweißt.

8.10 Stütze über zwei Geschosse

Kapitel 8.10.1 zeigt die Bewehrungsführung einer Ortbetonstütze über zwei Geschosse. Die Bewehrungsführung in der Ebene +-0,00 bis +4,10 ist analog zur Stütze im **Kapitel 8.3.1** auszuführen. Die Besonderheit bei dieser Stütze ist: Der Bewehrungsquerschnitt ändert sich im Verlauf der unteren Stütze und ist im oberen Geschoss geringer.

Nach den statischen Vorgaben sind bis zu einer Höhe von 2,50 m 24,8 cm^2 Längsbewehrung erforderlich. Im weiteren Verlauf der Stütze ist eine erforderliche Bewehrung von 12,5 cm^2 vorzusehen.

Die statischen Vorgaben beziehen sich nur auf die Längsbewehrung, Die erforderlichen Bügel muss der Konstrukteur nach den Vorgaben der DIN 1045-1 ermitteln.

Die Bewehrungsführung:
Um den erforderlichen Bewehrungsquerschnitt von 24,8 cm^2 abzudecken, wählen wir mit Hilfe der **Tabelle 3.9** den Durchmesser 20 mm und 8 Längsstäbe mit dem Querschnitt von 25,1 cm^2. Im weiteren Verlauf der Stütze müssen wir mit **Tabelle 3.9** den Bewehrungsquerschnitt von 12,5 cm^2 mit 4 Längsstäben und den Durchmesser 20 mm abdecken.

Die Eisen-Pos. 1 wird mit der Übergreifunglänge von 1,65 m nach **Tabelle 3.5** über die Ebene +4,10 geführt und dient zur Anschlussbewehrung der oberen Bewehrungsstäbe. Vier Bewehrungsstäbe, die Eisen-Pos. 2, sind ab der Höhe 2,50 m nicht mehr erforderlich und müssen verankert werden. Die Verankerung richtet sich nach **Kapitel 3.2.1**, Verankerung im Feld. Hier müssen wir die Eisen-Pos. 2 mit 30 cm in den Unterzug einbinden. Die Aufteilung der Bügel entsprechen dem **Kapitel 8.3.1**.

Die Eisen-Pos. 4 übergreift mit der Eisen-Pos. 1 und muss oben mit der Endverankerung nach **Kapitel 3.2.1** verankert werden. Eine Veran-kerung mit einem Endhaken ist durchaus möglich, behindert aber die nachfolgenden Bewehrungsarbeiten erheblich und die Gefahr von Verletzungen ist nicht auszuschließen.

Um Betonabplatzungen zu vermeiden, muss bei der Längenermittlung der Längsstäbe, ein Abstand von 8 cm zum oberen Deckenrand eingehalten werden.

Die Abbiegung für den Längsstab unterhalb des Unterzugs ist auch bei der Eisen-Pos. 4 erforderlich und richtet sich nach dem gewählten Durchmesser der Längsbewehrung. Die Abbiegung ist für den Stabdurchmesser 16 mm 30 cm lang und 3 cm tief und die Abbiegung für den Stabdurchmesser 20 mm ist 50 cm lang und 5,0 cm tief.

Die Bügelabstände und Bereiche der engeren Verbügelung sind analog der unteren Stütze und nach **Kapitel 8.3.1** auszuführen.

8.10.1 Bewehrungsführung der Stütze

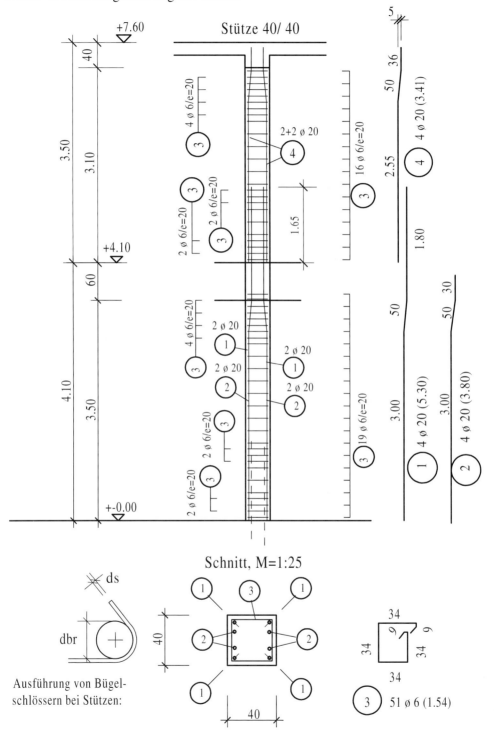

Ausführung von Bügel-
schlössern bei Stützen:

9 Unterzüge

9.1 Unterzüge; Einführung

Für Betonstahl BSt 500S und M gilt immer noch die DIN488 mit der charakteristischen Streckgrenze von f_{yk} = 500 N/mm^2. Höhere Stahlgüten sind in der allgemeinen bauaufsichtlichen Zulassung geregelt. Nach der DIN 1045-1 wird für die Statik und Bewehrung öfter als früher, nicht der Tragfähigkeitsnachweis maßgebend sein, sondern die Mindestbewehrung zur Beschränkung der Rissbreite oder zur Sicherstellung duktilen Bauteilverhaltens.

Die Mindestbewehrung, vom Statiker angegeben, soll verhindern, dass sich bei Spannungen im Bauteil die ganze Zugkraft auf einen Riss konzentriert. Es soll eine Verteilung auf viele kleine, schmale Risse erreicht werden. Kleine Stabdurchmesser sind zur Rissevermeidung günstiger. Die Mindestbewehrung muss über das ganze Feld durchlaufen und darf nicht gestaffelt werden. Bei der Stützbewehrung ist zu beachten, dass sie an jeder Seite, mindestens ¼ der benachbarten Feldlänge lang ist und bei Kragarmen bis zum Ende durchgeführt wird.

Duktile Bauteilverhalten: Ein Versagen des Bauteils bei Erstrissbildung ohne Vorankündigung muss vermieden werden. (Duktilitätskriterium) Für Stahlbeton und Spannbeton gilt obiger Satz als erfüllt, wenn die Mindestbewehrung eingebaut ist. Diese gibt der Statiker an.

Die Durchbiegung eines Balkens oder einer Platte unter ständiger Last, soll L/250 der Stütz-weite bzw. L/100 der Kraglänge nicht überschreiten. Eine Schalungsüberhöhung zur Verminderung der Durchbiegung sollte höchstens L/250 der Stützweite und nach dem Einbau angrenzender Bauteile nicht größer L/500 sein. Ein Beispiel: Der Betonbalken hat eine Länge von 6 m. Dann darf die Durchbiegung 600 cm geteilt durch 250 nur 2,4 cm sein.

Breite Balken mit Rechteckquerschnitten b > 4h dürfen wie Vollplatten behandelt werden.

Dabei ist b die Breite und h die Höhe eines Bauteiles.

Die größte Anzahl von Stäben in einer Lage richtet sich nach dem Stabdurchmesser. Zu beachten ist hier, dass ein Stabdurchmesser immer größer ist als sein Nenndurchmesser. Der Stabdurchmesser ist $d_A \sim 1{,}15 \; d_s$. Dementsprechend muss die Biegung des Bügels mit dem Biegerollendurchmesser und der Außendurchmesser des Längsstabes bei der Stabaufteilung beachtet werden. Erst an der Baustelle sieht man, welcher Schaden ange-richtet wurde. **Der Mindestabstand** der Bewehrungsstäbe ist 20 mm und ab dem Stabdurchmesse 25 mm sollte er größer oder gleich dem Stabdurchmesser sein. Der Mindestabstand muss aber immer dem Größtkorn des Zuschlages plus 5 mm entsprechen.

Liegen Bewehrungsstäbe in mehreren Lagen, werden sie übereinander liegend angeordnet und es müssen Rüttellücken vorgesehen werden.

F90 Bauteile (Brandschutz) sollen bei einem 15 cm breiten Balken mit mindestens 2 Stäben unten bewehrt werden. Bei einem Balken von 20 cm Breite sollen 3 Stäbe, bei einem 25 cm breiten Balken 4 Stäbe und bei einem Balken ab 40 cm Breite sollen unten 5 Stäbe liegen. Diese erforderliche Bewehrung muss bei F90 Bauteilen durchlaufen und über die Auflager geführt werden. Die Balkenquerschnittsfläche bei F90 Bauteilen darf nicht kleiner als $2 \times b^2$ sein. Dies ist auch bei den Restquerschnitten unter und über Durchbrüchen zu beachten.

Die Feldbewehrung, die mit mindestens 25% über die Auflager geführt wird, liegt bei den Unterzügen unten, die Stützbewehrung oben. Zusätzlich ist an den Balkenenden oben auf ¼ der Feldlänge 25% der Feldbewehrung vorzusehen.

Bei der Schubbewehrung durch Bügel und Schrägstäbe, müssen 50% durch Bügel aufgenommen werden.

9.1.1 Abkürzungen und Tabellen

h = Balkenhöhe
d = statische Höhe
b_w = Stegbreite
A_{s1} = Zugbewehrungsfläche
A_{s2} = Druckbewehrungsfläche
$A_{s,erf}$ = erforderliche Bewehrung
$A_{s,vorh}$ = vorhandene Bewehrung
$l_{b,net}$ = erforderliche Verankerungslänge
a_a = Beiwert Verankerungsart
l_s = Übergreifungslänge
d_s = Stabdurchmesser
c_v = Verlegemaß
f_{ck} = Charakteristische Festigkeit
Bst 500 S (A) Betonstahl, normale Duktilität

ϑ_{cd} = Betonspannung
ϑ_{sd} = Stahlspannung
f_{cd} = Rechenwert der Betondruckfestigkeit
f_{yd} = Streckgrenze Bemessungswert
f_{bd} = Verbundspannung
gut = guter Verbund   (die unteren 30 cm)
mäßig = schlechter Verbund (oberhalb 30 cm)
l_b = Grundmaß der Verankerungslänge
a_1 = Beiwert Übergreifungskänge Stab
a_2 = Beiwert Übergreifungslänge Matten
a_I = Versatzmaß
c_{nom} = Betondeckungsmaß
c_{min} = Mindestbetondeckungsmaß
Bst 500 S (B) Betonstahl, hohe Duktilität

Querschnitte von Balkenbewehrungen A_s (cm^2)

Stabdurch-messer (mm)	Anzahl der Stäbe											
	1	2	3	4	5	6	7	8	9	10	11	12
6	0,28	0,57	0,85	1,13	1,41	1,70	1,98	2,26	2,54	2,83	3,11	3,40
8	0,50	1,01	1,51	2,01	2,51	3,02	3,52	4,02	4,52	5,03	5,53	6,04
10	0,79	1,57	2,36	3,14	3,93	4,71	5,50	6,28	7,07	7,85	8,64	9,42
12	1,13	2,26	3,39	4,52	5,65	6,79	7,92	9,05	10,2	11,3	12,4	13,6
14	1,54	3,08	4,62	6,16	7,70	9,24	10,8	12,3	13,9	15,4	16,9	18,5
16	2,01	4,02	6,03	8,04	10,1	12,1	14,1	16,1	18,1	20,1	22,2	24,2
20	3,14	6,28	9,42	12,6	15,7	18,8	22,0	25,1	28,3	31,4	34,5	37,6
25	4,91	9,82	14,7	19,6	24,5	29,5	34,4	39,3	44,2	49,1	54,0	59,0
28	6,16	12,3	18,5	24,6	30,8	36,9	43,1	49,3	55,4	61,6	67,7	73,8

Tabellen aus, Bewehren von Stahlbeton-Tragwerken vom ISB e. V.

9.1.2 Querschnitte der Unterzüge

Im **Kapitel 9.1.3** sind verschiedene Querschnitte von Unterzügen, bzw. Überzügen dargestellt. Alle Formen der Unterzüge sollen die Lasten aus dem Bauwerk auf die aussteifenden Wände oder Stützen leiten.

Der Betonbalken, **Bild 9.1.a**, findet seine Anwendung als aussteifendes Rähm über Mauerwerkswänden und als Abfangträger über größeren Öffnungen. Die Bewehrungsführung, je nach statischen Erfordernissen mit mindestens zwei unten und oben liegenden Bewehrungsstäben, ist einfach. Balken über eine Höhe von 30 cm sollten je Seite eine Zulagebewehrung mit dem Stabdurchmesser 8 bis 10 mm in der Mitte erhalten. Die Bügel werden bei Unterzügen unter Querkraftbewehrung, Schubbewehrung statisch nachgewiesen. Über den Auflagern sollten immer drei engere Bügel im Abstand von 8 bis 10 cm vorgesehen werden.

Das Verlegemaß (die Betondeckung) richtet sich auch bei Unterzügen nach den Umgebungsbedingungen. In den **Tabellen 2.1 und 2.2** finden wir die zugehörigen Expositionsklassen zur Bestimmung der Betongüte und das Verlegemaß. Ist in der Tabelle für den Längsstabdurchmesser 12 mm, die Betondeckung c_{nom} mit 20 mm angegeben und für den Bügel auch 20 mm, dann ist das Verlegemaß bis zum Bügel 20 mm. Ist in der Tabelle das Maß 25 mm für einen Stabdurchmesser 12 angegeben und für den Bügel 20 mm, dann ist das Verlegemaß 20 mm bis zum Bügel. Denn 25 mm minus 8 mm Bügel sind kleiner als 20 mm. Ist in der Tabelle für einen Durchmesser 20 mm das Maß c_{nom} mit 35 mm angegeben und das Maß für den Bügel mit 20 mm, so ist das Verlegemaß 35 mm minus 8 mm = 27 mm. Denn 27 mm sind größer 20 mm. Eine Betondeckung von 27 mm wird nicht gewählt, es wird immer aufgerundet. Das Verlegemaß ist dann 30 mm bis zum Bügel. Ab der Expositionsklasse XD1 ist immer ein Verlegemaß von 55 mm bis zum Bügel oder ersten Stab bei Wänden und Decken einzuhalten.

Versucht ein Betonbalken oder Unterzug sich durch äußere Einwirkung zu verdrehen, so muss eine Torsionsbewehrung wie im **Bild 9.1.b,** vorgesehen werden. Die Längsstäbe werden in den Abständen von 10,0 bis 20,0 cm auf den Umfang verteilt. Die Bügelbewehrung und Betondeckung ist gleich dem Betonbalken auszuführen.

Im **Bild 9.1.c** ist der Querschnitt eines Unterzuges dargestellt. Die erforderlichen Bewehrungsquerschnitte der Längs- und Bügelbewehrung sind der Statik zu entnehmen. Um hier die Bügelhöhe zu bestimmen, ist oben zum Verlegemaß noch die durchlaufende Stützbewehrung der Deckenplatte abzuziehen. Bei aufliegender Mattenlage ist der Stoßbereich der Matten zu beachten, hier können bis zu drei Matten übereinander liegen. Von der Unterzughöhe sollten dann immer für das Bügelhöhenmaß 8 cm abgezogen werden.

Sind Unterzüge wegen der Deckenfreiheit nicht erwünscht, werden Überzüge nach **Bild 9.1.d** verwendet. Auch bei den Überzügen liegt die erforderliche Feldbewehrung unten, die Stützbewehrung liegt oben. Der Hinweis, dass die untere Deckenbewehrung auf den Tragstäben des Überzuges liegen muss, sollte auf dem Bewehrungsplan nicht fehlen. Durch die Aufbiegung entsteht zwar eine hohe Betondeckung, die aber mit Zulagebewehrung ausgeglichen werden kann. Die untere Deckenbewehrung muss auf den Tragstäben des Überzuges liegen und die Stützbewehrung der Deckenplatte sollte mit Stabstahlbewehrung ausgeführt werden.

Überzüge und Unterzüge bei denen die Breite des Bauteiles größer als die Höhe ist, müssen wie im **Bild 9.1.e** mit Zusatzbügeln versehen werden. (siehe **Tabelle 3.14**) Diese Bügel können der Schubbewehrung angerechnet werden.

Nicht allzu große Wandöffnungen werden mit deckengleichen Balken (Unterzügen) nach **Bild 9.1.f** überbrückt. Die Feldbewehrung der Decke liegt auf der Tragbewehrung des deckengleichen Unterzuges auf. Bei der Bügelhöhe muss die obere Mattenlage beachtet werden.

9.1.3 Bewehrung der Querschnitte

Unterzughöhe = 1/12 bis 1/20 der Stützweite

Bild 9.1.a
Betonbalken

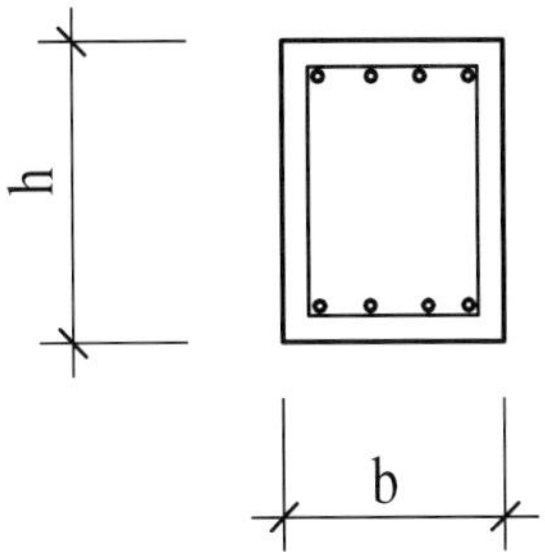
h
b

Bild 9.1.b
Betonbalken mit Torsionsbeanspruchung

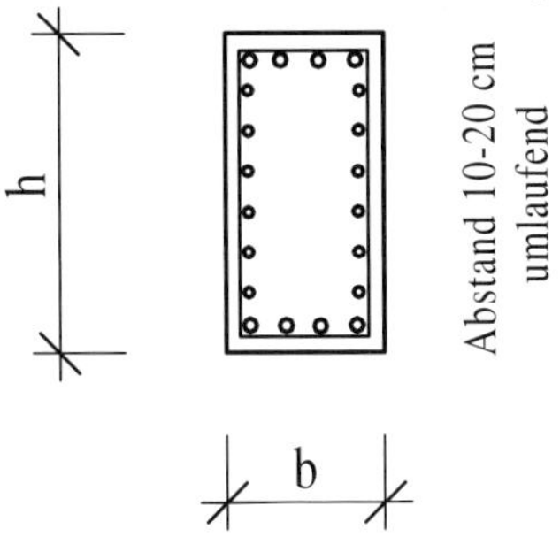
h
Abstand 10-20 cm
umlaufend
b

Unterzug
Bild 9.1.c

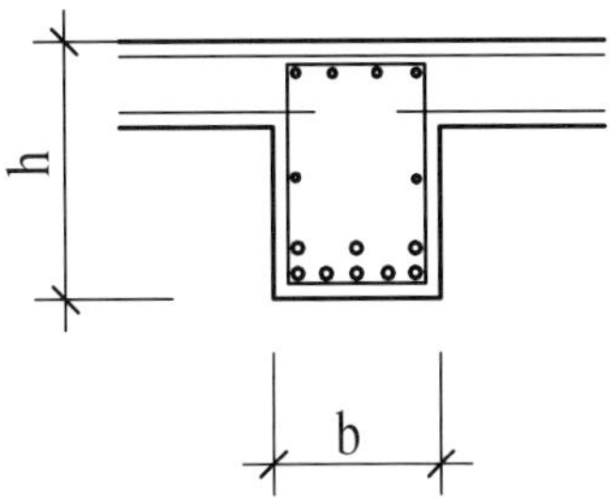
h
b

Überzug
Bild 9.1.d

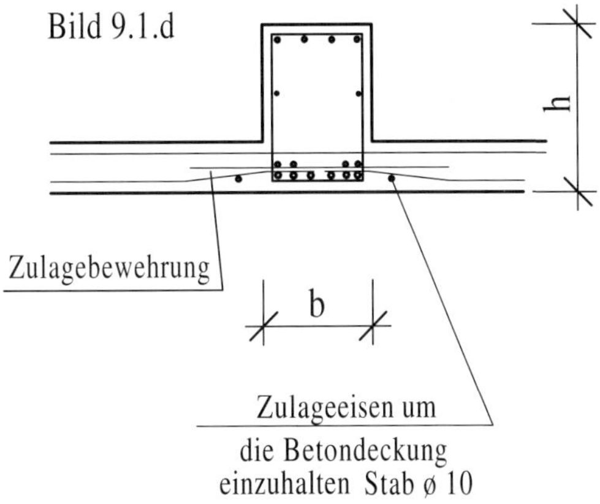
h
Zulagebewehrung
b
Zulageeisen um
die Betondeckung
einzuhalten Stab ø 10

Überzug
Bild 9.1.e

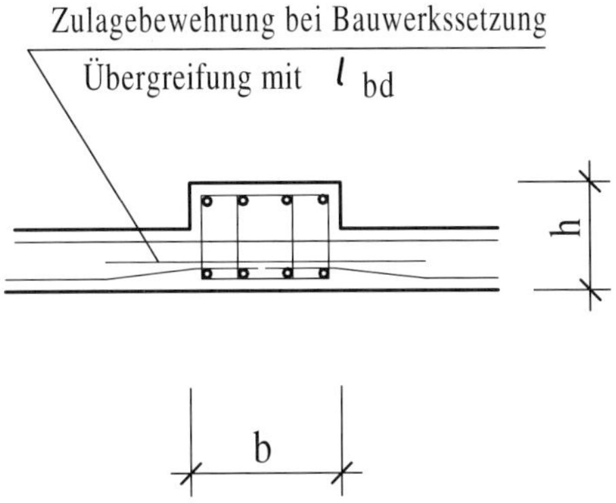
Zulagebewehrung bei Bauwerkssetzung
Übergreifung mit l_{bd}
h
b

Deckengleicher Balken
Bild 9.1.f

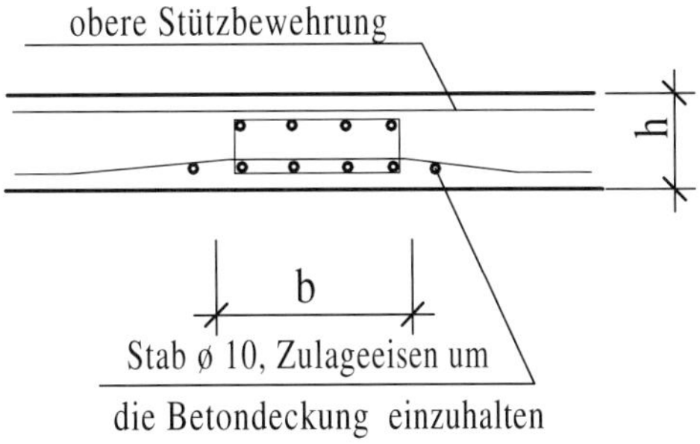
obere Stützbewehrung
h
b
Stab ø 10, Zulageeisen um
die Betondeckung einzuhalten

9.1.4 Erläuterung zur Bewehrungsführung

Bei Unterzügen, Überzügen und Betonbalken liegt die Feldbewehrung unten und wird mit mindestens 25% des erforderlichen Bewehrungsquerschnittes über die Auflager geführt. Die Stützbewehrung über Stützen oder Wänden liegt oben und muss mit mindestens ¼ der benachbarten Feldlänge über die Stütze hinaus ins Feld geführt werden. Um unnötige Stöße zu vermeiden, werden zwei Bewehrungsstäbe der Stützbewehrung bis zum Ende des Unterzuges geführt. An den Enden des Unterzuges sind oben mindestens 25% der Feldbewehrung über ¼ der Feldlänge, vom Ende gemessen, erforderlich. Die erforderliche Mindestbewehrung, aus der Statik ersichtlich, muss über das ganze Feld über die Auflager ohne Abminderung geführt werden.

Es gibt zwei **Verankerungslängen**. Die eine ist die Endverankerung über dem Auflager, die noch mit dem Faktor aus **Tabelle 3.1** gekürzt werden kann und die zweite ist die Verankerungslänge im Feld. Hier wird ein Eisen verankert, das bis zu einer Stelle im Unterzug statisch erforderlich ist. Das ist der rechnerische Endpunkt. Von diesem rechnerischen Endpunkt muss der Bewehrungsstab mit dem Versatzmaß und der erforderlichen Verankerungslänge $l_{b,net}$ verankert werden. (siehe hierzu **Kapitel 3.2**)

Diese Verankerungslängen haben mit der **Übergreifungslänge** nichts gemeinsam. Die Übergreifungslänge ist die Länge, mit der zwei Bewehrungsstäbe kraftschlüssig miteinander verbunden werden. In den **Tabellen 3.2 bis 3.5** sind die Übergreifungslängen angegeben. Das wichtige **Grundmaß** der Verankerungslänge l_b findet sich in der **Tabelle 3.2** wieder. Alle Verankerungslängen können mit dem Faktor aus der erforderlichen Bewehrung, geteilt durch die vorhandene Bewehrung, gekürzt werden.

Ist die Länge der Stützbewehrung nicht aus der Statik zu erkennen oder zu ermitteln, gibt es ein einfaches Hilfsmittel. Hier nimmt man nun ein Blatt und zeichnet eine horizontale Linie. Auf dieser Linie trägt man im Maßstab 1:100 bzw. 1:50 die Achsmaße der Wände durch lange vertikale Linien auf. Auf diesen Vertikalen trägt man nun, von der horizontalen Linie gemessen, nach oben die A_s Werte der Stützbewehrung im gleichen Maßstab auf. Punkt oder kleiner Strich reicht. Nun tragen wir in der Mitte der Felder im gleichen Maßstab die A_s Werte der Feldbewehrung nach unten ab. A_s –Wert ist der Bewehrungsquerschnitt in cm^2. Jetzt verbinden wir die Punkte der Stützbewehrung mit dem der Feldbewehrung durch einen Bogen, wobei der Bogen unter der horizontalen Linie zur Feldbewehrung größer wird. Oberhalb dieser Linie, der Null-Linie, ist es nur ein leichter Bogen. Nun können wir auf der horizontalen Linie die Länge der Stützbewehrung abgreifen. Zu dieser Länge müssen wir nun das Versatzmaß und die Verankerungslänge $l_{b,net}$ addieren. Bei einem 50 cm hohen Unterzug, reichen 80 cm als Zuschlag je Seite. Diese 80 cm müssen beidseitig zur gemessenen Länge addiert werden. Die Feldbewehrung muss mit 25% von Auflager zu Auflager durchgeführt werden und ist in diesem Beispiel mit 8 cm^2 angegeben. Diesen Wert bezeichnen wir mit 100% und haben ihn mit 8 cm nach unten abgetragen. 50% der Bewehrung (4,0 cm^2) führen wir über die Auflager und den Restquerschnitt tragen wir mit 4 cm von der horizontalen Linie nach unten ab und zeichnen an diesem Punkt eine neue waagerechte Linie. Dort, wo diese Linie die Kurve durchdringt, haben wir das Längenmaß der restlichen 50% Feldbewehrung ermittelt. Zu dieser Länge müssen wir auch hier beidseitig das Versatzmaß und die Verankerungslänge addieren. In dieser Art, kann man zeichnerisch für jeden Stab die Eisen-länge ermitteln.

Die Bügel, bzw Querkraftbereiche kann man auch auf diese Weise ermitteln. Hier werden dann die Bewehrungsangaben aber nur nach oben abgetragen und die Punkte miteinander verbunden.

9.1.5 Bewehrungsführung bei Unterzügen

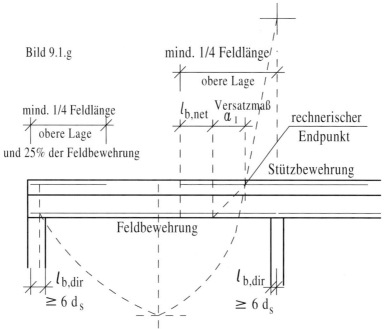

Bild 9.1.g

Stäbe mindestens über das rechnerische Auflager führen.

Bei Schrägstäben kann zur Querschnittsermittlung der Stab $\varnothing \cdot \sqrt{2}$ angenommen werden.

Grundmaß der Verankerungslänge:
$$l_b = \frac{d_s}{4} \cdot \frac{f_{yd}}{f_{bd}} \text{ bzw. } l_b = \frac{d_s}{4} \cdot \frac{\vartheta_{sd}}{f_{bd}}$$

$l_s = \alpha_1 \times l_b$ Alle Übergreifungslängen dürfen mit dem Faktor $l_s \times A_{s,erf} / A_{s,vorh}$ gekürzt werden.
Erforderliche Verankerungslänge

$$l_{b,net} = \alpha_a \cdot l_b \cdot \frac{A_{s,erf}}{A_{s,vorh}} \geq l_{b,min} \qquad l_{b,min} \text{ beim Zugstab ist } 0{,}3 \cdot \alpha_a \cdot l_b \geq 10\, d_s$$

α_I = Versatzmaß ; bei Stahlbetonplatten keine Querkraft = 1,0 d
 (60° - 90°)
 z = 0,9 d   bei Unterzügen = $\frac{z}{2} \cdot (\cot\theta - \cot\alpha)$ = ≥ 0
 (1,20 - 0) =
 d = statische Höhe

Beispiel: Bei einem Unterzug von h = 40 cm
ist α_I (Versatzmaß) = $\frac{0{,}9 \times 35}{2} \times 1{,}20$ =
α_I = 19 cm

Die Höchstbewehrung A_s muss kleiner, gleich 0,08 A_c sein. A_c = Betonquerschnitt.
Der Bügel ø muss bei hochbewehrten Bauteilen größer, gleich 10 mm und der Längsabstand = 0,25 · h bzw. 200 mm sein.
Der Querabstand bei Beton ≤ C50/60 = h bzw. 60 cm ; bei Beton > C50/60 = h bzw. 40 cm
Lieferlängen der Betonstähle sind 12 bis 16 m, andere Längen auf Anfrage.
Expositionsklasse u. Betondeckung Tabelle 2.1 u. 2.2; Übergreifungslänge Tabelle 3.2 bis 3.5
Bewehrungsquerschnitte Tabelle 3.8 u. 3.9

9.2 Bewehren eines Betonbalkens

Vor der Konstruktion muss sich der Konstrukteur mit den Anforderungen an das Bauwerk auseinandersetzen. Sind größere Durchbrüche bzw. Anforderungen aus der Haustechnik zu erwarten, bietet sich eine Flachdecke (ohne Unterzüge) an. Hier gewinnt man dann zusätzlich Raum, in dem die Leitungen der Haustechnik ihren Platz finden. Erfahrung sammelt der Konstrukteur vor allem bei den vielen Baustellenbesuchen, aus den Gesprächen mit den Bauarbeitern oder aus den Besuchen in Fertigteilwerken. Hier lernt und erkennt er sehr schnell die Fehler, die hauptsächlich aus zu schlanken Bauteilen, zu geringer Betondeckung und zu dicken Eisen entstehen.

Im **Kapitel 9.2.1** ist ein einfacher Betonbalken mit seiner Bewehrung dargestellt. Das Auflager sollte wenn es möglich ist, immer mit mindestens 30 cm gewählt werden, denn durch Wandaussparungen unter dem Unterzug für Rolladengurte und dergleichen verringert sich das Auflager immer.

In der Statik finden wir die Bewehrungsangaben zur Balkenbewehrung. Erforderlich sind A_s unten = 3,9 cm² Die Schubbewehrung (Bügelbewehrung) als Querkrafbewehrung mit 6,3 cm²/m.

Die Umgebungsbedingungen sind bekannt und werden nach **Tabelle 2.1** mit der Expositionsklasse XC4 / XF1 und der Betongüte C25/30 festgelegt. Um das Verlegemaß zu bestimmen, müssen wir mit **Tabelle 3.9** die Tragbewehrung, bzw. den Durchmesser ermitteln. Gewählt werden 3 Stäbe mit dem Durchmesser 14 mm. Anhand dieses Durchmessers, der Betongüte und der Expositionsklasse lesen wir in **Tabelle 2.2** das Verlegemaß mit 4 cm bis zum Bügel ab. Unter der Expositionsklasse XC4 finden wir für alle Stäbe, außer für den Durchmesser 28 mm, das Maß für c_{nom} mit 40 mm. Hier können wir nichts abziehen. Denn die 4,0 cm beziehen sich auch auf den Bügeldurchmesser von 8 mm.

Die Bewehrungsführung: Zur Längenermittlung der Längsstäbe brauchen wir an den Kopfenden nur 3 cm abziehen, hier sind die Bewehrungsstäbe den Umgebungsbedingungen nicht ausgesetzt. Die Bügelabmessungen setzen sich aus der Balkenbreite, bzw. der Balkenhöhe minus dem 2-fachen Verlegemaß zusammen. Der Betonbalken ist 24 cm breit und 40 cm hoch. Von diesen Maßen ziehen wir 2 x 4 = 8,0 cm ab. Der Bügel hat die Maße 16 auf 32 cm. Um die Abstände und den Durchmesser des Bügels zu bestimmen, lesen wir den Bewehrungsquerschnitt aus, 6,3 cm²/m, in **Tabelle 3.8** ab. Nun muss man aber beachten, dass Bügel zwei vertikale Schenkel haben und diese immer für die Schubbewehrung maßgebend sind. Also können wir den Wert von 6,3 durch zwei teilen und finden für 3,15 cm²/m in der Tabelle den Bügeldurchmesser 8 mm im Abstand von 15 cm. Das sind 3,35 cm²/m Bewehrungsquerschnitt für einen Bügelschenkel. Die vorhandene Bügelbewehrung mit 2 x 3,35 ist größer als die erforderliche mit 6,3 cm²/m. Das soll aber nicht heißen, dass der Wert pro Meter immer auf einen Meter eingelegt werden muss. Es können auch Bügelbereiche von 80 cm oder 1,50 m mit dieser Bewehrungsangabe abgedeckt werden. Es soll nur heißen, dass dieser Wert auf der erforderlichen Länge konstant bleibt. Sehen wir zu dieser Bügelform noch einen Zwischenbügel vor, so sehen wir im Betonquerschnitt vier vertikale Bügelschenkel und können dann die erforderliche Schubbewehrung durch vier teilen. In den Auflagerbereichen sollten immer drei engere Bügel vorgesehen werden. Biegt sich der Balken durch, verhindern diese engeren Bügelabstände ein Aufsprengen der oberen Bewehrungslage und ein Abplatzen des Betons.

Wir haben gelesen, dass die Bewehrung gestaffelt werden kann. Mindestens 25% der Feldbewehrung, aber auch mindestens zwei Stäbe müssen über die Auflager geführt werden. Bei dieser Länge lohnt eine Staffelung schon wegen der Verankerungslänge nicht. Eisen-Pos. 2 in der Mitte und Pos. 4 sind konstruktiv und sollten ab einer Balkenhöhe größer 30 cm eingebaut werden.

9.2.1 Betonbalkenbewehrung

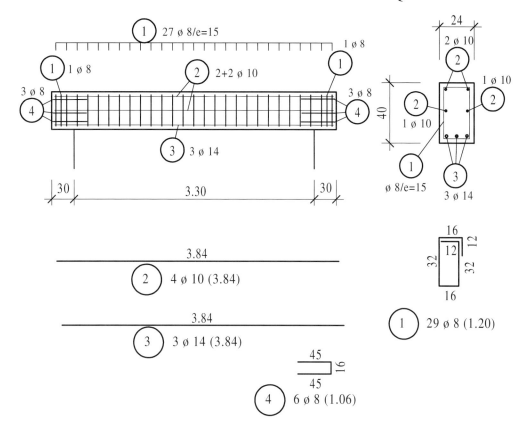

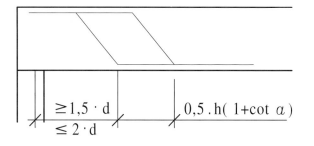

Schubaufbiegungen am Auflager
50% müssen durch Bügel aufgenommen werden.
Zum Schubewehrungsquerschnitt kann man den
Stabdurchmesser mit dem Faktor mal $\sqrt{2}$ erhöhen

9.3 Unterzug (Einfeldbalken)

Die Bewehrungsführung für einen Unterzug mit zwei unterschiedlichen Auflagersituationen ist im **Kapitel 9.3.1** dargestellt. Vorgegeben sind die Umgebungsbedingungen: oben ein Parkdeck, unten Büroräume. Die Bewehrung unten mit $A_s = 25$ cm^2 und die Schubbewehrung mit 12 cm^2/m an den Auflagern auf 1 m Länge. Der Restbereich wird mit 6,2 cm^2/m abgedeckt.

Die gewählte Bewehrung: Nach **Tabelle 3.9**, sind unten für die Feldbewehrung acht Längsstäbe mit dem Durchmesser 20 mm erforderlich. Die Schubbewehrung, mit **Tabelle 3.8** ermittelt, muss an den Endbereichen auf einem Meter mit dem Bügeldurchmesser 10 mm im Abstand von 13 cm vorgesehen werden. Maßgebend sind hierbei die zwei vertikalen Stäbe der Bügelform, die durch 12 cm^2/m geteilt den Tabellenwert von 6 cm^2/m für den erforderlichen Bügeldurchmesser wie oben ermittelt ergeben. Für den restlichen Schubbereich sind dann 6,2 cm^2/m geteilt durch zwei = 3,1 cm^2/m erforderlich. Mit der **Tabelle 3.8** wählen wir den Durchmesser 8 mm, im Abstand von 16 cm, gewählt mit 15 cm.

Die Expositionsklassen für die oben beschriebenen Umgebungsbedingungen legen wir mit der **Tabelle 2.1** fest.

An der Oberseite des Unterzuges ist ein Parkdeck geplant. Hier müssen wir die Expositionsklasse XD3/ XF1 mit der Betongüte C35/45 vorsehen. Unten und an den Seiten wird der Unterzug in die Expositionsklasse XC1 eingestuft. Die Betongüte C35/45 muss beibehalten werden.

Mit **Tabelle 2.2** legen wir das Verlegemaß an der Oberseite mit 5,5 cm bis zur oberen Deckenbewehrung fest. Der Unterzug, ein F90-Bauteil, muss an den Seiten und der Unterseite ein höheres Verlegemaß wie in der Tabelle angegeben erhalten. Im **Kapitel 2.3** ist das Verlegemaß bis zum Bügel für F90-Bauteile 3,5 cm.

Die Bewehrung: Um die Schubbewehrung an den Endbereichen abzudecken, verlegen wir hier die gewählten Bügel mit dem Durchmesser 10 mm im Abstand von 13 cm. Gefordert ist dieser Schubbereich auf einen Meter. Da der Querkraftverlauf nicht sofort auf den nächsten Wert verspringt, sondern langsam abnimmt, verlegen wir die Bügel auf 1,30 m. Zusätzlich sollte über den Auflagern noch ein Zwischenbügel vorgesehen werden. Durch die hohe obere Betondeckung müssen wir, um die Bügelhöhe zu ermitteln, 10 cm von der Balkenhöhe abziehen.

Die Verankerungslänge der Eisen-Pos. 4, einem Stabdurchmesser von 20 mm, ist bei direkter Lagerung: $l_{b,dir} = 2/3$ mal $l_{b,net}$, gleich oder größer 6 d$_s$

$l_{b,min} = 0,3 \times 1,0 \times 64 = 19,2$ cm

$l_{b,dir} = 2/3 \times 19,2 = 12,8$ cm

Die Auflagerlänge ist 12,8 cm. Die Endverankerung sollte immer mit 10 d$_s$ = 20 cm gewählt werden. Das Auflager von 11,5 cm Breite ist für die Endverankerung zu kurz. Es müssen Schlaufen vorgesehen werden, denn eine Aufbiegung mit dem großen Biegerollendurchmesser von 7 d$_s$ ist nicht auszuführen. Die Schlaufen werden liegend eingebaut und nach folgendem Schema ermittelt: Bei Unterzügen müssen 25% der Bewehrung über die Auflager geführt werden. 25% von 25 cm^2 sind 6,25 cm^2 und dieser Bewehrungsquerschnitt muss in Schlaufenform, Eisen-Pos. 9, vorgesehen werden. In **Tabelle 3.9** finden wir 8 Stäbe, dass sind 4 Schlaufen mit dem Durchmesser 12 mm.

Die Eisen-Pos. 5 wird in die zweite Lage verlegt und kann nach der aufgezeichneten, gestrichelten Linie kürzer eingebaut werden. Zu dem rechnerischen Endpunkt addieren wir noch beidseitig das Versatzmaß und die Verankerungslänge $l_{b,net}$. Oben an den Endbereichen müssen auf ¼ der Feldlänge mindestens 25% der Feldbewehrung liegen. Das sind 6,25 cm^2. Eingelegt sind mit der Position 2 (2 Durchmesser 14 mm), die über die ganze Länge geführt werden und rechts über die Wand als Stützbewehrung dienen. In Unterzügen muss der Bewehrungsquerschnitt kleiner 0,08 A$_c$ sein. A$_c$ ist der Betonquerschnitt in cm^2.

9.3.1 Bewehrungsführung des Unterzugs

Muss der Brandschutz beachtet werden, ist in diesem Beispiel nur die Betondeckung unten und an den Seiten nach DIN V ENV 1992-1-2 auszuführen. Oben liegt die Decke mit Bewehrung. Nur bei Unterzügen bzw. Balken ohne Decke ist der Brandschutz auch oben zu beachten.

9.4 Überzug

Überzüge werden in gleicher Weise wie Unterzüge bewehrt. Im **Kapitel 6.4.1** ist ein Überzug mit einem Konsolauflager dargestellt, ein ausgeklinktes Konsolauflager.
Aus der Statik entnehmen wir die Werte für A_s unten mit 30 cm². Der Überzug wird mit einer Druckbewehrung versehen. Diese Bewehrung wird in der oberen Lage eingelegt und beträgt nach Statik 7,2 cm². Die Schubbewehrung ist an der linken Seite auf 70 cm Länge mit A_s = 10 cm²/m angegeben. Der Restbereich mit 6,72 cm²/m.
Die Bewehrungsführung: Die untere Bewehrungslage bestimmen wir mit Hilfe der **Tabelle 3.9**. Hier finden wir für den Bewehrungsquerschnitt von 30 cm² die Feldbewehrung mit 6 Stäben Durchmesser 20 mm und 6 Stäben mit dem Durchmesser 16 mm. Um eine richtige Verteilung des Betons zu gewährleisten, ist auch hier der Abstand größer 20 mm. Nun können wir anhand des Stabdurchmessers und den Umgebungsbedingungen, die Expositionsklasse, die Betongüte und das Verlegemaß bestimmen. Der Überzug, ein Innenbauteil wird nach **Tabelle 2.1** in die Expositionsklasse XC1 mit der Betongüte C16/20 eingestuft. Die Betondeckung c_{com} für einen Stabdurchmesser 20 mm ist nach **Tabelle 2.2** = 30 mm. Gehen wir von einem Bügeldurchmesser von 8 mm aus, ist c_{nom} Bügel = 20 mm. Für den Lastaufhängebügel von 12 mm ist c_{nom} = 22 mm. Ziehen wir nun von 30 mm die 12 mm ab, liegen wir bei 18 mm und das ist nach Tabelle 2.2 zu wenig. Ziehen wir aber von den 30 mm die Bügelstärke von 8 mm ab, ist das Verlegemaß 22 mm und reicht für den Durchmesser 8 mm bzw. 12 mm. Die geforderten 30 mm für das 20 mm Eisen bleiben erhalten. Wir wählen das Verlegemaß c_v mit 25 mm Die Bügel haben die Abmessungen 35/55 cm.
Die Schubbewehrung aus der Statik, wird für den gesamten Bewehrungsquerschnitt angegeben. Da ein Bügel zwei vertikale Stäbe hat, können wir die 10 cm²/m durch zwei teilen und finden in der **Tabelle 3.8** für den Wert 5 den Bügeldurchmesser 8 mm im Abstand von 10 cm. So ermitteln wir auch die restlichen Schubbereiche.
Die Lasteinhängebügel, Eisen-Pos. 6 werden nun festgelegt. 25% der Feldbewehrung müssen bis über das Auflager geführt werden und diese 25% werden mit Bügeln nach oben verankert. 25% von 30 cm² sind 7,5 cm². Das sind nach **Tabelle 3.9** 7 Stäbe mit dem Durchmesser 12 mm. Gewählt werden 5 Bügel im Durchmesser von 12 mm. Lasteinhängebügel werden auf Zug beansprucht und dementsprechend verankert. Die Stäbe des Bügels müssen mit l_s übergreifen. Nach **Tabelle 3.4** ist die Übergreifungslänge für die Bügel-Pos. 6 mit 79 cm angegeben. Diese Bügel sollten einen Abstand von 7 bis 8 cm haben. Nicht enger, denn das doppelte Bügelschloss braucht viel Platz.
Der Konsolbereich: Eisen-Pos. 4 ist am rechten Auflager nicht verankert, sie sollte auch nicht mit einem Haken zur Verankerung ausgeführt werden. Hier müssen nun liegende Schlaufen in einer U-Form vorgesehen werden. Diese müssen einen Querschnitt von 25% der Feldbewehrung haben. Das sind vier Schlaufen im Durchmesser von 12 mm. Vier Schlaufen sind acht Stäbe mit 9,05 cm² nach **Tabelle 3.9**. Diese 25% der Bewehrung müssen nun auf das Konsolauflager gebracht werden. Hierzu ist die Eisen-Pos. 8 zuständig. Es werden ebenfalls vier Schlaufen mit 9,05 cm² gewählt. Diese Formen liegen versetzt, zweifach übereinander. Von der Unterkante des Überzuges unter einem Winkel von 45° beginnt die Verankerungslänge mit l_s nach **Tabelle 3.4** mit 79 (80) cm. Die Bügel-Pos. 9 sollte in den Abständen von 7 cm verlegt werden und das Bügelschloss wird normal mit 12 cm Schenkellänge ausgebildet. Um Risse in den Eckbereichen der Ausklinkung zu vermeiden oder zur Lasteinhängung sollte die Eisen-Pos. 10 immer vorgesehen werden. Eisen-Pos. 4 wird über die ganze Länge bis über das Auflager geführt. Die Eisen-Pos. 5 kann kürzer werden. Es gilt eine gestaffelte Bewehrung. Die Übergreifungslänge der Pos. 7 mit Eisen-Pos. 4 wird für den 12 mm Stabdurchmesser nach **Tabelle 3.4** bestimmt.

9.4.1 Überzugbewehrung

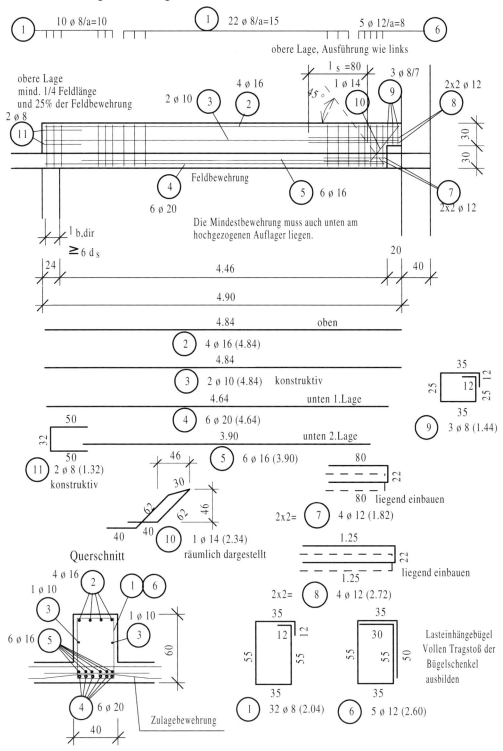

9.5 Unterzug (Zweifeldbalken)

Die Bewehrung eines Unterzuges über zwei Felder (Zweifeldbalken) ist im **Kapitel 9.5.1** dargestellt. Auch hier liegt die Feldbewehrung in der unteren Lage und die Stützbewehrung in der oberen Lage. Die Bewehrungsführung dieses Zweifeldbalkens ist auch bei mehrfeldrigen Durchlaufbalken oder Unterzügen gleich. Auffällig ist hier der Verlauf der Momentenlinie, bzw. A_s - Linie. Der Bogen zeigt uns, dass die Stützbewehrung weiter ins kleinere Feld geführt werden muss als ins längere Feld. Bei gleichen Stützweiten und Belastungen ist das nicht der Fall.

Die erforderlichen Werte zur Bewehrung des Zweifeldbalkens: Der Unterzug hat die Abmessungen, b/h = 40/50 cm. Die Stützbewehrung ist mit 18 cm² und die Feldbewehrung des längeren Feldes mit 16 cm² angegeben. Im kleineren Feld sind 4,8 cm² erforderlich. Die Schubbereiche sind am linken Auflager, auf eine Länge von 80 cm, mit 10 cm²/m, über der Stütze mit 9,5 cm²/m und am rechten Rand mit 10 cm²/m angegeben. Die übrigen Bereiche sind mit 5 cm²/m Schubbewehrung abzudecken. Nach den Umgebungsbedingungen und der **Tabelle 2.1** wird das Bauteil in die Expositionsklasse XC1, mit der Betongüte C20/25 eingestuft.

Mit dem gewählten Stabdurchmesser, hier 20 mm, können wir nach **Tabelle 2.2** das Verlegemaß mit 25 mm bis zum Bügel festlegen. Die Bügelbreite ist 40 cm minus 2 x Betondeckung = 35 cm. Zur Ermittlung der Bügelhöhe müssen unten 2,5 cm, oben die Betondeckung bis zur Betonstahlmatte und die Betonstahlmatte abgezogen werden. Achtung, es können bis zu drei Matten übereinander liegen! Ich ziehe in diesen Fällen immer 8 cm vom Gesamtmaß ab.

Die Schubbewehrung: Der Bewehrungsquerschnitt zur Angabe der Schubbewehrung erfolgt immer über den gesamten Bügelquerschnitt. Das bedeutet, für einen Bügel sind die beiden vertikalen Schenkel maßgebend. Sind mehrere vertikale Stäbe in einem Schnitt vorhanden, kann man alle Stäbe anrechnen. Aber nur die Stäbe, die in einem Schnitt liegen. Also nebeneinander und nicht hintereinander. In diesem Beispiel sind es zwei vertikale Stäbe, die wir durch 10 cm²/m teilen können. In **Tabelle 3.8** finden wir für 5 cm²/m den Durchmesser 8 mm mit dem Abstand 10 cm. Die Verlegebereiche der Bügel sollten sich nicht mit ihren Abständen alle 50 cm ändern. Hier werden die Bügel mit den 10 cm Abständen so weit geführt, bis sie den Querschnittsbereich der Bügel im Abstand von 20 cm erreicht haben. Aus den oben genannten Gründen sind die Bügel nicht auf 80 cm, sondern auf 120 cm mit dem Abstand von 10 cm verlegt worden.

Zur Stützbewehrung sind 18 cm² erforderlich. In der **Tabelle 3.9** finden wir den Bewehrungsquerschnitt von 18,8 cm² mit 6 Stäben und den Durchmesser 20 mm. Zwei Stäbe, die Pos. 2, führen wir über die ganze Unterzuglänge, denn über den Auflagern sind auf einem Drittel der Feldlänge 25% der unteren Feldbewehrung erforderlich. Durch Stöße und der damit verbundenen großen Übergreifungslänge hätten wir keine Ersparnis. Werden Bewehrungsstäbe in der oberen Lage außerhalb des Stützbereiches oder in Bereichen, an denen sie statisch nicht erforderlich sind gestoßen, so ist es gleichgültig, ob sie im mäßigen, oder guten Verbund liegen. Diese Stöße brauchen nur mit l_b übergreifen. Die Stablängen der restlichen Stützbewehrung können wir anhand der Kurve oder aus der Statik ermitteln. Zu dieser Längenangabe muss noch beidseitig die Verankerungslänge und das Versatzmaß addiert werden.

Die untere Lage können wir anhand des Bogens staffeln. Vier Eisen laufen bis über das Auflager und werden dort verankert. Die Eisen-Pos. 8 muss zu ihrer rechnerischen Länge, noch beidseitig um das Maß der Verankerungslänge und des Versatzmaßes verlängert werden.

Die Verankerungslänge der Eisen- Pos. 6 sollte an den Endauflagern mindestens 10 d_s betragen.

9.5.1 Bewehrungsführung des Zweifeldbalkens

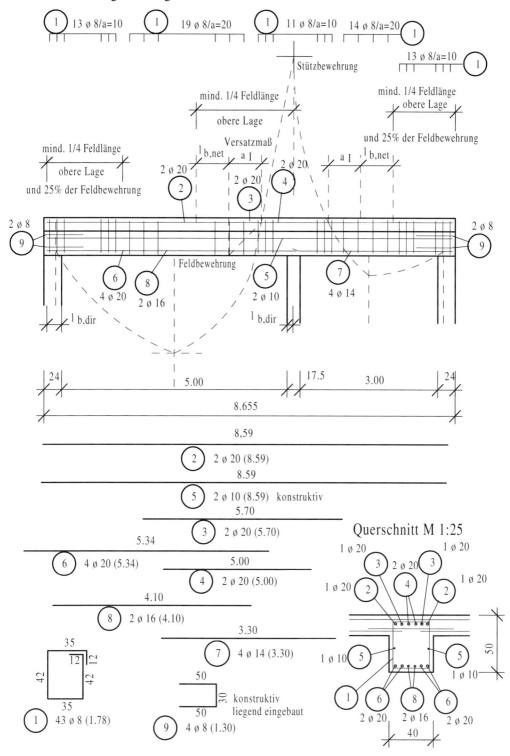

9.6 Unterzug-Auflager auf eine Konsole

Ortbetonunterzüge im Verbund mit Fertigteilstützen finden immer öfter ihre Anwendung im Industriebau. Das Auflager für den Unterzug ist dann die Stützenkonsole. Um genug Bauhöhe zu gewinnen, wird der Unterzug am Auflager ausgeklinkt. Diese Art der Auflagerung wird auch bei Bauwerkstrennungen und zur Ausbildung von Dehnfugen genutzt. Je nach Bauhöhe des Unterzuges wird die Ausklinkung zur Hälfte ausgeführt und die Tiefe bzw. Auskragung der Konsole sollte 25 cm sein.

Im **Kapitel 9.6.1** ist die Bewehrung eines Unterzuges mit einem Konsolauflager dargestellt. Die erforderliche untere Bewehrungslage soll mit einen Querschnitt von 39 cm^2 abgedeckt werden. Die Betongüte ist ein C20/25 mit der Betondeckung, bzw dem Verlegemaß von 3,5 cm bis zum Bügel.

Hier ist der Brandschutz, ein F90 Bauteil zu beachten. Nach der Expositionsklasse mit dem Stabdurchmesser und den Brandschutzanforderungen, ist das Verlegemaß ebenfalls 3,5 cm. Unterzüge mit der Brandschutzklasse F90 müssen ab einer Balkenbreite über 40 cm mit mindestens 5 Stäben in der unteren Lage bewehrt werden. Diese 5 Stäbe müssen über die Auflager geführt werden. Also über die gesamte Unterzuglänge.

Die erforderliche untere Bewehrung, die aus dem Tragverhalten bis zum Auflager geführt werden muss, ist 25% und 25% von 39 cm^2 erforderliche Bewehrung sind 9,75 cm^2. Wir haben in der unteren Lage ein indirektes Auflager und müssen den Stabdurchmesser 25 mm durch Zulagen in Schlaufenform verankern. Hierzu sind die oben errechneten 9,75 cm^2 erforderlich und werden nach **Tabelle 3.9** mit 8 Stäben, dass sind 2 x 2 Schlaufen in zwei Lagen ausgeführt. Die Übergreifungslänge der Eisen-Pos. 6 mit Eisen-Pos. 1 entnehmen wir **Tabelle 3.4** für den Stabdurchmesser 14 mm.

Die untere Bewehrungslage ist verankert und muss über Lasteinhängebügel, die mit der Übergreifungslänge für Zugbeanspruchung nach **Tabelle 3.4** geschlossen werden, nach oben geführt werden. Die Lasteinhängebügel, die auch den Bewehrungsquerschnitt von 9,75 cm^2 haben, sollten auf einen Bereich, der maximal 30 cm breit ist, mit den Bügelabständen von 7 bis 8 cm aufgeteilt werden. In der Zeichnung reicht die Bügel-Pos. 2 zur Verankerung nicht aus, es werden Zusatzbügel erforderlich. Die Breite des Bügels sollte sich nach der Stabaufteilung der Eisen-Pos. 1 richten. Auch dieser Bügel muss mit der Übergreifungslänge für Zugbeanspruchung geschlossen werden.

Die Bügelform Position 8 soll ein Abplatzen des Betons bei der Bauteildurchbiegung und die Neigung zur Rissbildung verhindern. Das Bügelschloss kann mit normaler Übergreifung von 12 cm ausgebildet werden und der Abstand sollte 6,0 cm betragen.

Die Eisen-Pos. 7 und 4 dienen zur Lastabtragung aus dem Bauteil auf die Konsole. Um eine gute Verankerung zu erreichen, wird eine Schlaufenform vorgesehen, die auch den Bewehrungsquerschnitt von 9,75 cm^2 haben muss. Vier Schlaufen übereinander gelegt würden zu hoch aufbauen. Wir teilen die innere Breite des Bügels durch drei, verdoppeln diesen Wert und erhalten die Breite der Schlaufe. Die Verankerungslänge der Schlaufe beginnt erst hinter dem Auflager. Gemessen von der unteren Ecke des Betonbalkens, unter einem Winkel von 45° trifft die gedachte Linie auf die Eisen-Pos. 7. Ab hier wird das Eisen mit l_s nach **Tabelle 3.4** verankert. Die Verankerungslänge beträgt ab diesem Punkt, 93 cm.

Eisenform 4 trägt auch zur Lastabtragung bei und verhindert die Rissbildung in der Ausklinkungsecke des Unterzugs. Diese Eisenform wird unter einem Winkel von 45 bis 60° eingebaut. Die Verankerungslänge ist für den unteren Schenkel l_b. Die Eisen-Pos. 5 ist konstruktiv und wird nur zur Risssicherung vorgesehen. In der oberen Lage liegen an den Enden 25% der Feldbewehrung. Das sind fünf Stäbe im Durchmesser von 16 mm.

9.6.1 Bewehrungsführung des hochgezogenen Auflagers

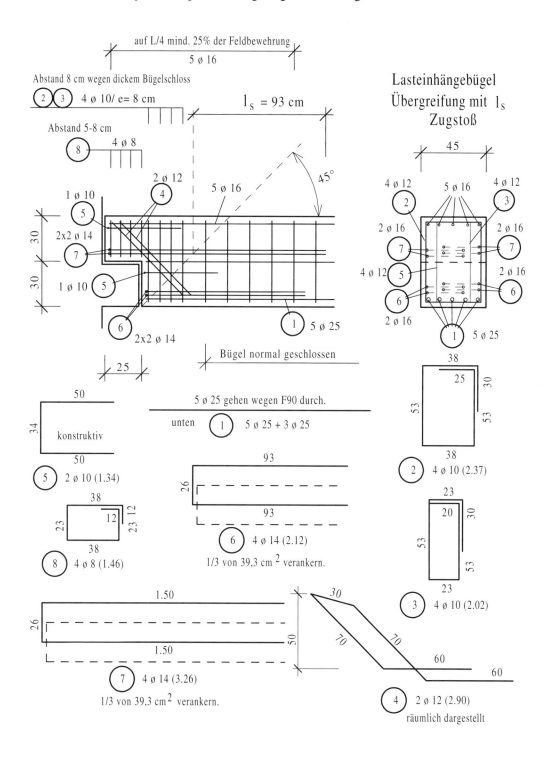

9.7 Betonbalken gebogen

Die Darstellung eines gebogenen Betonbalkens mit seiner Bewehrungsführung sehen wir im **Kapitel 9.7.1**. An der Oberfläche des gebogenen Balkens treten Spannungen auf, die durch Risse im Beton sichtbar werden. Das muss mit einer geeigneten Bügelform verhindert werden. Die freien Schenkel des Bügelschlosses müssen mit der Übergreifungslänge des Bügeldurchmessers nach **Tabelle 3.4** geschlossen und noch zusätzlich geschwenkt werden. Die Bügelabstände richten sich nach dem Tragstabdurchmesser und sind kleiner oder gleich dem 10-fachen Durchmesser des Trageisens auszuführen. Um ein Ausbrechen des Betons zu verhindern, darf der Abstand aber auch nicht größer als 15 cm gewählt werden. Zusatzbügel sind oberhalb und unterhalb des Knickpunktes erforderlich. Hier sollten an den Stoßenden der Übergreifungen und oberhalb, bzw. unterhalb des Knickpunktes mindestens drei Bügel im Abstand von 6 cm vorgesehen werden.

Für das Verlegemaß bzw. der Betondeckung, ist nicht die Expositionsklasse maßgebend, sondern der Abstand bis zum Bügel. Er darf 3,5 cm nicht unterschreiten.

Zu beachten ist die Bewehrungsführung der Bewehrungsstäbe aus dem vorhandenen Betonpfeiler. Diese Stäbe müssen im Anschlussbereich nach **Bild 6.1.d** wie die Auswechselbewehrung an stumpfen Ecken ausgeführt werden. Die Übergreifungslänge ist durch den Stabdurchmesser des anschließenden Stabes bestimmt.

Die Bewehrungsführung zum gebogenen Balken: Zur Schnittlänge der Biegeform ist immer der Biegeradius anzugeben. Nach den Umgebungsbedingungen richtet sich die Expositionsklasse, die Betongüte mit der Betondeckung und daraus resultierend, die Verankerungslänge bzw. die Übergreifungslänge. In diesem Beispiel ist der Betonbalken ein Innenbauteil ohne Frost. In der unteren und oberen Lage sollen jeweils vier Bewehrungsstäbe mit dem Durchmesser 14 mm eingebaut werden.

In **Tabelle 2.1** finden wir die Expositionsklassen XC1 und XF1 mit der Betongüte C25/30 und mit **Tabelle 2.2** bestimmen wir mit dem Stabdurchmesser 14 mm und der Expositionsklasse XC1 das Verlegemaß mit 20 mm. Das Verlegemaß würde sich nach dem 8 mm Bügel richten, aber für gebogene Balken ist das Verlegemaß bis zum Bügel mindestens 35 mm. Vom Außenmaß des Betonbalkens werden je Seite 3,5 cm abgezogen. Der Biegerollendurchmesser beträgt $4 \, d_s = 4 \times$ Stabdurchmesser. Die Übergreifungslänge für den gebogenen Stab wird nach **Tabelle 3.4** mit dem Durchmesser 14 mm, der Betongüte C25/30 und dem guten Verbundbereich mit 80 cm bestimmt.

Im **Bild 9.7.b** ist eine gebogene Betonplatte dargestellt. Die Bewehrungsführung und Anordnung mit der Bestimmung der Expositionsklasse und Betondeckung ist analog des gebogenen Balkens. Der Unterschied zur gebogenen Betonplatte und zum Betonbalken liegt in der Verbügelung und den festgelegten Stababständen. Die Stababstände müssen so geplant werden, dass jede Bügelreihe 3 Tragstäbe in der unteren Lage umschließt. Der Abstand dieser 3 Tragstäbe darf nur so groß sein, dass sie in den Bereich des 10-fachen Bügeldurchmessers passen.

Mit einem Bügeldurchmesser von 10 mm, liegen jeweils 3 Tragstäbe im Abstand von 10 cm. Wird der obere Bereich der gebogenen Platte zur Lastabtragung mit herangezogen, so müssen die Bügel diese Stäbe kraftschlüssig umschließen. Der Abstand ist analog der unteren Lage. Liegen in der Platte oben nur konstruktive Eisen, müssen die Bügel oben nur mit einem Haken versehen werden. Der Längsabstand der Bügel darf nicht größer als 15 cm oder der 10-fache Längsstabdurchmesser sein. Der kleinere Wert ist maßgebend.

9.7.1 Bewehrungsführung des gebogenen Betonbalkens

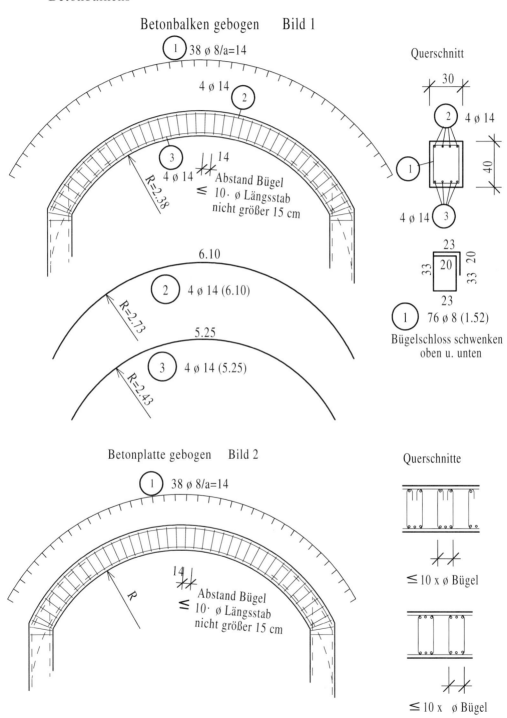

9.8 Indirektes Unterzugauflager

Kreuzen sich Unterzüge oder Betonbalken, ist die Bewehrungsführung sorgfältig zu planen. Bei nicht richtig eingebauter Bewehrung treten im Belastungsfall Risse im Kreuzungsbereich der Bauteile auf, die wiederum zu Bauwerksschäden führen.

Unterschieden wird zwischen den stützenden Trägern und dem gestützten Träger. Der stützende Träger ist der tragende Balken oder Unterzug und leitet die Lasten aus dem gestützten Träger in die angrenzenden Wände oder Stützen ab. Ist der gestützte Träger in der Höhe kleiner oder gleich der halben Höhe des stützenden Trägers, so liegt kein indirektes Auflager vor. Die Unterzüge können dann auch in diesen Kreuzungsbereichen wie normale Unterzüge bewehrt werden.

Ist der gestützte Träger aber in der Höhe größer als die halbe Höhe des stützenden Trägers, liegt eine indirekte Auflagerung vor. Ein indirektes Auflager ist im **Bild 9.8.a** dargestellt. Der höhere Balken ist immer der stützende Träger.

Würden wir in dem rechten Beispiel auf eine Zusatzbewehrung in Form von Lasteinhängebügel verzichten, treten in diesen Bereichen Risse auf und Betonabplatzungen sind dann unvermeidlich. Der untere Betonquerschnitt ist zu schwach, um die Last aus dem gestützten Träger aufzunehmen, deshalb muss die Last aus dem gestützten Träger nach oben in die Druckzone des stützenden Trägers geführt werden. Dies erreicht man durch die Anordnung einer Aufhängebewehrung in Form von Lasteinhängebügeln. Diese Lasteinhängebügel, die wir aus der Konsolbewehrung mit dem ausgeklingten Auflager kennen, müssen mit den freien Schenkeln des Bügelschlosses mit der Übergreifungslänge l_s übergreifen. Die Übergreifungslänge ist aus **Tabelle 3.4** für den guten Verbund zu entnehmen.

Ein Beispiel: Ein Bügel mit dem Durchmesser von 12 mm und einem Beton C20/25 muss nach **Tabelle 3.4** mit 79 cm übergreifen. Diese Übergreifungslänge können wir noch für die Bügelform 2 nach nebenstehender Zeichnung mit dem Faktor 0,7 nach **Tabelle 3.1** kürzen. Der Tabellenwert 79 cm multipliziert mit 0,7 ergibt die Übergreifungslänge 55 cm.

Die Bügelbereiche zur Rückverankerung sind nach DIN 1045-1 genau definiert, bzw. festgelegt. Diese Bereiche sind im **Bild 9.8.a** dargestellt.

Die untere Bewehrungslage des gestützten Trägers soll so weit wie möglich, aber mindestens mit 10-mal Stabdurchmesser, in den stützenden Träger geführt werden. Eine Aufbiegung der Bewehrungsstäbe im Auflagerbereich ist in der unteren und oberen Lage des gestützten Trägers vorzusehen. Der Vermerk, dass diese Bewehrungsstäbe auf den Stäben des stützenden Trägers in der unteren Lage liegen müssen, sollte nicht fehlen.

Die obere Bewehrung des gestützten Trägers muss mindestens 25% der Feldbewehrung des gestützten Trägers betragen und mindestens ¼ der Stützweite des gestützten Trägers lang sein. Läuft die Deckenplatte über den Kreuzungbereich der Betonbalken hinaus, so sollte man die obere Bewehrung des gestützten Trägers noch weiter ins benachbarte Feld führen. Diese Länge ist je nach Durchmesser mit 1,50 bis 2,00 m zu wählen.

Läuft der gestützte Träger aber weiter über den stützenden Träger hinaus, so wird die obere Lage zur Stützbewehrung, und ist wie ein Zweifeldbalken zu bewehren. Die Bewehrung zur Lasteinhängung bleibt aber unverändert.

9.8.1 Bewehrungsführung des Unterzugauflagers

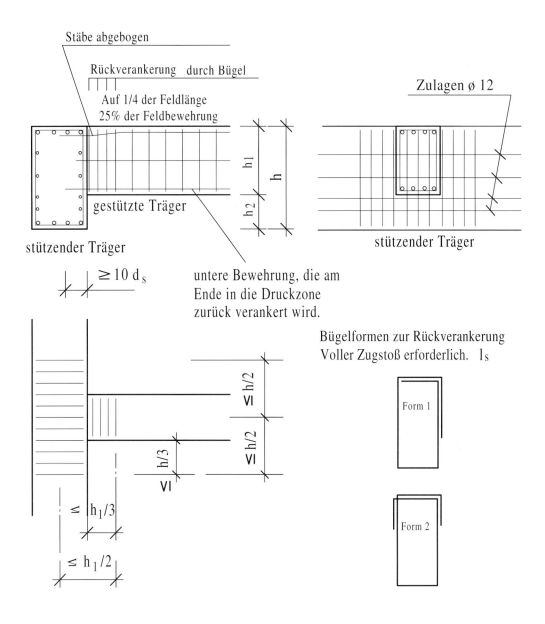

Ein indirektes Auflager liegt vor, wenn $h_1 > h_2$ ist.
Die Aufhängebewehrung durch Bügel bringt die Last in die Druckzone (oben)
Bei sehr breiten stützenden Trägern, sollte die Aufhängebewehrung nicht
größer (die Verteibreite) als die Nutzhöhe des gestützten Trägers sein.
Die Aufhängebewehrung gibt der Statiker an.

9.9 Deckengleiche Balken

Die verschiedenen Deckenbereiche, in denen der deckengleiche Balken integriert ist, sind im **Kapitel 9.9.2** dargestellt. In den Bewehrungsbeispielen wurde von einer 18 cm starken Deckenplatte und dem lichten Öffnungsmaß von 1,80 m ausgegangen. Diese deckengleichen Balken sind statisch nicht nachgewiesen, hier kommt es auf die Bewehrungsführung mit Darstellung der Bewehrungsformen an. Zu beachten sind auch hier die Umgebungsbedingungen mit der zugehörigen Expositionsklasse und dem Verlegemaß. In den Beispielen ist das Verlegemaß mit 2,5 cm vorgesehen.

Die Bewehrungsführung zu **Bild 9.9.a**: Bei einer Deckenstärke von h = 18 cm, ziehen wir 2 x das Verlegemaß mit 5 cm ab, aber zur Ermittlung der Bügelhöhe müssen wir noch die obere Betonstahlmatte, die über den Bügel gelegt wird, mit 2 cm abziehen. Eine Mehrfachlage der Betonstahlmatten ist nicht auszuschließen. Es bleibt eine Bügelhöhe von 11 cm. Die Bügelform, Pos. 2, ist bei dieser Balkenbreite ein Zulagebügel, kann aber zur Schubberechnung mit angerechnet werden. Diese Position muss oben nicht geschlossen werden, es reicht aus, an den vertikalen Stäben einen Haken auszubilden. In der unteren Lage muss die Eisen-Pos. 3 über die Auflager geführt werden. Ist die Möglichkeit gegeben, die Verankerungslänge mit 40 bis 50 cm auszubilden, sollte dies genutzt werden. Generell muss in der unteren Bewehrungslage das Eisen über die ganze Auflagerlänge geführt werden.

Eisen-Pos. 4 in der oberen Lage wird immer länger über die Auflager geführt, hier werden sie dann zur Stützbewehrung genutzt. Eine Verlängerung gegenüber der unteren Bewehrung, sollte für den Stabdurchmesser 10 mm mit 60,0 cm und für den Stabdurchmesser 12 mm mit 80 cm je Seite vorgesehen werden.

Diese vorher beschriebenen Eisenlängen sind analog zu **Bild 9.9.b** und **9.9.c** auszuführen. Besonders bei Baustellenbesuchen ist auf die untere Mattenlage im Bereich der deckengleichen Balken zu achten. Die Matten oder Tragstäbe der Deckenbewehrung müssen in der unteren Lage auf den Tragstäben der deckengleichen Balken liegen. Dieser Hinweis sollte mit Positionsangabe an jedem Querschnitt stehen.

Sind große Durchmesser in der unteren Lage vorgesehen, ist zur Einhaltung der Betondeckung unter der Matte ein Längseisen zu verlegen.

Im **Bild 9.9.b** reicht bei dieser Ausführung eine Bügelform, die aber wie bei jedem Betonbalken über dem Auflager einen engeren Abstand haben sollte. Über dem Auflager sind mindestens drei Bügel vorzusehen.

Im **Bild 9.9.c** ist ein deckengleicher Balken im Anschluss an eine Filigrandecke mit Aufbeton dargestellt. Es muss bei einer 20 cm starken Decke, mit einer Filigranplattenhöhe von 6 cm gerechnet werden. Dementsprechend ist die Höhe des Steckbügels zu wählen. Der Abstand des Bügels zur Filigranplatte sollte nicht kleiner als 1,5 cm sein. Filigranplatten liegen 2 cm auf. Daraus ergibt sich das Bügelmaß bei einer 24 cm starken Wand. Der Steckbügel, Pos. 7, ist konstruktiv einzulegen.

9.9.1 Balken mit Torsion

(nach **Kapitel 9.9.3**) Die Längsbewehrung kann bei Rechteckquerschnitten von 40/40 cm in den Ecken konzentriert vorgesehen werden und wird zur Tragbewehrung angerechnet. In diesem Fall muss aber die Tragbewehrung durchlaufen und darf nicht gestaffelt werden. Balken mit Torsionsbeanspruchung sollten immer mit kleinem Durchmesser in den Abständen von 10 bis maximal 20 cm umlaufend bewehrt werden.

Bindet der Torsionsbalken in ein anderes Bauteil ein, ist in diesem Bereich eine Zulagebewehrung erforderlich. Diese Zulagebewehrung muss die Torsionsbewehrung in horizontaler, wie in vertikaler Richtung umschließen. Die Torsionsbügel können mit einem normalen Schloss versehen werden. Die Schenkellänge des Bügelschlosses muss aber dem 10-fachen Bügeldurchmesser entsprechen.

9.9.1 Bewehrung der deckengleichen Balken

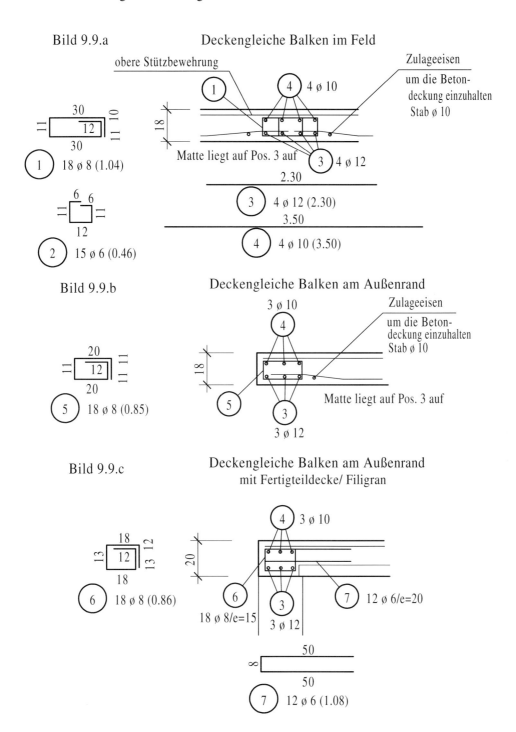

9.9.2 Bewehrung eines Balkens mit Torsion

Bild 9.9.d

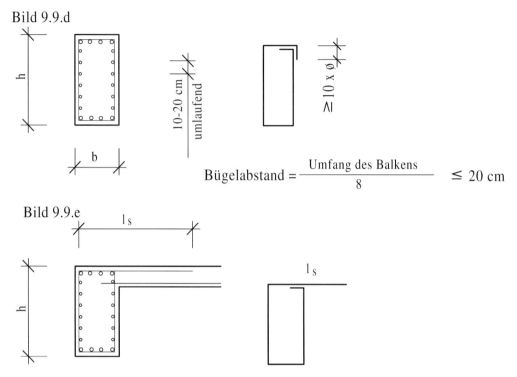

Bügelabstand = $\dfrac{\text{Umfang des Balkens}}{8}$ ≤ 20 cm

Bild 9.9.e

Bild 9.9.f   Aufsicht

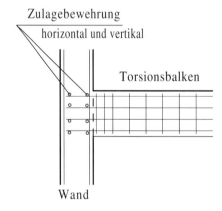

9.9.3 Bewehrung der Unterzüge mit Öffnungen

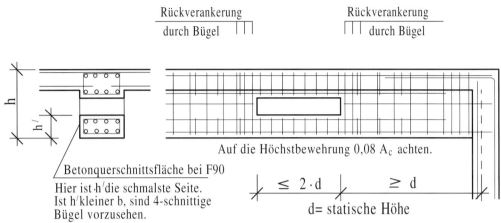

Betonquerschnittsfläche bei F90
Hier ist h' die schmalste Seite.
Ist h' kleiner b, sind 4-schnittige
Bügel vorzusehen.

Auf die Höchstbewehrung 0,08 A_c achten.

d= statische Höhe

Unterhalb und oberhalb des Durchbruches
sind 4-schnittige Bügel vorzusehen.
Ist h' kleiner b sind Zwischenbügel auch über
den Aussparungen erforderlich.

Bewehrungsführung bei großen Durchbrüchen

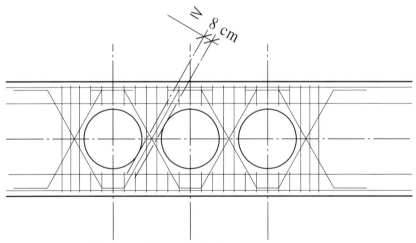

Die freien Ränder um die Durchbrüche,
sollten mit Steckbügeln eingefasst werden.
Diese sind hier nicht dargestellt.

9.9.4 Unterzug mit Öffnungen

Öffnungen in Unterzügen werden nach den Planvorgaben der Haustechnik vorgesehen. Kleinere Durchbrüche bis 20/20 cm oder bis zum Durchmesser 20 cm brauchen nicht berücksichtigt werden. Durchbrüche bis 30/30 cm sollten eine einfache Auswechselbewehrung erhalten. Sind die Durchbrüche aber größer oder gleich der 0,6-fachen Höhe des Unterzuges, müssen sie statisch nachgewiesen werden. In den Darstellungen der **Bilder 9.9.g** und **9.9.h** sehen wir die Bewehrungsführung von Unterzügen mit Durchbrüchen, die statisch nachzuweisen sind.
An den Leibungen der Durchbrüche oder Öffnungen, ist die Betondeckung vorzusehen, die auch für den Unterzug ermittelt wurde.
Die Bewehrung: An beiden Seiten des Durchbruches müssen Lasteinhängebügel vorgesehen werden, die mit der Übergreifungslänge des jeweiligen Stabduchmessers zu schließen sind. Ist der Bereich über dem Durchbruch aber höher oder gleich der Verankerungslänge l_s, so kann auf die Übergreifungslänge des Bügelschlosses verzichtet werden. Auf diese Übergreifungslänge des Bügelschlosses kann auch verzichtet werden, wenn sich der Durchbruch nahe am Auflager, kleiner gleich d befindet.
Oberhalb und unterhalb des Durchbruches wird sicherlich eine verstärkte Längsbewehrung vorgesehen werden. Diese Bewehrung ist bei einem Stabdurchmesser von 14 mm, je Seite 80 cm länger über die Durchbruchsbreite zu führen. Bei einem Stabdurchmesser von 16 mm sollte der Stab je Seite 1 m, bei eimem Stabdurchmesser von 20 mm sollte er 1,30 m, bei einem Stabdurchmesser von 25 mm sollte er 1,70 m und bei einem Stabdurchmesser von 28 mm sollte er je Seite 2 m länger über die Durchbruchsbreite geführt werden.
Die Bügelbewehrung über und unter der Öffnung wird in engeren Abständen eingebaut. In diesem Beispiel werden es wohl Durchmesser von 10 mm im Abstand von 10 cm sein. Diese Bügelbewehrung muss mindestens noch 50 cm je Seite weiter über den Durchbruch hinaus, aber mit einem größeren Ab-stand von 15 bis 20 cm vorgesehen werden. Zu beachten sind die Querschnitte des Unterzuges unterhalb und oberhalb des Durchbruches. Ist hierbei h kleiner b, sind in diesem Bereich 4-schnittige Bügel einzubauen.

Ist der Unterzug ein F90-Bauteil, ist der Brandschutz zu beachten. Auch die Leibungen der Öffnung müssen dann mit der erhöhten Betondeckung ausgebildet werden. Die bei F90 geforderte Stabanzahl ist auch über und unter der Aussparung einzulegen. Bei b = 15 cm müssen es zwei Stäbe, bei b = 20 cm drei Stäbe, bei b = 25 cm müssen es vier Stäbe sein. Ist b gleich oder größer 40 cm, müssen fünf Stäbe eingebaut werden. Auf den Bewehrungsquerschnitt ist besonders zu achten, er darf nicht größer als 0,08 A_c sein. A_c = Betonquerschnitt.

9.9.5 Balken b größer h

Bei diesem Balkenquerschnitt, ist nach **Tabelle 3.14** für größte Längs- und Querabstände von Bügelschenkeln, Querkraftzulagen und Schrägstäben, mindestens ein Zusatzbügel in einem Querschnitt vorzusehen. Diese Zusatzbügel sind in Querrichtung vorzusehen. Wie in den **Bildern 9.9.i** bis **9.9.k** dargestellt, wird außen um die Längsstäbe ein Bügel eingebaut. Der innere Bügel, nur mit Haken versehen, ist der Zusatzbügel. Zusatzbügel können bei der Schubberechnung mit angerechnet werden. Nach **Tabelle 3.14** ist aber auch hier auf die Größtabstände der Bügel in beiden Richtungen zu achten.
In den **Bildern 9.9.j** und **9.9.k** ist eine Zulagebewehrung in der unteren Deckenlage eingezeichnet. Diese Zulagebewehrung braucht nur bei Gefahr von Bauwerkssetzungen oder Explosionsgefahr eingebaut werden. Um sicher zu gehen, sollte diese Bewehrung mit dem Bauherren abgesprochen werden. Die Übergreifungslänge dieser Eisen mit der Betonstahlmatte sollte l_{bd} sein. l_{bd} ist das Grundmaß der Verankerungslänge des Stabdurchmessers.

9.9.5 Bewehrung der Balken b größer h

Bils 9.9.i

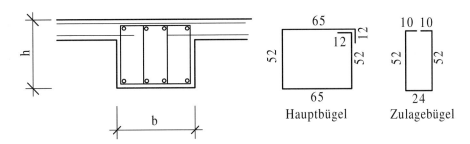

Hauptbügel Zulagebügel

Bils 9.9.j

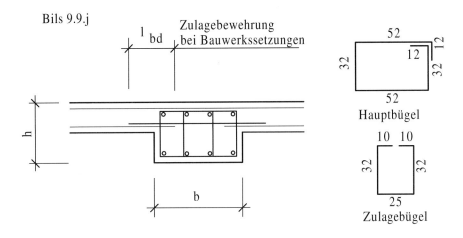

Hauptbügel

Zulagebügel

Bils 9.9.k

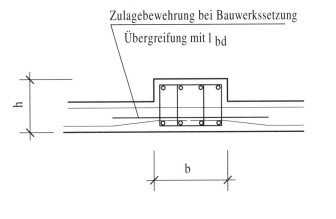

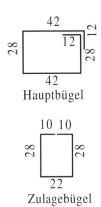

Hauptbügel

Zulagebügel

9.10 Unterzug mit Kragarm

Im **Kapitel 9.10.1** ist ein Unterzug mit Kragarm dargestellt. Auf der linken Seite bindet der Unterzug in eine Betonwand ein. Das rechte Auflager bildet ein Unterzug, deren halbe Höhe größer als die Höhe des gestützten Unterzuges ist. In diesem Fall brauchen keine Lasteinhängebügel vorgesehen werden.

Maßgebend für die Betondeckung, bzw dem Verlegemaß, ist bei diesem Unterzug der Brandschutz. (ein F-90 Bauteil nach **Kapitel 2.3**). Die Expositionsklasse nach Wahl der Umgebungsbedingungen finden sich in **Tabelle 2.1** und **2.2** wieder. Für die Verankerungslänge über den Auflagern ist **Kapitel 3.2** zu beachten. Die Verankerung im Feld ist nach **Bild 3.2.p** zu ermitteln. In den **Tabellen 3.2 bis 3.5** sind die Übergreifungslängen angegeben. Die Bewehrungsquerschnitte von Balkenbewehrungen befinden sich in **Tabelle 3.9**. Der Biegerollendurchmesser muss nach **Tabelle 3.11** bzw. **3.12** ausgeführt werden.

Die statischen Bewehrungsvorgaben: Über der Stützung sind 29 cm^2, im Feld unten = 18 cm^2 erforderlich. Die Schubbewehrung ist links auf einen Meter mit 9,5 cm^2/m und rechts vor dem Balken mit 15 cm^2/m vorzusehen. Am Kragarmbeginn sind 13 cm^2/m erforderlich und in den anderen Bereichen noch 6,5 cm^2/m Schubbewehrung (Bügel) einzubauen.

Die Bewehrungsführung:
In der oberen Lage führen wir die Eisen-Pos. 1 mit drei Stäben, Durchmesser 25 mm, über die gesamte Länge. Mit der **Tabelle 3.9** wählen wir für den fehlenden Bewehrungsquerschnitt von 14,3 cm^2 noch zwei Stäbe mit dem Durchmesser 25 mm und zwei Stäbe mit dem Durchmesser 16 mm aus. Die Eisen-Pos. 10 wird ausgelagert. Mit Hilfe der Statik oder der A_s-Linie nach **Kapitel 9.1.4** legen wir die Länge der Eisen-Pos. 2 und 10 fest.

In der unteren Lage führen wir 4 Längsstäbe über die Auflager, denn bis zu einer Balkenbreite von 40 cm sind bei F-90 Bauteilen, vier durchlaufende Längsstäbe in der unteren Lage erforderlich. Wegen der vielen Durchbrüche, führen wir die Eisen-Pos. 5 durch. Die Eisen-Pos. 12 wird konstruktiv zur Einspannung des Unterzuges in die Ortbetonwand genutzt. Unten im Kragarm liegen aus Brandschutzgründen vier Längsstäbe, die Eisen-Pos. 4. Ist kein Brandschutz gefordert, sollten bei dieser Balkenbreite auch vier Bewehrungsstäbe eingelegt werden. Die Eisen-Pos. 7 dient zur Endverankerung der Eisen-Pos. 4. Aussparungen sollten generell ausgewechselt werden, hierzu wird die Pos. 9 vorgesehen. Zur Risssicherung wird die Eisen-Pos. 8 eingebaut, hierzu ist zu vermerken, dass Endauflager eines Unterzuges, nicht mit dieser Eisenform ausgeführt werden müssen.

In der **Tabelle 3.8** finden wir die Werte zur Schubbewehrung. Im linken Auflagerbereich benötigen wir insgesamt 9,5 cm^2/m auf einen Meter Balkenlänge. Diesen Wert teilen wir durch zwei und finden in der Tabelle den Durch-messer 10 mm mit dem Abstand von 15 cm. Das ergibt eine Schubbewehrung von 10,48 cm^2/m. Rechts vor dem Balken teilen wir den Wert 15 durch zwei und finden in der Tabelle den Wert 7,85 cm^2/m mit dem Stabdurchmesser 10 mm und dem Abstand 10 cm. Diese Bügel werden im Abstand von 10 cm auf die in der Statik angegebenen Länge eingebaut. Die Angabe in Metern hinter dem Bewehrungsquerschnitt bedeutet nicht, dass die Bügel mit diesem Wert auf einen Meter verlegt werden. Ist der erforderliche Bewehrungsquerschnitt für die Schubbewehrung nur 50 cm lang, so müssen auf diese 50 cm die Bügel wie oben ermittelt, mit dem Abstand von 10 cm auf diese 50 cm eingebaut werden. Hinter dem Auflager muss die Schubbewehrung auf einen Bereich von 1,10 Metern verlegt werden. Wir teilen die 13 durch zwei und finden in der Tabelle den Bügeldurchmesser 10 mm im Abstand von 12 cm. Die Bügel müssen wir im Abstand von 12 cm bis auf die Länge von 1,10 Metern verlegen. Durch die Aussparungen gibt es größere Abstände. Die Bügel müssen dann verschoben und enger verlegt werden.

9.10.1 Bewehrungsführung des Unterzugs

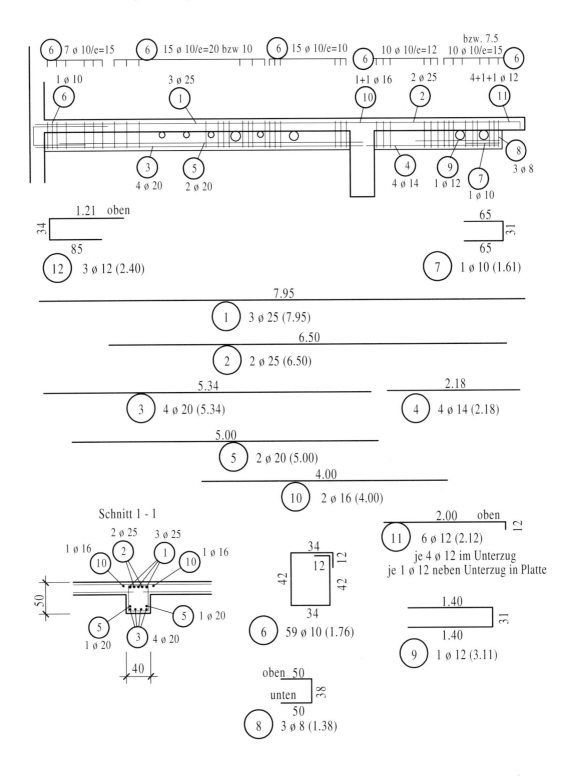

10 Rahmen

10.1 Rahmentragwerke

Zur Standsicherheit und Aussteifung eines Gebäudes werden Betonrahmen vorgesehen. Diese Rahmentragwerke sind in der Wohnbebauung nicht erforderlich, hier sind genug aussteifende Mauerwerks oder Betonwände vorhanden. Rahmentragwerke werden in Hallen und Industriebauten, die nicht durch Deckenscheiben, Wänden oder Treppenhäusern ausgesteift sind, zur Stabilisierung herangezogen. Rahmentragwerke aus Stützen und Riegeln können auch in Baustahl hergestellt werden. In den Erläuterungen gehen wir von Ortbetonstützen mit den anschließenden Ortbetonbalken aus die mit dem Betonstahl 500S (A) bewehrt werden.

Diese Ortbetonbalken werden an den Rahmenstiel (Stütze) mit einer zusätzlichen Rahmeneckbewehrung angeschlossen. Durch die meist starke Bewehrung und den großen Biegeradien sollte man die Bauteilabmessungen nicht zu knapp wählen. Die Bewehrung für Rahmenecken mit negativem Moment (Zug außen), liegt in der oberen Bewehrungslage der Balken, bzw. in der Stütze außen. Die Stäbe für die Umlenkkraft werden auf Zug beansprucht und müssen mit l_s nach **Tabelle 3.4 und 3.5** übergreifen. Die Umlenkbewehrung wird mit einem großen Biegerollendurchmesser nach **Tabelle 3.11** gebogen und richtet sich auch nach dem aufzunehmenden Moment. Bei großen Kräften soll der Biegerollendurchmesser mindestens 0,8 mal d sein (d = kleinste statische Höhe des Bauteils). Im Allgemeinen ist er mit $15d_s$ anzunehmen. Wie im **Kapitel 10.1.1** zu sehen, sind in der Ecke mehrere Stecker anzuordnen, die der Querschnittsfläche der anschließenden Bügelbewehrung in der Stütze entsprechen. Die oben angeordneten vertikalen Stecker erhalten die Schenkellänge eines Übergreifungsstoßes, wobei die ersten drei vertikalen Stecker mit einem Abstand kleiner oder gleich 10 cm eingebaut werden.

Auch bei Rahmenecken ist die Mindestbewehrung über die Auflager zu führen und die unteren Längsstäbe werden so tief wie möglich zur Außenkante der Stütze geführt. Ist der Platz vorhanden, sollte an den Enden der unteren Längsstäbe ein Haken vorgesehen werden, der mit der Mindestlänge 10 x Stabdurchmesser hinter der Biegekrümmung auszuführen ist.

Um die Bewehrung des Betonbalkens ungehindert über die Auflager zu führen, sind die Längsstäbe der Stütze abzubiegen. Diese Abbiegung sollte ab dem Stabdurchmesser 20 mm, 50 cm lang und 5 cm tief sein und unterhalb des Betonbalkens enden. Werden die Stäbe nicht abgebogen, ist ein Einbau der Bewehrung nur schwer und nicht sachgerecht auszuführen. Wie im **Kapitel 10.1.1** dargestellt, liegt die Eisen-Pos. 2, als liegende Schlaufe ausgebildet, in der Bügelbewehrung des Balkens und umschließt die abgebogenen Längsstäbe der Stütze.

Es ist durchaus möglich, die Längsstäbe der Stütze oben abzubiegen und zur Rahmenbewehrung zu nutzen, für den weiteren Bauablauf ist diese Ausführung aber nur hinderlich. Passeisen sollte man wenn möglich vermeiden.

Schwer auszuführende Rahmenecken können auch mit Schraubanschlüssen ausgeführt werden.

Wie bei allen Bauteilen sollte man auch hier dünne Bewehrungsstäbe in einer größeren Anzahl wählen. Die Auswahl muss aber dem Bauteil entsprechen und darf dem Betonierablauf nicht hinderlich sein. Auf die Mindestabstände der Bewehrungsstäbe ist zu achten.

Der Biegerollendurchmesser ist für alle anderen Stäbe 4 x bzw. 7 x der Stabdurchmesser. Nur die Rahmeneckbewehrung wird mit einem größeren Durchmesser gebogen. Die Höchstbewehrung beträgt in einem Balkenquerschnitt 0,08 A_c und in der Stütze ist es der 0,09-fache Wert des Betonquerschnittes.

10.1.1 Bewehrungsführung der Rahmenecke

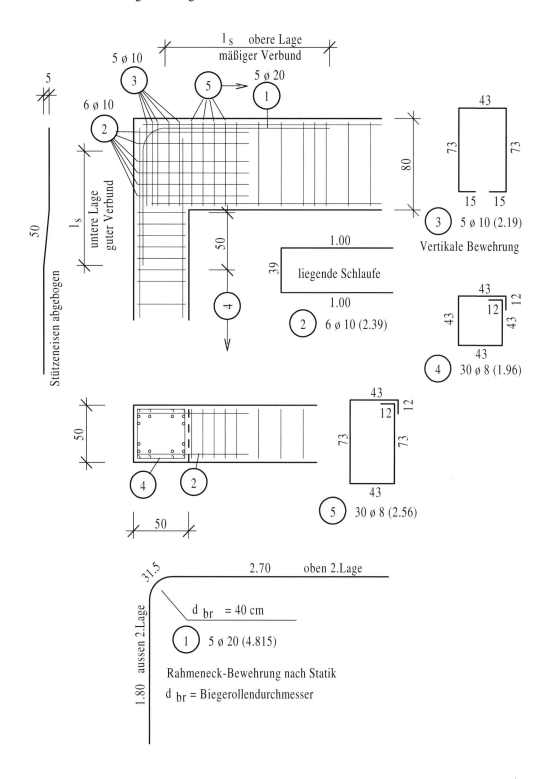

10.2 Rahmenecke und Mittelriegel

Werden Rahmenstützen zu lang, sind Mittelriegel bzw. Zwischenbalken vorzusehen, die je nach statischen Erfordernissen als Rahmenecke ausgebildet werden. Im **Kapitel 10.2.1** ist diese Ausführung dargestellt.

In der oberen Rahmenecke sind Bügel und Steckbügel (Schlaufen) wie im **Bild 10.2.a** gezeichnet einzulegen. Die Bügelbewehrung in der Stütze, unterhalb des Betonbalkens, muss auf Höhe der größten Stützenbreite in einem engeren Abstand verlegt werden. Dieser beträgt den 0,6-fachen Wert des normal erforderlichen Bügelabstandes.

Vor der Bewehrungsplanung ist zu prüfen, ob die Stützenlängseisen oder die unteren Bewehrungsstäbe des Betonbalkens abgebogen werden. Die Abbiegung der Stützenlängseisen, wie im **Kapitel 10.1** beschrieben, ist wohl vorteilhafter

Die obere Rahmenecke: Eisen-Pos. 2 übergreift mit den Stüzeneisen nach **Tabelle 3.5** im guten Verbundbereich. Mit der oberen Balkenbewehrung übergreift Eisen-Pos. 2 im mäßigen Verbund nur 1,90 m. Diese Übergreifungslänge ist nach **Tabelle 3.5**, 80 cm kürzer als die erforderliche Länge. Um diese Verkürzung zu erreichen, müssen die oberen Längseisen des Balkens um dieses Maß abgebogen werden. Der Vorteil ist ein leichterer Einbau der anschließenden Balkenbewehrung. Der Nachteil: Im Anschnitt der Stütze befindet sich die doppelte Anzahl der Bewehrung, die nun Betondeckung und die geforderten Stababstände einschränken. Desweiteren sind die Längsstäbe der Stütze schon abgebogen, die den Platz dann noch mehr einschränken.

Unter dem oberen Anschluss ist noch eine Variante dargestellt. Mit dieser Ausführung ist es möglich, die Übergreifungslängen weiter zu verkürzen. In der **Tabelle 3.1** finden wir den Hakenabzug mit dem Faktor 0,7. Der Nachteil ist auch hier, dass für den Anschluss genügend Bauteilbreite vorhanden sein muss.

Der Anschluss des Zwischenriegels: Dieser Anschluss entspricht der Darstellung im **Kapitel 10.1.1**. Nur die Übergreifungslänge mit dem oberen Längseisen des Zwischenriegels sollte um die Stützenbreite verlängert werden. Durch diese Verlängerung des Rahmeneisens ist die geforderte Übergreifungslänge eingehalten und die obere Balkenbewehrung muss nicht zwischen den Stützenlängseisen geführt werden. Hierdurch werden auch größere Betonierlücken geschaffen.

Die unteren Längseisen des Balkens sollten mit einem Endhaken versehen, so weit wie möglich in die Stütze geführt werden.

Oberhalb und unterhalb des Balkens müssen die Stützenbügel in einem engeren Abstand eingebaut werden. Dieser engere Abstand der Bügel ist auch im Kreuzungsbereich der Stütze mit dem Betonbalken erforderlich. Um einen besseren Verbund der Stütze mit dem Betonbalken zu erreichen, können noch Steckbügel vorgesehen werden. Zusätzliche Längseisen in der Balkenmitte sind ab der Balkenhöhe von 35 cm vorzusehen.

Zusätzliche Bügel werden am Anschnitt des Balkens und an jedem Stoßende der Bewehrungsstäbe erforderlich. Dieser Bewehrungsquerschnitt der Querbewehrung muss dem Querschnitt des gestoßenen Stabes entsprechen.

Der gesamte Bewehrungsquerschnitt in einem Schnitt darf bei Balken nicht größer als das 0,08-fache des Betonquerschnittes sein.

Die Betondeckung ermitteln Sie nach **Tabelle 2.1** und **2.2**.
die Übergreifungslänge nach **Tabelle 3.5**.
die Bewehrungsquerschnitte nach **Tabelle 3.8** und **3.9**.

10.2.1 Bewehrungsführung der Rahmenecke u. Mittelriegel

Bild 10.2.a Rahmenecken-Zug außen (negatives Moment)

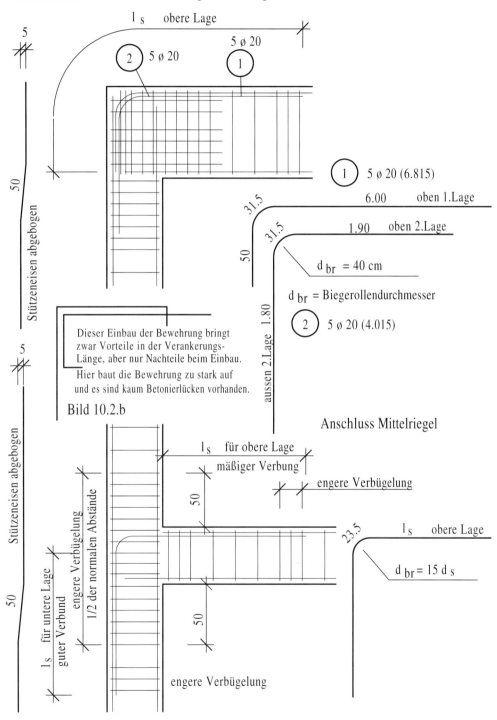

Bild 10.2.b

10.3 Rahmenecke (Zug innen)

Die Bewehrungsführung einer ganz anderen Rahmenbewehrung ist im **Kapitel 10.3.1** gezeichnet. In diesem Beispiel liegt die Rahmenbewehrung innen, die Kräfte greifen von innen an. Bevor mit der Bewehrungsplanung begonnen wird, sollten noch einige Angaben beachtet werden.

Der Biegerollendurchmesser richtet sich nach den Bauteilabmessungen. Er soll so groß sein wie es die Bauteildicke erlaubt, aber mindestens den 10-fachen Stabdurchmesser betragen.

Wird auf die in der Zeichnung dargestellten Schrägbewehrung verzichtet, müssen diese durch Steckbügel, die den Mindestquerschnitt von 50% der Rahmenbewehrung haben, ersetzt werden.

Eine ausreichende Querbewehrung ist in der Schlaufe der Rahmenbewehrung gleichmäßig zu verteilen. In der Zeichnung wurde der Stabdurchmesser 14 mm mit dem Abstand von 15 cm gewählt.

Diese Ausführung der Rahmenbewehrung ist in Stützen oder Wänden vorzusehen, die von innen belastet werden.

Die Länge der Bewehrungsstäbe richtet sich nach dem in der Statik angegebenen Wert, kann aber auch mit der A_s–Kurve nach **Kapitel 9.1.4** ermittelt werden. Hierbei muss der Stab so weit ins Feld geführt werden, bis die Grundbewehrung den erforderlichen Bewehrungsquerschnitt aufnehmen kann. An diesem Punkt, werden die Stäbe mit der Übergreifungslänge nach **Tabelle 3.4** oder **3.5** gestoßen. Will man die Rahmenstäbe zum leichteren Einbau nicht so lang ausführen, müssen Übergreifungsstöße vorgesehen werden. Die Übergreifungslängen aus den **Tabellen 3.4** oder **3.5** sind je nach Lage der Bewehrungsstäbe abzulesen. Die vertikalen Stäbe sind immer dem guten Verbund zuzuordnen, wo-bei die Eisen-Pos. 1 auch in der oberen Lage liegt und dem mäßigen Verbund zuzuordnen ist. Die Eisen-Pos. 2 liegt immer im guten Verbundbereich.

10.4 Rahmenecken-Ausbildung

Verschiedene Möglichkeiten der Rahmenausbildung sind in den **Kapiteln 10.4.1** und **10.4.2** dargestellt. Bei allen Anschlüssen ist auf die Machbarkeit zu achten: Sind die erforderlichen Biegerollendurchmesser auszuführen, passen die Stecker in den Bügel und ist im Kreuzungsbereich der Stäbe genug Platz, um den Beton einzubringen?

Im guten Verbund ist immer ein vertikales Eisen. Die Stäbe, die in der oberen Lage liegen, sind über 30 cm ab Unterkante der Schalung dem mäßigen Verbund zuzuordnen. Auf den Zeichnungen ist genau dargestellt, wie die Eisen zu verankern sind, oder wo die Bereiche der engeren Verbügelung liegen.

Welche Art der Rahmenwirkung vorliegt, gibt der Statiker an. In den **Bildern 10.4.e** und **10.4.f** ist ein Rahmenknoten ohne die langen Bewehrungsstäbe gezeichnet. Diese Ausführung ist aber nur bei verschieblichen Rahmen möglich.

Es ist immer abzuwägen, ob für den Einbau der Rahmenbewehrung vielleicht Schraubanschlüsse vorteilhafter sind. Hierbei werden nach statischen Erfordernissen Bewehrungsstäbe mit Muffe, an die Schalung des Betonbauteiles geschraubt. Ist das Bauteil, z.B. eine Stütze, ausgehärtet, wird ein Bewehrungsstab, mit Gewinde in die Muffe eingeschraubt. Das Bauteil kann weiter betoniert werden.

Im **Bild 10.4.g** ist eine Rahmenecke aus Fertigteilen zu sehen. Der Einbau der Stäbe, meist Baustahl mit Endverankerungen ist sehr aufwendig und passgenau herzustellen.

10.3.1 Bewehrung der Rahmenecken, Zug innen

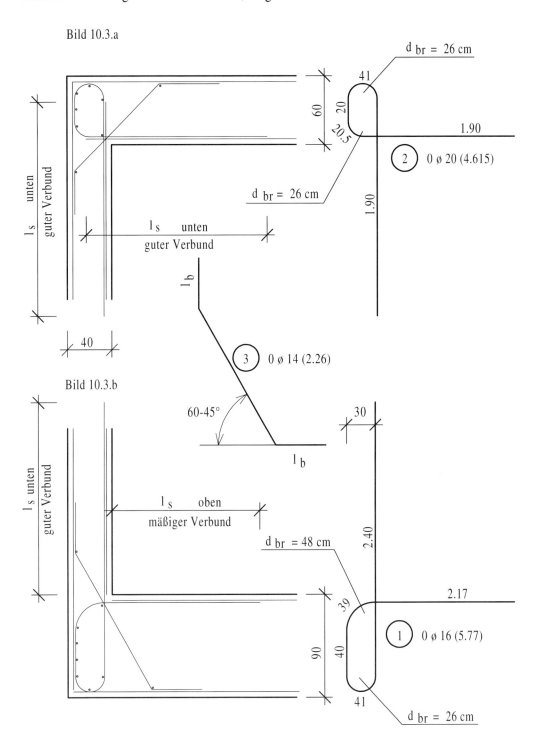

Bild 10.3.a

Bild 10.3.b

10.4.1 Bewehren von Rahmenecken

Auf die Höchstbewehrung 0,08 A_c der Betonfläche in einem Schnitt achten.

Bei großen Stützenkopfmomenten muss die Zugbewehrung der Stütze in den oberen Zuggurt des Balkens geführt werden.

Bei Innenstützen mit kleinem Moment genügt es, die Stützeneisen zu verankern Engere Verbügelung auf l_b oder der größten Seitenlänge der Stütze.

Bild 10.4.a Biegerollendurchmesser ~ 0,8 h

Bild 10.4.c

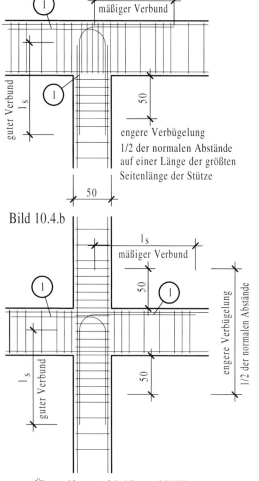

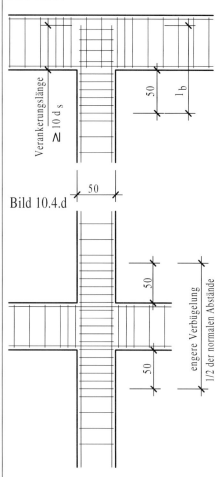

Bild 10.4.b

Bild 10.4.d

Übergreifungsstoß bei Beton C30/37

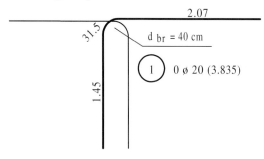

Werden bei einem ausgesteiften Rahmen alle horizontalen Kräfte von den anschließenden ausgesteiften Bauteilen aufgenommen, kann für die Innenstützen die Rahmenwirkung vernachlässigt werden.

10.4.2 Bewehrungsführung der Rahmen-Innenknoten

Bild 10.4.e
Bei Rahmen-Innenknoten mit verschieblichen Rahmen werden Längs- und Querstäbe eingebaut. Je Seite 1/3 von A_{s1} bzw. A_{s2}

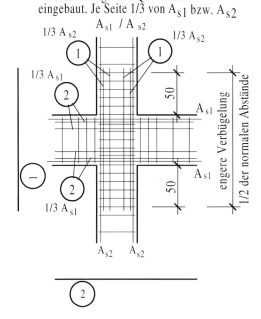

Bild 10.4.f
Wechselt das Stützmoment innerhalb des Knotens das Vorzeichen, muss die Stützenbewehrung innerhalb des Knotens verankert werden.

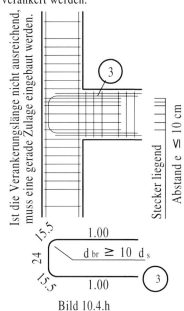

Ist die Verankerungslänge nicht ausreichend, muss eine gerade Zulage eingebaut werden.

Bild 10.4.g Rahmenecke aus Fertigteilen

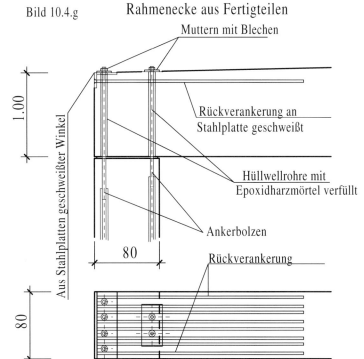

Bild 10.4.h
Rahmenecke innen Zug-Biegung innerhalb der Ecke

$$d_{br} \geq 1/2\, h$$

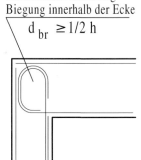

Nur für dünne Stäbe, sonst reicht die Übergreifung nicht aus.

10.5 Der Rahmen

Die Bewehrung eines Rahmens setzt sich im Grunde aus zwei oder mehreren Stützen und Balken zusammen. Zu dieser Erläuterung ist die Bewehrung im **Kapitel 10.5.1** dargestellt. Für das Verlegemaß bis zum Bügel ist der Brandschutz maßgebend, denn die Expositionsklasse XC3 mit einem Beton C25/30 erfordert ein Verlegemaß nach **Tabelle 2.2** von 3 cm. Ein F90-Bauteil erfordert ein Verlegemaß von 3,5 cm. In den Übergreifungsbereichen der Stoßausbildung ist auf die Höchstbewehrung zu achten: Stützen mit dem 0,09–fachen des Betonquerschnittes, Balken mit dem 0,08–fachen des Betonquerschnittes.

Die Bewehrung: Das Stützenlängseisen Pos. 1 wird unterhalb des Betonbalkens abgebogen und muss nach **Tabelle 3.5** mit 1,62 m, aufgerundet 1,65 m, über den Balken ragen. Mit der Eisen-Pos. 1 sind die Stützen ausreichend bewehrt, nun ist aber der Abstand zwischen den Längseisen der Außenstütze größer als 30 cm. Der Einbau eines konstruktiven Längseisens, hier die Pos. 4, mit einen Durchmesser von 12 mm ist beidseitig erforderlich. Vorsichtshalber wurde hier die Pos. 5 als Zwischenbügel im doppelten Abstand der normalen erforderlichen Bügelabstände eingelegt.

Die Bügelabstände der Pos. 2 und 3 sind der 12-fache Stabdurchmesser = 24 cm. Unten am Stützenfuß und unterhalb bzw. oberhalb der Balken sind die Bügel der Pos. 2 und 3 mit dem 0,6-fachen Abstand der erforderlichen Bügelabstände einzulegen. Die Länge der engeren Verbügelung ist das Maß der größten Stützenbreite, also 70 bzw. 40 cm. In der Zeichnung betragen die Bügelabstände in den bezeichneten Bereichen 12 cm.

Der weitere Bewehrungsverlauf der Stützen, erfolgt mit der Eisen-Pos. 13. Um einen ungehinderten Verlauf der unteren Bewehrungslage zu ermöglichen, wird die Eisenform Pos. 13 unterhalb des oberen Balkens abgebogen. Diese Abbiegungen müssen vor der Unterkante der Balken beendet sein. Bügelform und Bügelabstände sind analog der unteren Bewehrung auszuführen, wobei die engere Verbügelung auch im Kreuzungsbereich mit dem Zwischenriegel durchgeführt werden muss.

Es ist geplant, die Außenstütze bis zur Unterkante des oberen Riegels durchzubetonieren. Die Rahmenausbildung am Zwischenriegel erfolgt mit einem Schraubanschluss. Dieser Schraubanschluss ist ein gebogener Bewehrungsstab mit dem gleichen Biegerollendurchmesser und der Verankerungslänge in der Stütze, wie ein normaler Bewehrungsstab. An dem kurzen Ende der Eisen-Pos. 6 ist eine Gewindemuffe aufgeschraubt oder geschweißt. Für die untere Bewehrungslage sehen wir auch einen Schraubanschluss vor. Die Eisen-Pos. 7 mit einer Gewindemuffe kann gerade ausgeführt werden und sollte weit in die Stütze geführt werden. Bei der Ermittlung der Stablängen, ist auf die Muffenlänge zu achten. Die Verankerungslänge der Eisen-Pos. 7 ist nach **Tabelle 3.5** mit 1,30 m angegeben. Auch die Anzahl der Schraubanschlüsse ist gleich der normalen Rahmenbewehrung auszuführen, wobei der Abstand aber mit 9 cm oder größer einzuhalten ist.

Zur oberen Rahmenbewehrung ist die Eisen-Pos. 15 vorgesehen. Diese übergreift im guten Verbundbereich mit der äußeren Stützenbewehrung und schließt an der oberen Bewehrungslage des Balkens im mäßigen Verbund an. Die Übergreifungslängen sind der **Tabelle 3.5** entnommen. Die Stütze kann bis zur Unterkante des oberen Balkens betoniert werden, da die Eisen-Pos. 19 durch ihre Form und der ausreichenden Verankerung nachträglich eingebaut werden kann.

Ist die Stütze ausgeschalt, können die Gewindestäbe, die Eisen-Pos. 9 und 10, eingeschraubt werden. Die Eisen-Pos. 10 ist nicht nur als Anschluss vorgesehen, diese Stäbe werden gleich zur unteren Bewehrungslage genutzt und bis über das Mittelauflager geführt. Eine Verankerungslänge mit l_b über die Stütze hinaus ist für die Rahmenwirkung vorteilhaft.

Die weitere Erläuterung des Rahmens ist im **Kapitel 10.5.2** beschrieben.

10.5.1 Bewehrungsführung eines Rahmens

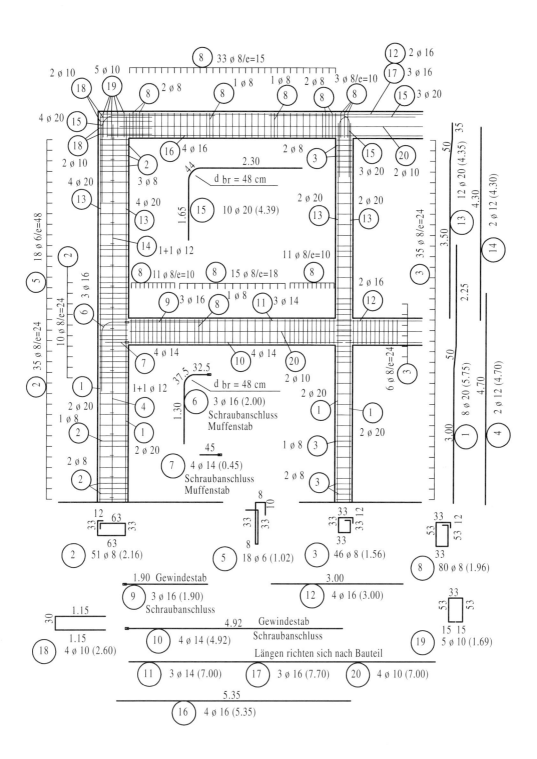

10.5.2 Der Rahmen
Fortsetzung

Zur besseren Übersicht wurde die Zeichnung im **Kapitel 10.5.3** in einem größeren Maßstab dargestellt.
Die Eisen-Pos. 11 übergreift mit der Eisen-Pos. 9 in der oberen Lage, wird über das Mittelaulager geführt und dort zur Stützbewehrung herangezogen. Der erforderliche Bewehrungsquerschnitt wird erst mit der ergänzenden Eisen-Pos. 12 erreicht. Anhand der Momentenkurve oder As-Linie, bzw. Kurve kann die Länge der Eisen-Pos. 12 ermittelt werden. Eine Bewehrungshilfe ist in den Erläuterungen zu den Unterzügen im **Kapitel 9.1.4** zu finden.
Mit der **Tabelle 3.8** können wir die Bügelquerschnittswerte aus der Statik in die Zeichnung übertragen. Soll eine Bügelform mit ihrem Durchmesser und Abständen in die Zeichnung übertragen werden, wird der Wert aus der Statik durch zwei geteilt, denn eine Bügelform hat zwei vertikale Schenkel, die für die Schubbewehrung maßgebend sind. Ist der erforderliche Bewehrungsquerschnitt nur mit dicken Bewehrungsstäben zu erreichen, sollte besser ein Zwischenbügel vorgesehen werden. Der Bewehrungsquerschnitt aus der Statik kann dann durch vier vertikale Bügelschenkel geteilt werden. Die Erläuterungen zu den Unterzügen sollten in diesem Punkt beachtet werden. Grundsätzlich sind an den Auflagerenden, den Einspannbereichen von Unterzügen und Betonbalken sowie an den Stoßenden von Übergreifungsstößen, mindestens drei engere Bügelabstände nicht größer als 10 cm einzuplanen.
An der Mittelstütze ist die erforderliche Bewehrung mit der Eisen-Pos. 1 und 13 abgedeckt. Zusätzliche Stäbe sind bei dem Stützenquerschnitt von 40/40 cm nicht erforderlich. Jeweils am Stützenfuß und unterhalb des Balkens sind die Bügelabstände mit dem 0,6-fachen Wert des normalen Bügelabstandes auf 40 cm Höhe vorzusehen. An den Stoßenden mit der Eisen-Pos. 1 und der Anschlussbewehrung aus dem Fundament sind noch Zulagebügel erforderlich. Diese Zulagebügel müssen auf einem Drittel der Übergreifungslänge den Bewehrungsquerschnitt eines gestoßenen Längsstabes haben.
Am Stützenkopf wird nun die Rahmenbewehrung Pos. 15 eingefädelt. Beachten sollte man die Richtungen der beiden oberen Schenkel, sie werden entgegengesetzt eingebaut. Die unterschiedlichen Übergreifungslängen sind der **Tabelle 3.5** zu entnehmen.
Zusatzbügel sind auch an den Stoßenden der Eisen-Pos. 15 erforderlich.
Der erforderliche Bewehrungsquerschnitt muss in der unteren Lage des oberen Balkens mit vier Längsstäben, Durchmesser 16 mm, durchlaufend über die Auflager geführt werden. Am linken Auflager ist die Eisen-Pos. 16 so weit wie möglich zum Ende der Stütze zu führen. Zur Verankerung der Eisen-Pos. 16 über dem Mittelauflager reichen 6 x der Stabdurchmesser. Bei Rahmentragwerken ist das untere Eisen über die Stütze zu führen. Die Eisen-Pos. 20 ist im unteren und oberen Balken konstruktiv vorzusehen. Zur Risssicherung sollte diese Längsbewehrung ab einer Bauteilhöhe von 35 cm immer eingebaut werden.
In der oberen Bewehrungslage wird die Eisen-Pos. 17 über die ganze Länge des Balkens geführt und zur Stützbewehrung herangezogen. Mit der Eisen-Pos. 12 wird die erforderliche Stützbewehrung abgedeckt. Die Bügelquerschnittswerte aus der Statik sind mit der Wahl des Durchmessers und der Abstände analog dem unteren Balken auszuführen.
Die horizontalen Stecker, Eisen-Pos. 18, müssen dem Bügelquerschnitt der anschließenden Stütze entsprechen. Diese Stecker umschließen die abgebogenen Stäbe der Stützenbewehrung und liegen innerhalb des Bügels. Die vertikalen Stecker, mit der Eisen-Pos. 19, müssen mit l_s verankert werden. Ist die Verankerungslänge zu kurz, werden sie wie in der Zeichnung abgebogen und zusätzlich müssen drei Stecker am Ende des Balkens in einem engeren Abstand verlegt werden.

10.5.3 Vergrößerte Darstellung des Rahmens

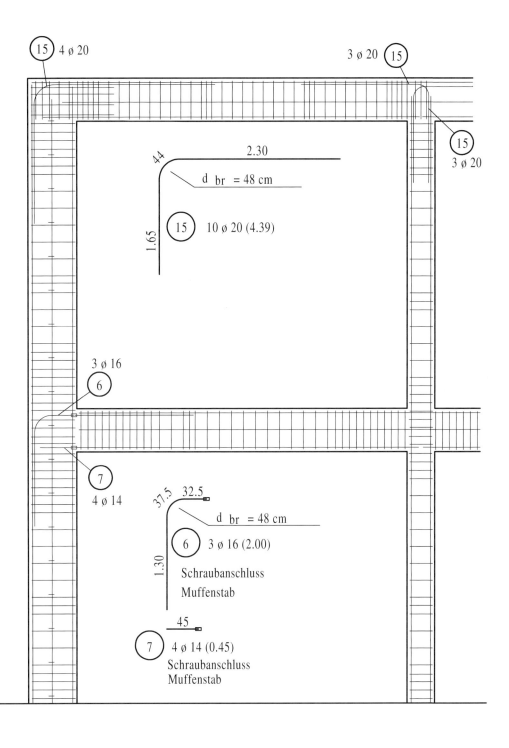

11 Betonwände

11.1 Betonwände; Einführung

Werden besondere Anforderungen an die Wand gestellt, wie Dichtigkeit, hohes Tragverhalten oder die Aussteifung eines Gebäudes, eignen sich Betonwände besonders.

Schon bei der Konstruktion des Bauwerks sollte der Planer auf die Wanddicken achten. Hohe Bewehrung auf die Wandlänge, die dann mit einer Verbügelung der Stäbe ausgeführt werden muss, sollte vermieden werden.

Wände im Gleitbauverfahren sollten mit einer Mindestdicke von 20 cm hergestellt werden. Die Bewehrung dieser Wände muss aus der Tabelle mit mäßigen Verbund gewählt werden.

Wände mit beidseitig angeordneten Fertigteilplatten (Hohlwände), bestehen aus drei Schichten. Beidseitig der Wand aussen, werden ca. 6 cm Fertigteilelemente gestellt und der Zwischenraum, der Hohlraum, wird mit Ortbeton verfüllt, wobei der Abstand der Fertigteilplatten mindestens 15 cm betragen sollte. In diesen Ortbetonbereich ragt aus der Bodenplatte oder Decke eine Anschlussbewehrung heraus, die der Wandbewehrung entspricht. Diese Bewehrung sollte nicht aus Passeisen, den U-Formen, hergestellt werden,. denn zum Zeitpunkt der Bewehrungsplanung ist die Wandstärke der Fertigteilelemente nicht bekannt. Der ist besser wie der Anschluss der Wand an die Decke mit L-Stäben auszuführen. Außer der unteren und oberen Anschlussbewehrung ist keine weitere Bewehrung erforderlich. Die Tragbewehrung der Wand ist in den Fertigteilelementen vorhanden.

Vor dem Bewehren der Ortbetonwände ist Folgendes zu beachten. Die Bewehrungsquerschnittsfläche in A_s cm/m² darf auch im Bereich von Übergreifungsstößen den Höchstwert von 0,08 A_c des Betonquerschnittes nicht überschreiten. A_c ist der Betonquerschnitt auf einen Meter der Wandlänge.

Wandartige Träger sind an beiden Außenflächen mit einem rechtwinkligem Bewehrungsnetz zu versehen. Die Querschnittsfläche des Bewehrungsnetzes darf je Wandseite und Richtung den Wert A_s = 1,5 cm/m² und 0,075 % des Betonquerschnittes A_c nicht unterschreiten. Die Maschenweite ist nicht größer als die doppelte Wanddicke und 300 mm zu wählen.

Bei Betonwänden muss die Querschnittsfläche der vertikalen Bewehrung mindestens 0,0015 A_c sein. Bei schlanken Wänden sollte sie $\geq$ 0,3 f_{cd} mal A_c , aber mindestens 0,003 A_c sein. Sie darf aber 0,04 A_c je Wandseite nicht übersteigen. Die Hälfte dieser Bewehrung sollte an jeder Wandseite liegen und die Bewehrungsquerschnittsfläche der Querbewehrung muss mindestens 20% der Tragbewehrung betragen.

Bei Wandscheiben, schlanken Wänden oder solchen mit $\geq$ 0,3 f_{cd} mal A_c darf die Querbewehrung nicht kleiner als 50% der Tragbewehrung sein. Die horizontale Bewehrung sollte außen liegen und der Durchmesser der Querbewehrung muss mindestens ¼ der Tragbewehrung sein. Der Abstand $_s$ dieser horizontalen Stäbe darf maximal 350 mm und der der vertikalen Stäbe 300 mm betragen. Ist die Bewehrung der lotrechten Stäbe $A_s \geq$ 0,02 A_c der gesamten Bewehrung, muss diese durch Bügel umschlossen werden.

An freien Rändern mit einer Bewehrung $A_s \geq$ 0,03 A_c je Wandseite, sind die Eckstäbe durch Steckbügel zu sichern. Eckstäbe und Steckbügel sollten immer vorgesehen werden.

Die außen liegenden Bewehrungsstäbe sollten je m² Wandfläche an mindestens vier versetzt angeordneten Stellen verbunden werden, z. B. durch S-Haken oder durch Steckbügel. Dabei müssen die freien Bügelenden die Verankerungslänge 0,5 l_b haben. S-Haken dürfen bei Stäben kleiner Durchmesser (16 mm) entfallen. wenn deren Betondeckung mindestens 2 $_{ds}$ beträgt.

11.2 Eine Betonwand bewehren

Um ein Bauteil zu bewehren, müssen die nach der DIN 1045-1 festgelegten Umgebungsbedingungen bekannt sein. Eine Betonwand, hier eine Kellerwand, wird mit Hilfe der **Tabelle 2.1** in die Expositionsklasse XC1 und XF1 festgelegt. Die Wand muss mit der Betongüte C25/30 ausgeführt werden. Wir können das Verlegemaß bis zum ersten Bewehrungsstab nur mit der Betongüte und dem Stabdurchmesser bestimmen. Die Wand wird mit Betonstahlmatten, mit den Stäben 6-8 mm bewehrt. In der **Tabelle 2.2** ist das Verlegemaß bis zum Stabdurchmesser 8 mm und dem Beton C25/30 für den Außenbereich mit 40 mm angegeben und für den Innenbereich mit der Expositionsklasse XC1 mit 20 mm auszuführen. Dieses Verlegemaß ist immer bis zum ersten Stab, ob er nun vertikal oder horizontal eingebaut wird, einzuhalten.

Die Bewehrung: In der Statik finden wir den Wert zur Wandbewehrung mit 2,2 cm^2/m je Wandseite. Kellerwände oder überhaupt Betonwände, sollten zur Risssicherung mit Q-Matten bewehrt werden. Anhand der **Tabelle 4.1** wählen wir für die Wandbewehrung eine Betonstahlmatte (Lagermatte) Q257 A. Diese Matte hat keine Randeinsparungsstäbe, so müssen wir mit der **Tabelle 4.2** die Übergreifungslänge ermitteln. Stehen Matten aufrecht, so sind alle Mattenstäbe dem guten Verbund zugeordnet. Nun können wir die Übergreifungslänge mit dem Beton C25/30 für die Betonstahlmatte Q257 A mit 29 cm ablesen. Diese Übergreifungslänge ist in beiden Richtungen gleich und wird auch zur oberen Anschlussbewehrung herangezogen. Zur Bewehrungsplanung ist zu beachten, dass Betonstahlmatten in der Wandbewehrung fast immer mit den Längsstäben vertikal gestellt werden. Ist kein oberer Anschluss vorgesehen, sollten die Matten mindestens 8,0 cm in das darüber liegende Bauteil einbinden.

Die Betonwand verjüngt sich im Anschlussbereich der Kellerdecke, hier muss eine Zulagebewehrung vorgesehen werden und die äußeren Matten müssen 4 cm vor der Oberkante der Kellerdecke enden. Die Zulagebewehrung wird mittels Betonstabstahl vorgesehen. Erforderlich für diesen Bewehrungsquerschnitt ist der Mattenquerschnitt mit 2,57 cm^2/m. In der **Tabelle 3.8**, finden wir unter Querschnitte von Flächenbewehrungen, den Durchmesser 8 mm und den Abstand mit 19 cm. Die Abstände des Betonstabstahles und der des Mattenabstandes sollten gleich sein, so wählen wir den Abstand mit 15 cm.

Die Übergreifungslänge des Einzelstabes mit der Matte, legen wir nach **Tabelle 3.4** fest. Mit dem Beton C25/30 und dem Stabdurchmesser im guten Verbund, ist die Übergreifungslänge mit 45 cm angegeben. Eisen-Pos. 13 muss 45 cm über die Matte greifen und mindestens 45 cm aus der Kellerdecke ragen. Bei dieser Eisen-Pos., sollte die Länge nicht zu knapp gewählt werden. Auch die Betongüte oberhalb der Kellerwand kann wechseln und beeinflusst die Übergreifungslänge.

Ist die Möglichkeit gegeben einen Anschluss der Wand an die Decke auszuführen, sollte man diesen, auch aus konstruktiven Gründen, vorsehen. Das ist die Abreißbewehrung, hier die Eisen-Pos. 9, mit dem Durchmesser 8 mm im Abstand von 20 cm. Das Eisen wird mit der Matte verankert und schließt an die obere Deckenbewehrung an. Um einen leichteren Einbau der unteren Mattenlage in der Decke zu ermöglichen, wird der obere Schenkel der Eisen-Pos. 9 unter einem Winkel von 60° hoch gebogen. Nach der Verlegung werden diese Stäbe abgebogen.

Zur konstruktiven Montagehalterung der Eisen-Pos. 9 und 15 ist die Eisen-Pos. 2 vorgesehen, sie hält die Position 9 und 15 in ihrer Lage. Zusätzlich sollten ca. 8 cm unterhalb der Decke und am Wandfuß zwei Längsstäbe mit dem Durchmesser 12 mm vorgesehen werden, denn Matten werden in der Länge geschnitten und es könnten in diesen Bereichen keine Querbewehrungen vorhanden sein. Auch baut sich in diesen Bereichen die sogenannte Beton-schlämpe auf. Der Beton besitzt in diesen Bereichen nicht mehr die Eigenschaften eines C25/30. Die Eisen-Pos. 1, 5 und 6 sind hier vorgesehen.

Bei dieser Geschosshöhe werden über Fenster und Türen keine Matten vorgesehen, denn die Zulagen aus Steckbügeln machen die Betonstahlmatte überflüssig. Angaben zur Bewehrung in der Statik für diese geringen Stützweiten werden fehlen. Hier wird eine konstruktive Bewehrung eingebaut.

Diese konstruktive Bewehrung besteht aus dem Bügeldurchmesser 8 mm im Abstand von 15 cm. Mit dem Abzug des Verlegemaßes mit 4 und 2 cm können wir die Breite des Bügels bestimmen. Sollte die Matte über den Bügeln liegen, müssen noch beidseitig 1,5 cm abgezogen werden. Der Mattenstoß macht diesen Aufbau erforderlich. Die Bügelposition 10 ist mit dieser Mattenlage geplant und ist 16 cm breit. Dagegen fehlt diese Mattenlage bei der Bügelposition 11, hier ist der Bügel dann 19 cm breit. Die Bügelhöhe ermitteln wir mit dem Abzug des Verlegemaßes in der unteren Lage, in der oberen Lage müssen wir zu dem Verlegemaß noch den Mattenaufbau der oberen Deckenbewehrung abziehen. Dabei ist das Verlegemaß des anschließenden Bauteiles maßgebend ist. Wie bei der Eisen-Pos. 9 bindet der obere Schenkel der Bügelbewehrung in die anschließende Decke, mit der Übergreifungslänge von 50 cm ab Mattenbeginn ein. Der ober Schenkel, unter einem Winkel von 60 ° abgebogen, wird nach der Verlegung der unteren Deckenbewehrung wieder zurück gebogen. Die erforderliche Längsbewehrung liegt im Bügel.

Zur oberen Längsbewehrung wird die Eisen-Pos. 2 genutzt. In der unteren Lage ist die konstruktive Sturzbewehrung mit der Eisen-Pos. 3 bzw 4 abgedeckt. Hier liegen je 2 Eisen mit dem Durchmesser 12 mm. Konstruktiv sollte bei dieser Bauteilhöhe in der Mitte noch beidseitig ein Stabstahl vorgesehen werden. Grundsätzlich sollten Öffnungen, Fenster, Türen und freie Ränder mit mindestens zwei Stäben vom Durchmesser 12 mm und Steckbügeln (U-Form) eingefasst werden. Bis zu einem Öffnungsmaß von 1,50 m reicht der Durchmesser 12 mm und sollte beidseitig je 50 cm über die Öffnung geführt werden. Steckbügel zur Randeinfassung sollten mit dem Durchmesser 8 mm und dem Abstand von 15 cm eingebaut werden. Die Länge des freien Schenkels ist mit l_b, dem Grundmaß der Verankerungslänge auszuführen.. Um die Breite des Steckbügels zu ermitteln, wird das Verlegemaß und die Mattenbewehrung abgezogen. Dabei sollten 1 bis 1,5 cm mehr für die Matten abgezogen werden. Eine Randeinfassung mit gebogenen Matten ist durchaus möglich.

In den Wandecken müssen vier Längsstäbe und Steckbügel in beiden Richtungen vorgesehen werden. Verspringen die Wände in den Geschossen oder ändern sich Wandstärken, ist mit einer Zulagebewehrung zu arbeiten. In diesem Beispiel kann nur in der inneren Ecke die Eisen-Pos. 12 durchlaufen und zur Anschlussbewehrung genutzt werden. Alle anderen Längsstäbe, die Pos. 13, müssen vor dem Versatz enden. Den fehlenden Anschluss bildet die Eisen-Pos. 14 mit je 3 Bewehrungsstäben und dem Durchmesser 12 mm. Die Übergreifungslänge mit der Eisen-Pos. 13 und die Anschlusslänge für das obere Bauteil, wird nach **Tabelle 3.4** ausgeführt.

Steckbügel an den Wandecken müssen immer vorgesehen werden. Schließt an den freien Schenkeln der Steckbügel, eine Betonstahlmatte an, sind die freien Schenkel des Steckbügels in unterschiedlicher Länge auszubilden. Der innere freie Schenkel des Steckbügels muss länger werden, denn die innere Matte kann nicht bis zum Ende der Wand geführt werden. Diesen Verlauf stört der innere Schenkel des querenden Steckers. Um dieses fehlende Maß muss der innere Schenkel länger werden. Die Verankerung der Eisen-Pos. 8 beginnt erst ab Mattenbeginn. Bei Wänden ist immer auf die Mindestbewehrung nach **Tabelle 4.9** zu achten.

11.2.1 Bewehrungsführung der Betonwand

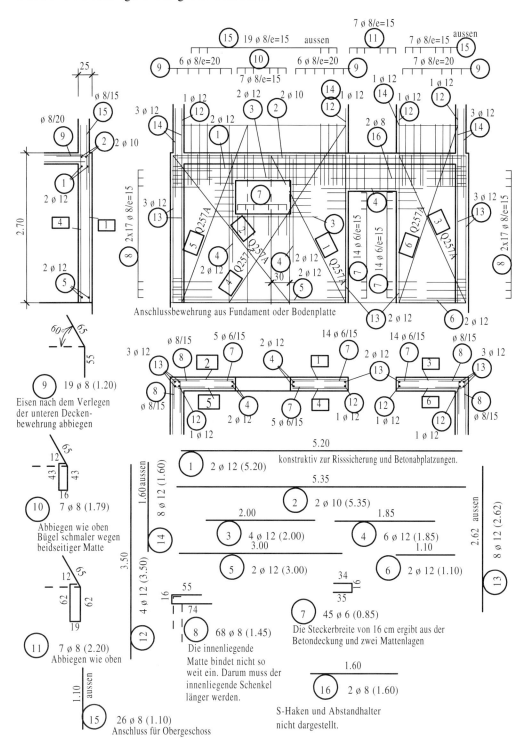

11.3 Betonwand mit Stütze

Eine Betonwand mit integrierter Stütze zur Aufnahme der Last aus dem Unterzug ist im **Kapitel 11.3.1** bewehrt. Bei diesen Wänden ist besonders auf die Mindestbewehrung nach **Tabelle 4.9** und Höchstbewehrung mit 0,08 A_c zu achten. Die Mindestbewehrung muss zur Sicherstellung des duktilen Bauteilverhaltens über die gesamte Wandhöhe geführt werden.

In der statischen Berechnung ist die Wandbewehrung mit dem Bewehrungsquerschnitt von 6,9 cm²/m angegeben, und der Stützenquerschnitt muss mit 36 cm² bewehrt werden.

Mit der **Tabelle 2.1** legen wir die Expositionsklasse, (außen XC3, innen XC1) die Betongüte mit einem C20/25 dem Verlegemaß für die Außenfläche mit 3,5 cm und der Innenfläche mit 2,5 cm fest.

Die Bewehrung: Den erforderlichen Bewehrungsquerschnitt von 6,9 cm²/m können wir auf die Wandseiten verteilen. Je Wandseite ist ein Querschnitt von 3,45 cm²/m erforderlich. Zur Wandbewehrung wählen wir Lagermatten, die wir nach **Tabelle 4.1** mit einer Betonstahlmatte Q377 A festlegen. Die Übergreifungslänge der Matte für das oben anschließende Bauteil, finden wir in der **Tabelle 4.2** mit 40 cm angegeben. Vertikale Stäbe und Matten sind immer dem guten Verbund zuzuordnen. Die Ausnahme bildet die Gleitschalungsbauweise. Der Mattenstoß in Querrichtung muss nach Tabelle und der Ausführung einer Randsparmatte 50 cm betragen. Mit diesen Angaben haben wir den Mattenaufbau zur Wandbewehrung festgelegt.

Der Bewehrungsquerschnitt der integrierten Stütze beträgt 36 cm². Mit Hilfe der **Tabelle 3.9** wählen wir 12 Längsstäbe mit dem Durchmesser 20 mm. Auch diese Stabanzahl können wir auf beide Wandseiten verteilen. Um nun die Stablänge zu bestimmen, müssen wir zur Wandhöhe die Übergreifungslänge nach **Tabelle 3.5** addieren. Zu beachten ist hier im Übergreifungsbereich, die Höchstbewehrung in einem Schnitt, denn 24 Längsstäbe mit dem Durchmesser 20 mm ergeben einen Bewehrungsquerschnitt von 75,2 cm² plus dem Mattenquerschnitt von 7,54 cm²/m. Die Höchstbewehrung beträgt bei den Stützen, 0,09 A_c des Betonquerschnitts und bei den Wänden, 0,08 A_c des Betonquerschnitts. Die Stützenlängsstäbe können in einem Schnitt gestoßen werden und müssen nach **Tabelle 3.5** 1,90 m zum Anschluss der oberen Bewehrung aus der Decke ragen.

Der Bügeldurchmesser und die Bügelabstände sind analog der Stützenbewehrung auszuführen. Zu der integrierten Stützenbreite von 60 cm wählen wir den Bügeldurchmesser 8 mm im Abstand von 20 cm. Nur unten im Stoßbereich der Eisen müssen wir noch einen zusätzlichen Bügel vorsehen, denn die Mattenbewehrung ersetzt die erforderliche Querbewehrung. Wurde die Stütze in der Statik mit der Breite von 60 cm gerechnet, wird zur Ermittlung der Bügelbreite, die Betondeckung abgezogen. Bei richtiger Aufteilung der Längsstäbe, unter Einhaltung der zugelassenen Abstände, kann auf die Zwischenbügel verzichtet werden.

Grundsätzlich ist unter dem Auflager eines Unterzuges auf eine Betonwand eine zusätzliche Querbewehrung einzuplanen. Diese sollte aus mindestens zwei Stäben mit dem Durchmesser 12 mm je Seite bestehen. Zur oberen Anschlussbewehrung des Unterzugs an die Betonwand werden sogenannte L-Eisenformen eingelegt, wobei der obere Bewehrungsquerschnitt mindestens 25% der Feldbewehrung betragen sollte und mindestens zu einem Viertel der Feldlänge oben ins Feld geführt wird. Die L-Form wird hierbei mit der oberen Bewehrungslage gestoßen. Es ist auch die Möglichkeit gegeben, die Eisenform auszulagern und neben den Unterzug einzubauen.

Der Wandanschluss sich kreuzender Wände sollte mindestens mit Steckbügeln vom Durchmesser 8 mm und einem Abstand von 15 cm ausgeführt werden. Vier Längsstäbe mit dem Mindestdurchmesser 12 mm sind in den Eckbereichen einzulegen. Für die horizontalen ist ein Durchmesser von 12 mm immer vorzusehen.

11.3.1 Bewehrungsführung der Betonwand

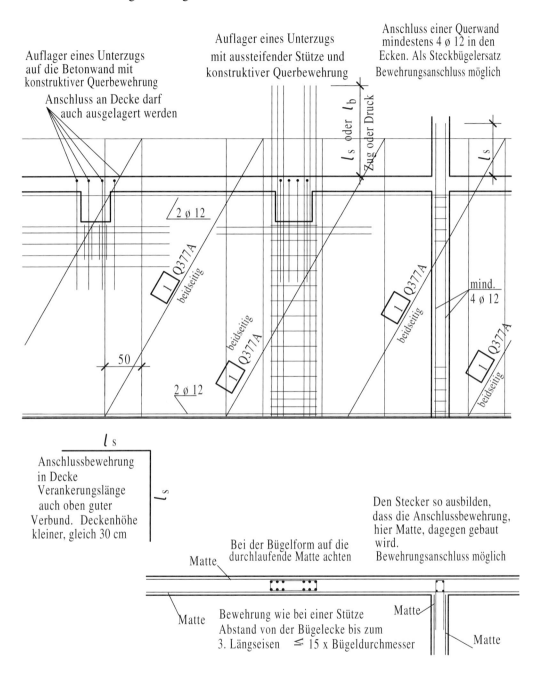

Auf dem Plan müssen die zugehörigen Pläne angegeben werden.

11.4 Betonwand mit Rissbreite

Reicht zur Rissbreitenbewehrung eine Betonstahlmatte nicht aus, wird die Wandbewehrung, wie im **Kapitel 11.4.1** dargestellt, mit Stabstahl der Güte 500S (A) bewehrt. Da die Rissbreitenbewehrung in Betonwänden nur in horizontaler Lage erforderlich ist, können Lagermatten mit geringer Querbewehrung, zum Beispiel die R-Matten, vertikal gestellt werden, an die dann die Stabstahlbewehrung angebunden wird. Bei größeren Bauvorhaben lohnt auch alternativ zur Lagermatte der Einsatz von Listenmatten.

Zu jedem Betonbauteil müssen die Umgebungsbedingungen bekannt sein, mit der dann die Expositionsklassen, die Betongüte und das Verlegemaß bestimmt werden. Für die Wand im **Kapitel 11.4.1** ist die Innenseite mit der Expositionsklasse nach **Tabelle 2.1** mit XC2/ XA1 und die Außenseite mit XC4/ XF1 festgelegt. Die Betongüte ist ein C25/30. Das Verlegemaß mit 35 mm an der Innenseite und 40 mm zur Außenseite finden wir in **Tabelle 2.2**. Eisenformen werden nicht mit den 5 mm Abmessungen gebogen, wir können das Verlegemaß beidseitig mit 40 mm bestimmen.

In der statischen Berechnung ist die vertikale Tragbewehrung mit 14,8 cm^2/m angegeben, die dann aber je zur Hälfte auf die Wandseiten verteilt wird. Zur Rissebegrenzung ist der erforderliche Querschnitt mit 11 cm^2/m angegeben und dieser Wert ist je Seite einzulegen.

Die Bewehrungswahl: Für den erforderlichen Bewehrungsquerschnitt in der vertikalen Tragrichtung von 7,4 cm^2/m, wählen wir in **Tabelle 3.8** den Stabdurchmesser 12 mm mit dem Abstand von 15 cm. Mit dieser Tabelle können wir auch die Rissbreitenbewehrung festlegen. Rissbreitenbewehrung sollte immer mit dünnen Bewehrungsstäben und kleinen Abständen ausgeführt werden. Anhand der **Tabelle 3.8** wählen wir den Stabdurchmesser 12 mm im Abstand 10 cm.

Die Bewehrung: Eisen-Pos. 1 und 3 müssen mit der Übergreifungslänge aus der Decke ragen. Diese Länge zur Anschlussbewehrung finden wir in **Tabelle 3.4** anhand der Betongüte und des Stabdurchmessers für den Durchmesser 12 mm mit 68 cm angegeben. Die Übergreifungslänge für den Stabdurchmesser 20 mm ist in **Tabelle 3.5** mit 1,62 m angegeben. Eine Endverankerung mit dem 6-fachen Stabdurchmesser ist für die Eisen-Pos. 2 vorzusehen, wobei der Stab ca. 8 cm unter Oberkante der Decke enden sollte. Es könnte sonst zu Betonabplatzungen kommen.

Die Eisen-Pos. 6, 8 und 9 werden zur Rissbreitenbewehrung herangezogen und müssen außen liegen. Ihre Endverankerung, in diesem Beispiel die Eisen-Pos. 10 aus einer U-Form, sollte in den Abständen der Rissbreitenbewehrung vorgesehen werden. Der Stabdurchmesser dieser Kappen muss aber nicht dem Durchmesser der Rissbreitenbewehrung entsprechen.

Über dem Fenster kommen keine Bügel zur Ausführung. Eine U-Form, die Eisen-Pos. 5, ersetzt diese und wird gleichzeitig zur Anschlussbewehrung genutzt. Die freien Schenkel der Pos. 5, werden mit der Übergreifungslänge von 70 cm, analog zur Pos. 1 ausgeführt. Achten sollte man auf die Lage der U-Form, diese liegt innen und zur Breitenbestimmung müssen beidseitig die Stabdurchmesser der Rissbreitenbewehrung abgezogen werden.

Im Kreuzungspunkt der Wände werden zum Anschluss Steckbügel eingebaut, wobei deren Durchmesser der anschließenden Wandbewehrung entsprechen sollte. Wird die anschließende Wand mit einer Rissbreitenbewehrung ausgeführt, muss die Ausführung der Steckbügel-Pos. 11, der Rissbreitenbewehrung mit dem Stabdurchmesser und den Abständen entsprechen. Mindestens vier vertikale Bewehrungsstäbe müssen in den Kreuzungspunkten der Wände mit dem Stabdurchmesser 12 mm vorgesehen werden.

Den oberen Anschluss der Wand an die Decke stellen wir mit Eisen-Pos. 7 her. Bei dieser Eisenform wird der obere Schenkel zum leichteren Einbau der unteren Deckenbewehrung, um 60° nach oben gebogen. Abstandhalter und S-Haken werden immer mit mindestens 2 Stück je m^2 vorgesehen.

11.4.1 Bewehrungsführung der Betonwand

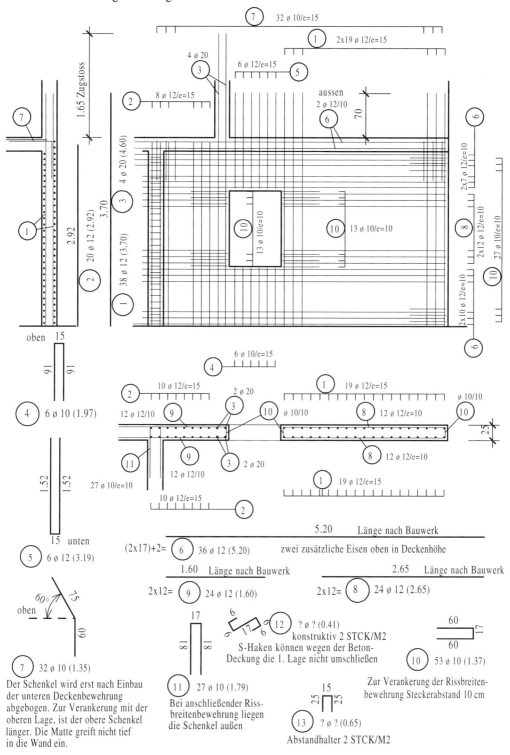

11.5 Betonwand mit Erddruck
und abfließender Hydrationswärme

Die Betonwand, wie im **Kapitel 11.5.1** dargestellt mit unterschiedlichen Breitenabmessungen ist unten im Fundament eingespannt und oben an der Bodenplatte oder Decke gehalten. Wird nun diese Wand wie in der Zeichnung einseitig belastet, ist die Bewehrungsführung analog eines Unterzugs zu betrachten. Die Feldbewehrung liegt hierbei gegenüber der belasteten Seite (in der Zeichnung links) und die Stützbewehrung liegt an der belasteten Seite, jeweils unten an der Einspannstelle und oben am Bodenplattenanschluss.

Die Bewehrung: Die Stützbewehrung auf der Erdreichseite zu dem unteren Wandanschluss ist in der Bewehrung des Fundamentes einzuplanen. Aus dem Fundament müssen die Bewehrungsstäbe bis zu dem Punkt geführt werden, an dem die anzuschließende Bewehrung den erforderlichen Bewehrungsquerschnitt aufnehmen kann. Ab diesem Punkt muss die Eisen-Pos. 1 nach **Tabelle 3.5** mit der Stützbewehrung übergreifen. Selten wird man in der Statik die Angabe über die Eisenlänge finden. Um diese zu ermitteln, sollte man die Kurve aus den A_s Werten, (wie im **Kapitel 9.1.4** erläutert) nutzen.

Der Stabdurchmesser der Eisen-Pos. 1 sollte so gewählt werden, dass der Bewehrungsquerschnitt die obere Stützbewehrung abdeckt. Übergreifungsstöße sollten vermieden werden.

Die Anschlussbewehrung aus dem Fundament für die Innenseite der Wand, wurde so gewählt, dass sie mit dem halben Bewehrungsquerschnitt der erforderlichen Feldbewehrung aus dem Fundament ragt. Ist der erforderliche Stababstand der Feldbewehrung 9 cm, so ist der Stababstand aus dem Fundament 18 cm. Die Stäbe aus dem Fundament müssen mit der Übergreifungslänge des anzuschließenden Stabs aus dem Fundament ragen. Hier schließt dann die Eisen-Pos. 2 an.

Die Rissbreitenbewehrung sollte immer außen liegen. Sie wird in diesem Beispiel auf die Wandhöhe, in drei Rissbreitenbereiche aufgeteilt. Im unteren Bereich ist immer die größte Rissbreitenbewehrung mit den kleinsten Abständen anzuordnen. Diese erhöhte Bewehrung macht das schon ausgehärtete Funament erforderlich, wobei die frisch betonierte Wand versucht, sich auszubreiten, aber das Fundament keine Verformungen aufnimmt.

Durch das Abfließen der Hydrationswärme beim Abbindevorgang des Betons entstehen Risse im Beton, die durch die Rissbreitenbewehrung auf mehrere kleine Risse verteilt werden sollen. Die Stöße der Rissbreitenbewehrung müssen mit der Übergreifungslänge der zugbeanspruchten Bauteile ausgeführt und versetzt angeordnet werden.

Im oberen Anschluss muss die Eisen-Pos. 1 mindestens den 10-fachen Stabdurchmesser in die Bodenplatte einbinden. Der Wandanschluss an die Bodenplatte wird mittels einer L-Form hergestellt. Diese liegt in der unteren Lage der Bodenplatte und bildet den Anschluss der Wand an die untere Bodenplattenbewehrung, wobei der Haken zur Wandbewehrung mit 30 cm ausreichend ist. Der obere L-Anschluss verbindet die obere Lage der Bodenplattenbewehrung mit der äußeren Wandbewehrung. Diese Anschlüsse müssen mit l_s übergreifen.

Abstandhalter und S- Haken werden hier zur Schubbewehrung herangezogen. In diesem Beispiel ist die Schubbewehrung im unteren Bereich von 1,50 m Höhe erforderlich. Den erforderlichen Bewehrungsquerschnitt lesen wir aus der Statik ab, aber Abstand und Anzahl, bzw. Durchmesser wählt der Konstrukteur. Hier ist der Stabdurchmesser mit 12 mm und die Abstände in der Höhe und in der Breite mit 40 cm gewählt. So werden auf 1 m^2 Wandfläche vier Abstandhalter und vier S-Haken zur Schubbewehrung genutzt. Schubbewehrung ist in Betonwänden meistens nur in den unteren Bereichen der Wand erforderlich. Durch die richtige Wahl der Wandstärke kann auf die aufwendige Bügelbewehrung als Schubzulage verzichten werden.

11.5.1 Bewehrungsführung der Betonwand

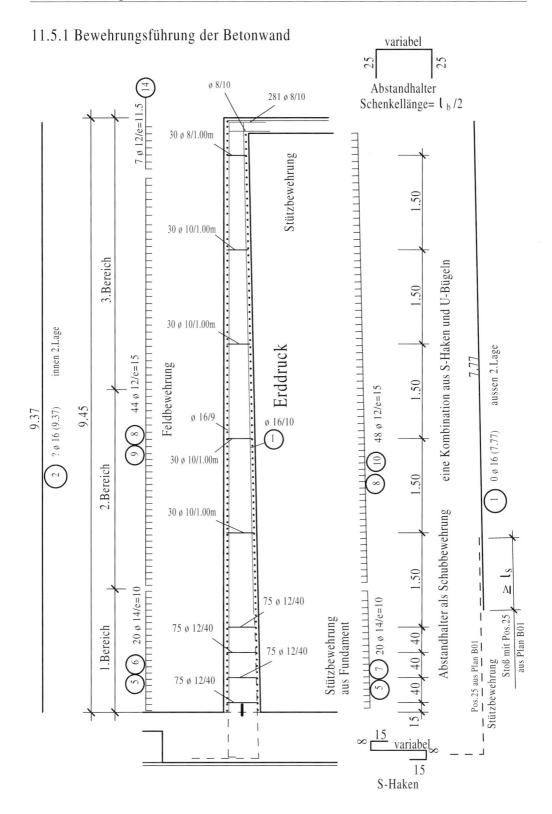

11.6 Betonwand mit Konsolen

Zur Auflagerung von Deckenplatten wird eine Streifenkonsole ausgebildet. Diese Streifenkonsole wird auch bei Bauwerkstrennungen zur Vermeidung von Gebäuderissen herangezogen. In dieser Bauweise ist die Bewegungsfreiheit jedes Gebäudeabschnittes gegeben. Eine andere Art der Konsolausbildung ist die Einzelkonsole, sie wird zur Auflagerung von punktförmiger Belastung, z.B. die Auflagerung von Unterzügen vorgesehen. Der Einsatz einer Konsolausbildung eignet sich besonders bei zu erwartenden unterschiedlichen Bauwerkssetzungen.

Im **Kapitel 11.6.1** sind einige Ausführungsmöglichkeiten einer Konsolausbildung dargestellt. Im **Bild 11.6.a** ist eine Konsole zur Auflagerung einer Deckenplatte in den Abmessungen 20/25 cm gezeichnet, wobei die erste Zahl immer die Auskragung, bzw. die Auflagertiefe angibt. Die Bewehrungsführung ist relativ einfach und das Verlegemaß an der Konsole entspricht dem der Wandbewehrung. Sind Betonstahlmatten zur Wandbewehrung vorgesehen, werden die Verteilerstäbe an der Konsolenseite geschnitten. Zur Ermittlung der Bügelabmessungen werden in der Höhe das 2-fache Versatzmaß und in der Tiefe zu dem 2-fachen Versatzmaß noch die Betonstahlmatte abgezogen. Das Bügelschloss braucht nicht mit der Verankerung für zugbeanspruchte Bauteile geschlossen werden. Für einen Bügel, mit dem Stabdurchmesser 8 mm reicht eine Hakenlänge von 12 cm, nur das Bügelschloss sollte unten, wie dargestellt, in der Wand liegen. Zur Längsbewehrung sind immer 4 Stäbe mit dem Durchmesser 10 mm vorzusehen.

Im **Bild 11.6.b** ist die Ausbildung einer Konsole vorgesehen, die nach dem Ausschalen der Wand eingeschalt und betoniert wird. Mit der Ausführung des Bewehrungsanschlusses ist es aber nicht möglich, die Unterseite der Konsole mit der Unterseite der Wand abzuschließen. Die Unterkante der Konsole zum Bauteilrand muss einen Mindestabstand von 5 cm haben. Die Querkraftbeanspruchung ist sonst zu hoch. Bei dieser Konsolausführung müssen immer Steckbügel vorgesehen werden, die um die Tragbewehrung der Wand greifen und die Last aus der Konsole nach oben in die Wand leiten. Die freien Schenkel des Steckbügels müssen mit der Zugübergreifung verankert werden.

Die Konsole im **Bild 11.6.c** wird für ein beidseitiges Auflager vorgesehen. Hier wird eine Bügelform eingebaut, die unten nicht ge-schlossen werden muss. Die Tragbewehrung der Konsolen liegt oben. So ist der untere Schenkel nur konstruktiv einzubinden. Die Abmessungen und der Bewehrungsquerschnitt der Konsole entsprechen Bild 11.6.a.

Im **Bild 11.6.d** sehen wir eine beidseitige Konsolausführung mit dem unteren Abschluss der Betonwand. Diese Ausführung ist auch mit einer einseitigen Konsole möglich, wenn die Bügelbewehrung zu beiden Ausführungen in Betonstabstahl hergestellt wird. Der untere Schenkel des Bügels muss nicht geschlossen werden, sollte aber auf der Tragbewehrung liegen. Zur Lasteinhängung müssen die Steckbügel die unteren Stäbe der Wandbewehrung umschließen und nach **Tabelle 3.4** mit der Wandbewehrung übergreifen.

Im **Bild 11.6.e** ist eine Wandkonsole für ein Unterzugauflager dargestellt. Anhand der Konsolabmessungen wird die Bügelgröße der Pos. 5 festgelegt, in der Bügel-Pos. 6 passen muss. Die Höhe der Tragbewehrung, Pos. 7, muss so gewählt werden, dass sie in Eisen-Pos. 5 passt. Der Biegerollendurchmesser der Pos. 7 muss im Wandbereich 15-mal Stabdurchmesser sein.

Bild 11.6.f zeigt ein durchlaufendes Konsolband, dass am oberen Rand der Betonwand ab-schließt. Die Bewehrung ist analog zu Bild 11.6.e auszuführen. Zusätzlich zu dieser Bewehrung ist die Steckbügelform, Pos. 8, einzulegen. Beachten sollte man die unterschiedlichen Schenkellängen, denn die Verankerungslänge beginnt erst mit der Wandbewehrung. Die Verankerungslängen zur Konsolbewehrung, sind alle dem guten Verbund zuzuordnen.

11.6.1 Bewehrungsführung der Wandkonsolen

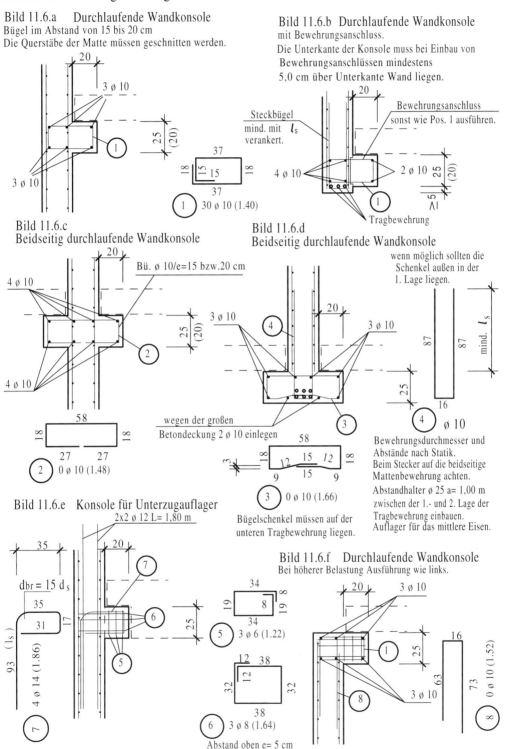

Bild 11.6.a Durchlaufende Wandkonsole
Bügel im Abstand von 15 bis 20 cm
Die Querstäbe der Matte müssen geschnitten werden.

Bild 11.6.b Durchlaufende Wandkonsole
mit Bewehrungsanschluss.
Die Unterkante der Konsole muss bei Einbau von
Bewehrungsanschlüssen mindestens
5,0 cm über Unterkante Wand liegen.

Bild 11.6.c Beidseitig durchlaufende Wandkonsole

Bild 11.6.d Beidseitig durchlaufende Wandkonsole
wegen der großen Betondeckung 2 ø 10 einlegen
Bügelschenkel müssen auf der unteren Tragbewehrung liegen.

wenn möglich sollten die Schenkel außen in der 1. Lage liegen.

Bewehrungsdurchmesser und Abstände nach Statik.
Beim Stecker auf die beidseitige Mattenbewehrung achten.
Abstandhalter ø 25 a= 1,00 m zwischen der 1.- und 2. Lage der Tragbewehrung einbauen.
Auflager für das mittlere Eisen.

Bild 11.6.e Konsole für Unterzugauflager

Bild 11.6.f Durchlaufende Wandkonsole
Bei höherer Belastung Ausführung wie links.

Abstand oben e= 5 cm

11.7 Betonwand auf zwei Stützen

Die Zeichnung im **Kapitel 11.7.1** stellt eine Betonwand dar, die auf breiteren Stützen aufgelagert ist. Die Bewehrungsstäbe der Stützen können nicht alle in die Betonwand geführt werden, diese fehlende Anzahl muss durch Zulagestäbe ersetzt werden. Der Stützenanschluss ist im **Kapitel 8.7.1, Bild 8.7.c** zu finden. Die Anforderung an die Betonwand könnten es auch erforderlich machen, die Zulagestäbe bis zur Oberkante der Betonwand zu führen.

Die Bewehrung: Nach statischen Vorgaben wird die Betonwand beidseitig mit einer Betonstahlmatte Q377 (A) bewehrt. Diese Lagermatte ist nach **Tabelle 4.1** eine Randsparmatte. In dieser Ausführung verlaufen die Längsstäbe der Lagermatte in vertikaler Richtung und der Mattenstoß sollte mindestens drei Maschen, 50 cm in Querrichtung, betragen.

Vorgegeben ist in der statischen Berechnung die Tragbewehrung in der unteren Lage mit 15,8 cm^2, die wir in **Tabelle 3.9** mit 8 Stäben und dem Durchmesser 16 mm abdecken. Es ist bei dieser Wandausführung besser, mehrere dünnere Stäbe wählen, denn diese sollten im Bereich der unteren 20 verteilt liegen. In der unteren Lage werden 4 Stäbe vorgesehen und an den Seiten im Abstand von 8 bis 10 cm jeweils 2 Bewehrungsstäbe. Der gesamte Bewehrungsquerschnitt, also 8 Stäbe. müssen ohne Abminderung über die Auflager geführt werden. Beidseitig im unteren Wandbereich müssen Bewehrungszulagen mit dem Mindeststabdurchmesser 10 mm, im Abstand von 10 cm auf die Höhe, 0,15-mal Wandhöhe eingelegt werden. In diesem Beispiel, sind noch je Wandseite zwei horizontale Stäbe vorzusehen. Auch diese Stäbe müssen bis zum Wandende geführt werden und müssen, wie alle horizontalen Bewehrungstäbe, innen liegen.

Die einwirkenden Kräfte auf die untere Tragbewehrung müssen in den oberen Wandabschnitt geführt werden. Um das zu erreichen, liegen die freien Schenkel der Eisen-Pos. 2 und 3 außen und übergreifen mit den Längsstäben der Betonstahlmatte, die ebenfalls außen liegen müssen. Die Übergreifungslänge der Steckbügel-Pos. 2 und 3 wird nach **Tabelle 3.4** bestimmt.

Zur seitlichen Randeinfassung ist der Steckbügel mit der Position 4 vorgesehen. Er muss 3 cm schmaler geplant werden und in die Pos. 2 und 3 passen. Über dem Auflager und an den Enden der Stützeneisen sollten drei Steckbügel im Abstand von 7,5 cm bzw. des halben erforderlichen Steckerabstandes liegen. Unter 15 cm sollte der erforderliche Steckbügelabstand nicht vorgesehen werden.

Eisen-Pos. 5 dient zur Randeinfassung und zur Anschlussbewehrung an die Stützenlängsstäbe. Diese vertikalen Stäbe liegen innerhalb der Steckbügel-Pos. 4, wobei der Abstand der Stäbe nicht größer 15 cm sein sollte.

Den oberen Wandabschluss bildet die Eisen-Pos. 6 mit vier horizontalen Bewehrungsstäben, mit dem Durchmesser 12 mm. Auf diese Stäbe sollte nicht verzichtet werden, durch den Mattenschnitt könnte die Querbewehrung am oberen Rand fehlen. Auch ist diese Mehrbewehrung durch den Betoniervorgang zu vertreten, denn im oberen Wandbereich bildet sich eine Betonschlämpe, in der die geforderte Betongüte unter Umständen nicht eingehalten wird.

Diese Konstruktion der Wandauflagerung könnte eine Schubbewehrung am unteren Plattenrand erforderlich machen. Hier bieten sich dann Bügel an, die dann die horizontale Bewehrung umschließen. Abstandhalter und S-Haken sind mindestens vier Stück je m^2 vorzusehen. Zur Ermittlung der Abstandhalterbreite ist beidseitig das Verlegemaß und die Mattenstärke abzuziehen. Der freie Schenkel muss 0,5 mal l_b sein. Der S-Haken sollte die Querstäbe der Matte umschließen. Sonst würde er überstehen und die Betondeckung ist nicht eingehalten.

11.7.1 Bewehrungsführung der Betonwand

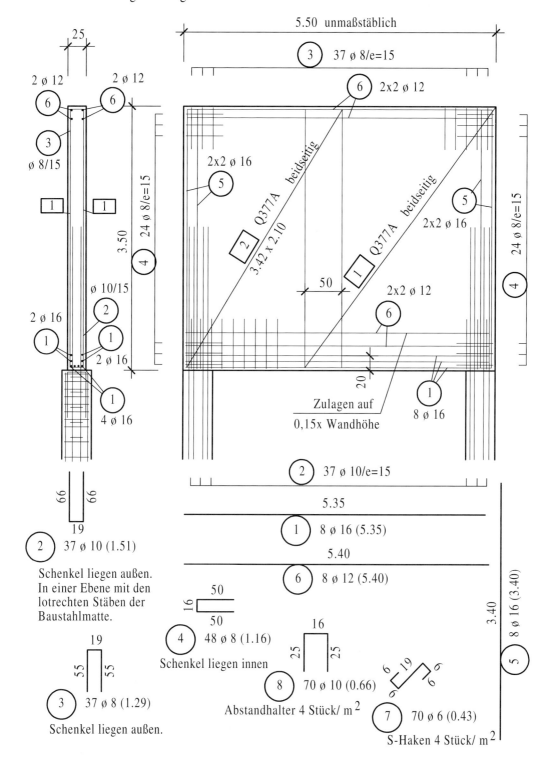

11.8 Betonwand auf zwei Stützen mit eingehängter Last

In diesem Beispiel bildet eine Betonwand auf zwei Stützen das Auflager für eine weitere Betonwand. Die Bewehrungsquerschnitte zur Wandbewehrung sind hier nur angenommen und nicht statisch nachgewiesen. So bezieht sich die Erläuterung zum, **Kapitel 11.8.1**, nur auf die Bewehrungsdarstellung. Die Umgebungsbedingungen, die Expositionsklasse mit der Betongüte und dem Verlegemaß sind mit der **Tabelle 2.1** und **2.2** bestimmt.

Die Bewehrung: Vor der Bewehrungszeichnung müssen wir die Grundbewehrung festlegen. Da die Wand in horizontaler Richtung mit Stabstahlzulagen bewehrt werden muss, bietet sich der Einbau einer Lagermatte mit den Tragstäben in vertikaler Richtung an. Zur Grundbewehrung wählen wir beidseitig eine Betonstahlmatte R513 (A) und decken den erforderlichen Bewehrungsquerschnitt in horizontaler Richtung nur mit dem Betonstabstahl 500S (A) ab. In **Tabelle 4.1** finden sich die erforderlichen Angaben der Lagermatten. Wie in der Zeichnung zu sehen, überlappen die Matten nicht, sie werden stumpf gestoßen. Da aber die Betonstahlmatte R513 (A) mit zwei Randsparstäben hergestellt wird, müssen wir diesen fehlenden Bewehrungsquerschnitt mit zwei Zulagestäben 8 mm in vertikaler Richtung je Mattenseite ersetzen. An den Wandenden ist die Eisen-Pos. 9 vorgesehen.

Die Querbewehrung: Diese ist hier in Stabstahl, der Güte 500S (A) vorgesehen und muss innen liegen. Zur Tagbewehrung, die Eisen-Pos. 1, kann die Eisen-Pos. 2, die in einem Abstand von 10 cm liegen muss, mit herangezogen werden. Auf die restliche Wandhöhe wird beidseitig die Eisen-Pos. 6 in einem Abstand von 15 cm aufgeteilt, wobei die obere Eisen-Pos. 5 mit dem Stabdurchmesser 12 mm ausgeführt werden sollte. Alle hier beschriebenen Querstäbe müssen über die Auflager geführt, bis zum Wandende durchlaufen.

Die horizontalen Zulagen, Eisen-Pos. 10, müssen in dem Bereich
0,35 x Wandhöhe, oder 0,35 x Wandlänge (der größere Wert ist maßgebend), vorgesehen werden. 0,35 x 5,2 ist 1,82 m. Auf diese Höhe, muss die Zulagebewehrung beidseitig, in einem Abstand von 15 cm verlegt werden.
Nach der Formel, L mal 0,4
wird die Einbindelänge der Pos. 10 ermittelt. L ist hierbei die Länge der stützenden Wand bis zum Auflager.
Ist die Wand höher als die Länge, muss die Wandlänge mit dem Faktor Wandhöhe geteilt durch Wandlänge multipliziert werden.
In diesem Beispiel ist 0,4 x 5,2 gleich 2,0 m. Dieses Längenmaß muss beidseitig 2,0 m ins benachbarte Feld reichen. Die Eisen-Pos. 10 wird 4,0 m lang ausgeführt.
Im Einflussbereich der gestützten Wand, sind auf die Breite, 3 x Wandstärke der gestützten Wand, engere Steckbügel vorzusehen, die gleichzeitig zur Rückverankerung herangezogen werden. Hier können dann die Stäbe der Eisen-Pos. 4 mit der Übergreifungslänge zur Rückverankerung beidseitig anschließen. Lasteinhängebügel brauchen hier bei dieser Wandhöhe nicht vorgesehen werden. Die Länge der Eisen.Pos 4 und 9 reicht zur Rückverankerung aus. Die Lasteinhängebewehrung errechnet sich aus der einwirkenden Belastung der gestützten Wand, kann aber auch aus dem Bewehrungsquerschnitt der unteren Bewehrungslage der gestützten Wand ermittelt werden. Mindestens 1/3 der unteren Bewehrungslage sollten, zur Rückverankerung herangezogen werden. Im unteren Wandbereich sind weiter die Steckbügel-Pos. 3 im Abstand von 15 cm einzubauen. Die freien Schenkel der Pos. 3 liegen außen mit den vertikalen Stäben der Matte in einer Ebene. An den freien Rändern der Wand sind Steckbügel mit dem Mindestdurchmesser 8 mm und dem Abstand von 15 cm einzulegen. An den beiden Wandenden sollte eine stärkere Bewehrung, hier der Durchmesser 16 mm, in vertikaler Richtung an die Stützenbewehrung anschließen.

11.8.1 Bewehrungsführung der Betonwand

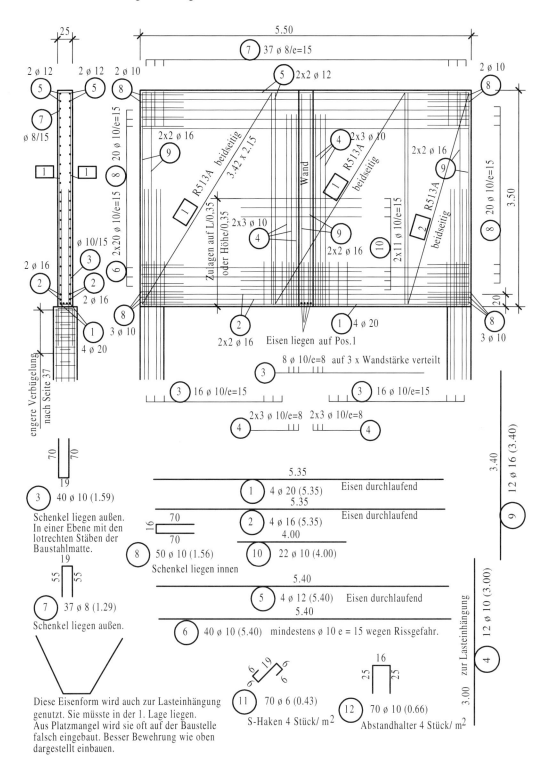

11.9 Betonwand mit Kragarm

Die Anschlusswand vom Kapitel 11.8.1 ist im **Kapitel 11.9.1** bewehrt. Besondere Beachtung sollte man der unteren Ecke schenken, dieser Bereich ist in der Zeichnung gestrichelt dargestellt.

Anhand der Umgebungsbedingungen und den **Tabellen 2.1** und **2.2** haben wir die Expositionsklasse, die Betongüte und das Verlegemaß bis zum ersten Bewehrungsstab festgelegt.

Die Bewehrung: Zur Grundbewehrung, wählen wir aus der **Tabelle 4.1** die Lagermatte Q377 (A). Als Randsparmatte muss sie 50 cm übergreifen und kann so zur Querbewehrung angerechnet werden. Verlegt werden die Matten beidseitig mit den Längsstäben die außen in der 1. Lage liegen, in vertikale Richtung.

In der Fläche des gestrichelten Bereiches ist eine engere Bewehrung erforderlich. Der Bereich 0,35-mal Wandlänge, oder 0,35-mal Wandhöhe (der größere Wert ist maßgebend), sollte immer mit Steckbügeln im Durchmesser 10 mm und der Abstand nicht größer als 10 cm ausgeführt werden.

Eine Rückverankerung der unteren Bewehrungslage ist am linken Wandanschnitt, auf die Breite der benachbarten Wandstärke erforderlich. Es ist hinderlich eine Rückverankerungsbewehrung in einer großen Länge einzubauen, deshalb wurde die Steckbügel-Pos. 9 vorgesehen, die nun beidseitig mit Eisen-Pos. 11 übergreift. In **Tabelle 3.4** sind die Übergreifungslängen zu finden. Hierbei ist zu beachten, dass alle vertikalen Stäbe dem guten Verbund zuzuordnen sind und außen in einer Ebene mit den Längsstäben der Betonstahlmatte liegen. Den Restbereich des gestrichelten Feldes, deckt die Steckbügel-Pos. 12 ab.

Unten im Steckbügel liegt die Feldbewehrung Pos. 1. Sie muss über dem linken Auflager aufgebogen werden, um auf die Tragbewehrung der benachbarten Platte zu liegen. Hinter der Stütze rechts wirkt die Kragplatte, hier wird unten nur eine konstruktive Feldbewehrung, die Eisen-Pos. 2 vorgesehen.

Auf 0,1 L oder 0,1 der Wandhöhe müssen unten zusätzliche Längseisen über die gesamte Wandlänge geführt werden. Die Eisen-Pos. 3 ist hier auf die Höhe von 35 cm mit dem Abstand 10 cm vorgesehen und kann zur Tragbewehrung angerechnet werden.

Ist die Kragarmlänge gleich der Wandhöhe, beginnt die Kragbewehrung von unten mit 1/3 der Kragarmlänge und wird in zwei Bereiche aufgeteilt. Die untere Hälfte muss mit einem Drittel der erforderlichen Kragbewehrung bewehrt werden und die obere Hälfte mit zwei Drittel der erforderlichen Kragbewehrung. Da über der Stütze auf die Höhe, 0,6-mal Wandhöhe, noch zusätzliche Längsstäbe vorgesehen werden müssen, wird die Eisen-Pos. 5 bis zur Stützbewehrung, Eisen-Pos. 8, verlegt. Am oberen Rand beginnend, werden je Seite 3 Längsstäbe, die Pos. 3, im Abstand von 10 cm vorgesehen. Darunter wird im Abstand von 20 cm, die Eisen-Pos. 4 über die gesamte Wandlänge geführt. In diesen Zwischenräumen, im Abstand von 20 cm, verteilt man die Eisen-Pos. 5 und 8. Die Einbindelänge beträgt jeweils L/3.

Unten am rechten Rand hängt sich ein Betonbalken in die Wand ein. Hier muss eine Rückverankerung wie am linken Wandanschnitt, ausgeführt werden. In der Breite von zweimal Wandstärke werden 7 Steckbügel im Abstand von 8 cm eingebaut und übergreifen mit der Eisen-Pos. 11. Konstruktiv ist noch zusätzlich die Eisen-Pos. 13 vorgesehen. Sie umschließt unten die Bewehrung des Balkens und wird unter einem Winkel von 30 bis 45° in die Betonwand abgebogen.

Durchlaufend werden am oberen und rechten freien Rand Steckbügel eingebaut, die zwischen die Matten passen müssen. Ihr Abstand sollte 15 cm nicht überschreiten. Die Anschlussbewehrung zur linken Seite wird ebenfalls aus Steckbügeln hergestellt deren Durchmesser mindestens 10 cm sein sollte. Die Übergreifungslänge mit der anschließenden Matte muss l_s sein.

11.9.1 Bewehrungsführung der Betonwand

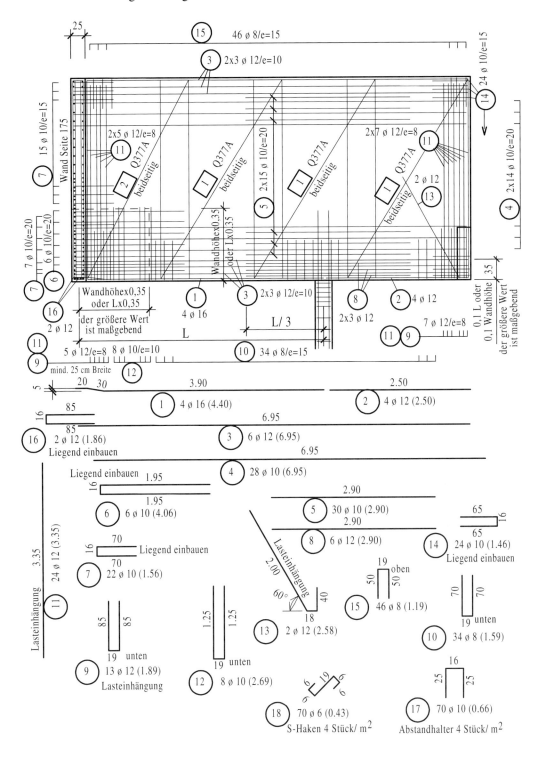

11.10 Betonwand über ein mehrfaches Auflager

Es gibt Unterschiede in der Bewehrungsführung einer Betonwand über ein mehrfaches Auflager. Ist z.B. die Wand gedrungen, die Stützweite wesentlich größer als die Wandhöhe, muss die Stützbewehrung in den oberen Wandbereich angeordnet werden. Dieser Bereich zur Stützbewehrung ist 0,88-mal der Wandhöhe, ab Oberkante der Wand nach unten vorzusehen.

Ist aber die Wandhöhe gleich der Stützweite oder höher wird die Stützbewehrung von unten nach oben, auf die Höhe 0,6-mal Wandhöhe verlegt. Die Stützbewehrung sollte hier in beiden Ausführungen 0,4-mal Wandhöhe oder 0,4-mal Wandlänge ins benachbarte Feld greifen. Der größere Wert ist maßgebend.

Die Bewehrung: Das Beispiel im **Kapitel 11.10.1** stellt die Bewehrungsführung einer Betonwand dar, in der die Stützweite größer als die Wandhöhe ist. Aus Platzgründen ist die Wandlänge gedrungen dargestellt.

Zur Grundbewehrung und Tragbewehrung in vertikaler Richtung ist beidseitig eine Lagermatte nach **Tabelle 4.1**, eine Q377 (A), vorgesehen. Übergreifen die Mattenstöße mit 50 cm bei dieser Randsparmatte, können die Querstäbe der Betonstahlmatte zur Tragbewehrung angerechnet werden.

Über einer Höhe von 39 cm sollte die Tragbewehrung in der unteren Lage beidseitig verteilt liegen. Die Tragbewehrung, hier Eisen-Pos. 1, muss über die Auflager durchlaufen und über den Endauflagern verankert werden. Für diesen Bewehrungsabschnitt ist es vorteilhafter, mehrere dünne Stäbe zu einer besseren Verteilung vorzusehen. In der unteren Lage sind 4 Bewehrungsstäbe und an den Seiten 2 x 3 Bewehrungsstäbe angeordnet.

Die Stützbewehrung beginnt am oberen Wandende mit der Eisen-Pos. 2 und setzt sich mit der Eisen-Pos. 3 fort. In diesem Wandbereich, auf 1,35 m Höhe, wird die Stützbewehrung durchlaufend ausgeführt und um den Bewehrungsquerschnitt der Matte abgemindert. Der Stoß dieser Bewehrungsstäbe muss versetzt angeordnet werden und wird mit der Übergreifungslänge nach **Tabelle 3.4** ausgeführt. Der Restbereich zur Stützbewehrung bis auf 3,00 m ab Oberkante der Wand wird mit der Eisen-Pos. 4 verlegt, wobei die Eisenlänge mindestens 0,4-mal Wandlänge ins benachbarte Feld geführt werden muss. Auch zu diesem Bewehrungsquerschnitt kann der Bewehrungsquerschnitt der Betonstahlmatte beidseitig 3,77 cm^2/m abgezogen werden.

Alle horizontalen Bewehrungsstäbe liegen innen. Daraus ergibt sich die Breite des Steckbügels, die Eisen-Pos. 5. Die freien Schenkel der Eisen-Pos. 5 liegen in einer Ebene mit den vertikalen Längsstäben der Betonstahlmatte und diese liegen außen, in der 1. Lage. Dieser Steckbügel dient zur Anschlussbewehrung der Betonwand und muss nach **Tabelle 3.4** mit der Matte übergreifen. Hier ist nicht die Übergreifungslänge der Matten maßgebend.

Der obere Randabschluss wird mit Steckbügeln, der Eisen-Pos. 7, eingefasst und zur Anschlussbewehrung an die rechte Betonwand wird der Steckbügel mit der Position 6 vorgesehen. Dieser Steckbügel muss in die Eisen-Pos. 5 und 7 passen und die freien Schenkel sollten mit der anschließenden Matte übergreifen. Der Durchmesser des Steckbügels sollte mindestens 10 mm betragen und die vier vertikalen Bewehrungsstäbe im Kreuzungsbereich der Wände mit dem Durchmesser 14 mm ausgeführt werden.

Abstandhalter und S-Haken sind mit 2 Stück je m^2 vorzusehen. Der Biegerollendurchmesser ist für alle Stäbe, viermal der Stabdurchmesser.

Expositionsklassen, Betondeckung, Beton nach **Tabelle 2.1** u **2.2**.
Übergreifungslängen: **Tabelle 3.4** und **3.5**
Bewehrungsquerschnitte: **Tabelle 3.8** und **3.9**
Lagermatten: **Tabelle 4.1**
Übergreifungslänge der Lagermatten: **Tabelle 4.2**

11.10.1 Bewehrungsführung der Betonwand

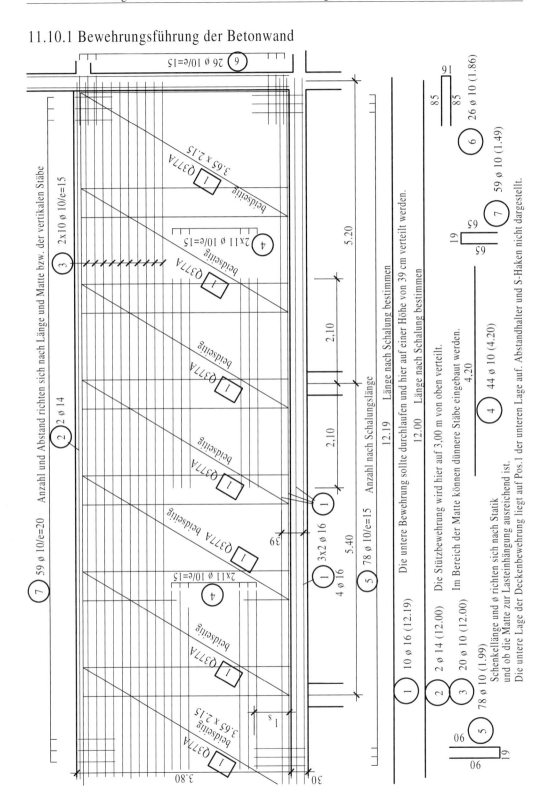

11.11 Nachträglicher Einbau einer Betonwand

Zur besseren Übersicht ist die Konstruktion einer Betonwand im **Kapitel 11.11.2** dargestellt. In diesem Bauabschnitt wurden teilweise vorhandene Decken herausgebrochen und eine neue Betonwand zur Errichtung eines Aufzuges betoniert. Die Betonwand darf die Bodenplatte nicht belasten und hat ihr Auflager über der Betonschürze und dem Unterzug an der rechten Seite. Über die Bewehrung wird die Wand nach oben aufgehangen.

Die Wand ist durch eine 3 cm starke Fuge von der Bodenplatte getrennt. Diese Fuge wird mit einem Hartschaumstreifen geschlossen und erst nach dem Aushärten des unteren Betonierabschnittes entfernt. Erst jetzt darf die Wand weiter eingeschalt und betoniert werden. Durch diese Maßnahme kann sich die nun höhere Belastung nicht auf die Bodenplatte abtragen.

Die Bewehrung: Bevor mit der Bewehrungsführung begonnen wird, müssen die Umgebungsbedingungen bekannt sein und mit der **Tabelle 2.1** und **2.2** die Expositionsklasse mit der Betongüte und dem Verlegemaß bestimmt werden.

Nach statischen Vorgaben wird die Wand beidseitig mit einer Lagermatte Q335 (A) bewehrt. Angaben zur Lagermatte sind in **Tabelle 4.1** zu finden. In **Tabelle 4.2** finden wir die Übergreifungslänge für die Lagermatte Q335 (A) und der Betongüte C20/25 mit 38 cm in beiden Richtungen angegeben. Diese Werte entnehmen wir der Tabelle mit dem guten Verbundbereich, denn alle vertikalen Stäbe, hierzu gehört auch die Lagermatte, werden dem guten Verbund zugeordnet. Der Überstand der Matten über dem 1. Betonierabschnitt wurde mit 50 cm gewählt.

Zur Vermeidung von Betonabplatzungen und eventuell entstehender Risse werden unten zwei Längsstäbe mit dem Durchmesser 12 mm und Steckbügel mit dem Durchmesser 8 mm im Abstand von 15 cm vorgesehen. Die freien Schenkel des Steckbügels der Position 2 sollten 50 cm lang sein. Die Eisen-Pos. 3, 4 und 5 bilden zusammen mit der Betonstahlmatte die Rückverankerung. Aus der linken unteren Betonschürze werden die Stäbe des Bewehrungsanschlusses herausgebogen und die Eisen-Pos. 4 angebunden. Die Rückverankerung auf der rechten Seite bilden die Eisen-Pos. 5 und 6, wobei die Eisen-Pos. 5 über dem 1. Betonierabschnitt endet. Der Steckbügel, die Eisen-Pos. 7, muss in den Steckbügel der Pos. 2 passen. Auch hier müssen die freien Schenkel mindestens 50 cm lang sein, um einen guten Verbund mit der Matte herzustellen.

In dem Unterzugbereich wird die Bügelposition 12 vorgesehen. Die Stäbe des Bügels sollten außen liegen, so können die Tragstäbe innen an der Matte vorbei geführt werden. Eisen-Pos. 8 muss am Endauflager auf den Tragstäben des querenden Unterzuges liegen. Hierzu sollten die Stäbe 3 cm aufgebogen werden. Zur Risssicherung ist die Eisen-Pos. 13 konstruktiv, unter einem Winkel von 45° einzulegen. In der oberen Lage ist eine verstärkte Bewehrung vorzusehen, die weit in die Wand geführt werden muss.

Auf der linken Seite der Betonwand wird Eisen-Pos. 18 als Zugband eingelegt, wobei auch hier die Steckbügel mindestens 50 cm in die Matte greifen. Die restliche Bewehrung mit der Betonvorlage wird konstruktiv ausgebildet. Der untere Bereich kann betoniert werden.

Das Zugband auf der rechten und linken Seite wird mit Pos. 20 und 23 weiter geführt. Die Aussparung in der Betonwand auf der linken Seite ist der Freiraum zum Betonieren, diese Ausklinkung wird später ausgemauert.

Beidseitig der Wand wird die Betonstahlmatte mit 50 cm über den nächsten Betonierabschnitt geführt. Eisen-Pos. 24 und 23 setzen das Zugband fort, wobei Pos. 24 mindestens 80 cm über die Ausklinkung reichen sollte.

Der letzte Wandabschnitt lagert auf den vorhandenen Unterzug auf und an der rechten Seite bindet ein Betonbalken in die Wand ein. Dieser Betonbalken wird zum Wandauflager des Aufzuges genutzt.

11.11.1 Bewehrungsführung der Betonwand

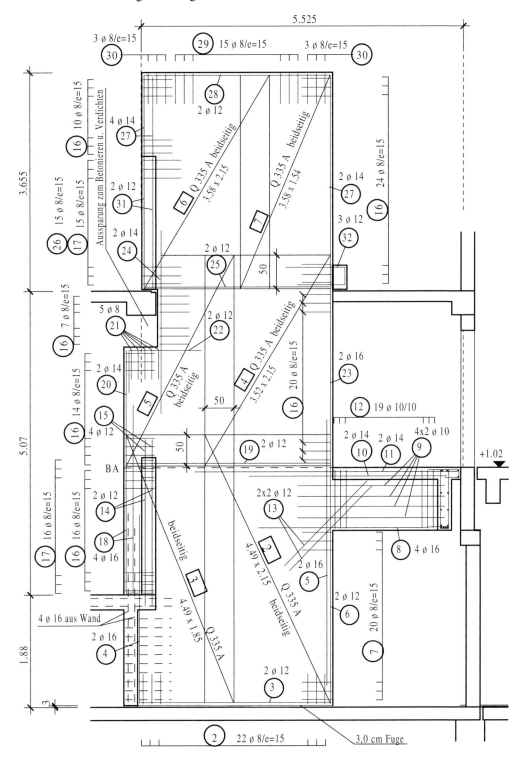

11.11.2 Schalung der nachträglich eingebauten Betonwand

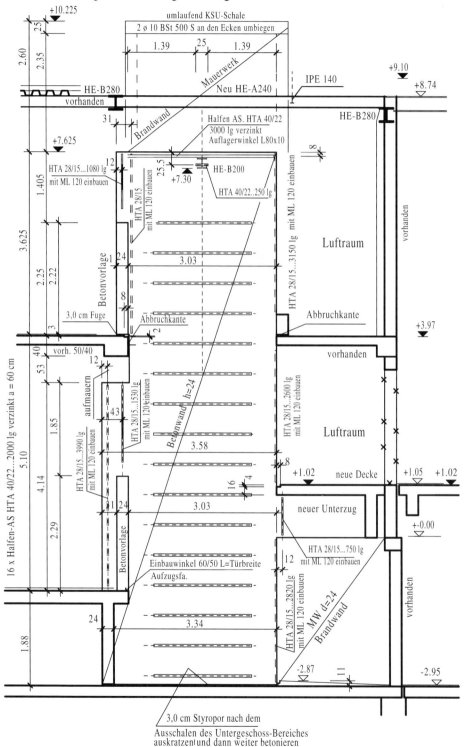

11.12 Rissbreitenbewehrung

f_{ck} = die charakteristische Betonfestigkeit

$f_{ct,eff}$ = 50% der mittleren Betonzugfestigkeit bei der Bemessung

f_{yk} = der charakteristische Wert der Streckgrenze des Betonstahls

$f_{tk,cal}$ = der charakteristische Wert der Zugfestigkeit des Betonstahls für die Bemessung

Bei Platten, die nicht stärker als 200 mm sind und in der Expositionsklasse XC1 ohne wesentlichen zentrischen Zug, darf auf den Rissbreitennachweis verzichtet werden. Die Die zulässige Spannung δ_s für eine gewählte rechnerische Rissbreite w_k kann nach Tabelle Seite 91 bestimmt werden. Ein Versagen des Bauteils bei Erstrissbildung ohne Vorankündigung muss vermieden werden. (Duktilitätskriterium)

Werden Betonstahlmatten mit einem Querschnitt $A_s \geq 6{,}0 \text{ cm}^2$ in zwei Ebenen gestoßen, ist im Stoßbereich der Nachweis der Rissbreitenbeschränkung mit einer um 25 % erhöhten Stahlspannung zu führen. Die Rissbreitenbewehrung (horizontale) sollte außen liegen und aus dünnen Stäben mit kleinem Abstand bestehen. (ø 12/ e=10 oder ø 14/e=10). Die Bewehrung kann an beiden Seiten unterschiedlich sein. Z.B. innen Wasserbehälter, außen Luftfeuchte und Regen. Die kritischen Punkte, an denen sich Wandrisse zeigen, sind auf einer Länge von ca. 2 x Wandhöhe zu erwarten. Hier sollte man vorbeugen und wenigstens Sollbruchstellen durch Einlegen von Dreikantleisten planen. Die Platte oder das Fundament sind schon betoniert. Der Beton ausgehärtet. Nun versucht sich der noch frische Beton der Wand auszubreiten. Das Fundament behindert diesen Vorgang und es entstehen vertikale Risse an der Wandoberfläche. Ohne die Engmaschige Rissbreitenbewehrung würden sie weit auseinanderklaffen. Deshalb sollte auch bei Wänden ohne Rissbreiteneinschränkungen, eine Bewehrungszulage von je 2 horizontalen Längsstäben, unten und oben vorgesehen werden.

Die konstruktive Bewehrung:
1. Kleine Stabdurchmesser des Betonstahls wählen
2. Geringe Stababstände
3. Geringer Abstand der Stäbe zum Bauteilrand
4. Versetzte Bewehrungsstöße
5. Die Bewehrung sollte außen liegen

$$d_s = d_s^* \cdot \frac{\delta_s \cdot A_s}{4(h-d) \cdot b \cdot f_{ct,0}}$$

$$\geq d_s^* \cdot \frac{f_{ct,eff}}{f_{ct,0}}$$

Wirkungsbereich und Fläche für $A_{c,ff}$

11.13 Betonwand über ein mehrfaches Auflager

Die Abstände der Auflagerbereiche sind sehr unterschiedlich, zudem muss die Betonwand durch die Anordnung der Tür mit einer aufwendigen Rückverankerung bewehrt werden. Diese Lasteinhängebewehrung wird bis in die Obergeschosswand geführt und leitet so die einwirkenden Lasten über die Tür in die anschließende Wand ein. Einen Ausschnitt der Bewehrungsführung ist im **Kapitel 11.13.1** dargestellt, die zugehörigen Biegeformen sind im **Kapitel 11.13.2** zu finden. Gewählt wurde eine 70 cm breite Wand mit der Betongüte C45/55.

Die Bewehrung: Im 1. Betonierabschnitt müssen die Eisen-Pos. 1 bis 19 in die Deckenbewehrung zur Lasteinhängung vorgesehen werden. Hierbei sind die sich kreuzenden unteren Schenkel der Eisen-Pos. 3 bis 8 zu beachten. Mit dieser Ausführung soll die untere Bewehrungslage umfasst werden und es wird eine lange Verankerungslänge des Stabstahles mit der Deckenbewehrung erreicht. Um viele Stoßstellen und damit verbunden lange Übergreifungslängen zu vermeiden, werden die Stäbe mit dem Durchmesser 25 mm und 28 mm aus der Decke über die gesamte Geschosshöhe geführt. Die Eisen-Pos. 6 und 5 müssen versetzt angeordnet werden, wobei Eisen-Pos. 6 mit der Übergreifungslänge des anschließenden Stabes aus der oberen Decke ragt. Diese Bewehrungsstäbe zur Lasteinhängung, müssen außen liegen.

Horizontale Bewehrungsstäbe werden im unteren Wandbereich auf 1 m Höhe, hier die Eisen-Pos. 8 und 9, enger verlegt. Konstruktiv zur Risssicherung sind in der unteren Lage noch die Eisen-Pos. 10 und 11 vorgesehen. Die Übergreifungslängen sind in der **Tabelle 3.5** mit der Betongüte C45/55 abzulesen.

Über die untere Lage der Wandbewehrung muss die untere Lage der Deckenbewehrung geführt werden. Zusätzlich sind querverlaufend zur Wand, über die untere Lage, Bewehrungsstäbe mit dem Mindestdurchmesser 10 mm, im Abstand von 15 cm zu verlegen, die dann 80 cm ins benachbarte Feld geführt werden sollten. Ist in der Deckenplatte für die obere Lage eine Mattenbewehrung vorgesehen, müssen auch hier, querverlaufend zur Wand, Bewehrungsstäbe mit dem erforderlichen Bewehrungsquerschnitt der Stützbewehrung verlegt werden. Alle Übergreifungsstöße in der Wandbewehrung und der Deckenplatte gehören dem guten Verbund an.

Nach dem Aushärten der Deckenplatte wird die Bewehrung der Betonwand mit der Anschlussbewehrung zur oberen Wand fortgesetzt.

Mit dem Einbau der Längsstäbe müssen Schubbügel (im unteren Bereich der Wand mit der Eisen-Pos. 35 und im oberen Bereich mit der Eisen-Pos. 36) eingebaut werden. Schubbügel müssen die Längsstäbe umgreifen. Mit besonderer Aufmerksamkeit sollte der Bereich über der Tür betrachtet werden, hier liegen mit der Eisen-Pos. 23 und 24 jeweils 4 Längsstäbe in einer Lage. Zur Montagehalterung müssen diese Stäbe mit einer Unterstützung in der Form eines U-Bügels gehalten werden.

Abstandhalter und S-Haken sind mit jeweils 4 Stück/ m² vorzusehen. Der Biegerollendurchmesser beträgt für alle Bewehrungsstäbe ab dem Durchmesser 20 mm, 7 x Stabdurchmesser. Die Übergreifungslängen und Einbindelängen der Bewehrungsstäbe sind alle nach Tabelle 3.4 und 3.5 und dem guten Verbundbereich auszuführen.

11.13.1 Bewehrungsführung der Betonwand

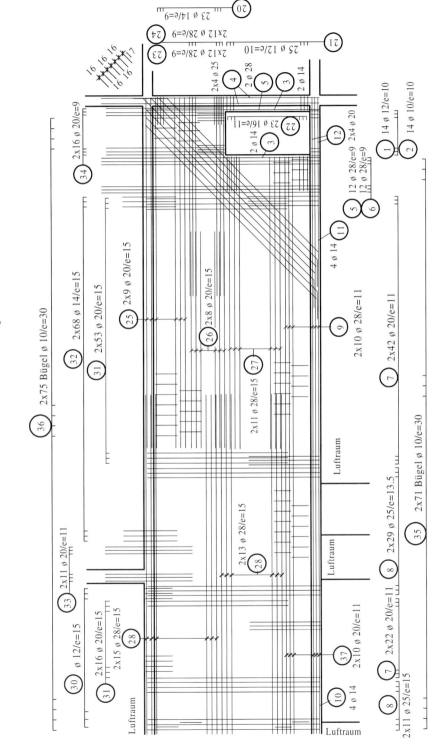

11.13.2 Bewehrung der Betonwand (Eisenauszug)

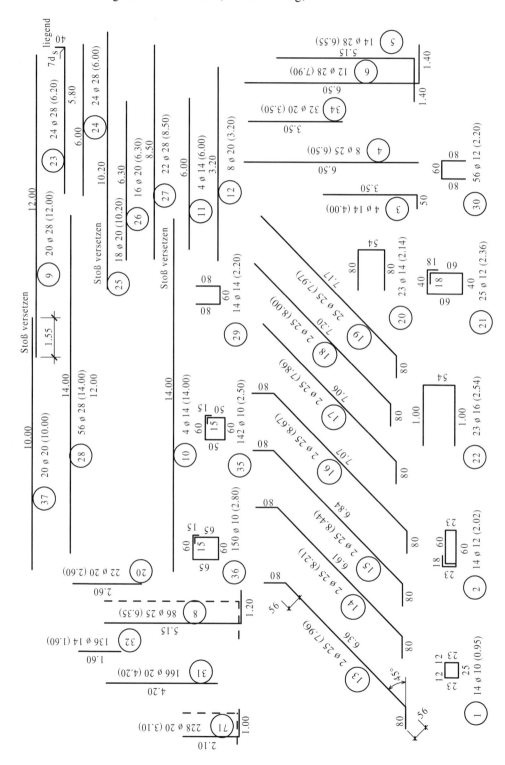

12 Decken

12.1 Decken; Einführung

Decken sollen die vertikalen Lasten zu den Unterzügen, Wänden und Stützen weiterleiten. Betondecken weisen ein gutes Brandschutzverhalten auf. Wird die obere Bewehrungslage durchgeführt, muss die Betondeckung aus den Brandschutzanforderungen nicht beachtet werden. Wird aber auf die obere durchgehende Bewehrung verzichtet, ist eine erhöhte Betondeckung in der unteren Lage erforderlich und die Stützbewehrung muss mit 0,15 L des benachbarten Feldes, länger ausgeführt werden.
In Betondecken ist die Hälfte der Tragbewehrung über die Auflager zu führen, wobei aber die Mindestbewehrung mit dem vollen Bewehrungsquerschnitt über die Auflager zu führen ist. Hierbei muss die Querbewehrung in der oberen und unteren Lage, mit mindestens 20% der Tragbewehrung vorgesehen werden.
Über der Stützung ist die Mindestbewehrung mit ¼ der benachbarten Feldlänge ins Feld zu führen und die obere Randbewehrung muss immer 25% der Feldbewehrung betragen. Diese obere Randbewehrung ist analog zur Stützbewehrung mit ¼ der Feldlänge ins Feld zu führen.
Die Höchstbewehrung sollte 0,08 A_c des Betonquerschnittes nicht überschreiten. Sind Betonstahlmatten mit Doppelstäben zur Rissbreitenbewehrung geplant, gilt beim Rissbreitennachweis der Einzelstab. Ist der Übergreifungsstoß einer Matte mit Doppelstäben und einem Betonstabstahl 500S vorgesehen, so gilt für die Übergreifungslänge der Ersatzdurchmesser des Einzelstabs der Matte. Der Ersatzdurchmesser ist der Durchmesser des Einzelstabes der Matte mal Wurzel aus 2. Wurzel aus 2 = 1,414.
Bei Decken bis 20 cm in der Expositionsklasse XC1, die ohne wesentlichen zentrischen Zwang beansprucht werden, ist ein Nachweis zur Begrenzung der Rissbreite nicht erforderlich.
Die Verbundbedingungen in liegend angeordneten Platten bis 30 cm Höhe sind immer dem guten Verbund zuzuordnen.
Randeinfassungen an freien Rändern von Durchbrüchen und Treppenpodesten brauchen im Inneren von Wohngebäuden nicht berücksichtigt werden. Eine Auswechselbewehrung aus Stabstahl ist ab einer Aussparungsgröße von 40 cm immer vorzusehen. Außerhalb von Wohngebäuden, z.B. Balkonplatten, ist der freie Rand mit Steckbügeln und zwei Längsstäben einzufassen. Der Abstand sollte dann 15 plus h/10 sein, Hier ist h die Deckenstärke und d die statische Nutzhöhe. Größere Aussparungen müssen mit Bewehrungszulagen und Steckbügeln ausgewechselt werden. Hierbei wird die vorhandene Bewehrung mit der Aussparungsbreite multipliziert und dann durch zwei geteilt. Die Aussparungsbreite ist die Seite an der die Bewehrung geschnitten wird. Sind z.B. 6 cm^2/m Bewehrung vorhanden, der Durchbruch 2,50 m breit. So ist 6 cm^2 x 2,5 : 2 = 7,5. Wir müssen je Seite 7,5 cm^2 an Stabstahl zulegen. Auskragende Platten ab 1,80 m, sollten mindestens mit einer Schalungsüberhöhung von 2 cm ausgeführt werden.
Bei Deckenplatten mit einem zweiseitigen Auflager oder einachsig gespannt, verläuft die Tragbewehrung in Spannrichtung oder von einem linken Auflager zum rechten Auflager. Hier sind nur zwei lastabtragende Bauteile vorhanden. Rechtwinklig zur Tragbewehrung wird mit 20% die Querbewehrung angeordnet.
Bei einem dreiseitigen Auflager verläuft die Hauptbewehrung von einer tragenden Wand zur gegenüberliegenden tragenden Wand. Auch wenn dieses Längenmaß größer ist, als das Maß vom freien Rand zum Wand oder Unterzugauflager. Der freie Rand sollte immer mit Steckbügeln und einer verstärkten unteren und oberen Bewehrung eingefasst werden. Oben und unten verlaufen jeweils mindestens zwei Längsstäbe im Durchmesser 12 mm. Bei einem vierseitigen Auflager liegt die größere Bewehrung immer in der kurzen Spannrichtung.

12.1.1 Decken; Einführung andere Decken

Hohlplattendecke:
Zur Ausführung kommen schlaff bewehrte bzw. vorgespannte Hohlplatten. Im inneren der Platte sind runde oder ovale Hohlräume vorgesehen, die nicht ausbetoniert werden. Auch wird diese Platte ohne Aufbeton als tragendes Bauteil eingesetzt. Vorzugsweise werden vorgespannte Hohlplatten für größere Spannweiten, mit einer geringen Höhe verwendet. In den Spannweiten bis 10 m, sind die Platten 25 bis 30 cm hoch. Die Regelbreite ist 1,20 m. Eine Scheibenwirkung wird durch eine Bewehrung aus dem Auflagerbalken und einer Zulagebewehrung in den Plattenfugen erzielt. Diese Zulagebewehrung besteht aus einem bis zwei Längsstäben, mit dem Durchmesser 10 mm. Alle Fugen und Auflagerbereiche werden mit Beton vergossen, der den Anforderungen der Hohlplatte entspricht.

Halbfertigteil-Decke:
Sie wird aus Fertigteilelementen mit einer anschließend aufgebrachten Ortbetonschicht hergestellt. Der Aufbeton wird aus Normalbetonen aufgebracht. Die Konstruktion mit Halbfertigteildecken sollte in der Planung, die Fertigteilplatte nicht höher als 1/3 der Gesamtdicke der Decke berücksichtigen. Der Vorteil der Decke findet sich in der schnellen Verlegung und einem geringen Schalungsaufwand wieder. Die Unterstützung erfolgt nur an den Endauflagern auf denen die Elementplatte 2 cm aufliegt. Hier ragt dann die Tragbewehrung der Platte heraus und sorgt so für den Verbund mit dem Ortbeton der anschließenden Bauteile. Gitterträger, die oben aus der Platte ragen, bilden den Verbund mit dem Aufbeton.
Für den Konstrukteur ist nur eine obere Bewehrungslage zu zeichnen. Verlegepläne zu den Fertigteilelementen und eine zusätzliche statische Berechnung werden vom Fertigteilwerk erstellt. Durch den Bauablauf ist es dem Konstrukteur fast unmöglich, die Höhe der Unterstützungen für die obere Bewehrungslage zu bestimmen. Die Plattendicke ist meist nicht bekannt. Ein Hinweis auf den Plan sollte dem verantwortlichen Bauleiter genügen. Als Unterstützungen sind die Gitterträger zu nutzen. Ist die Betondeckung nicht einzuhalten, sind Unterstützungskörbe nach örtlichen Gegebenheiten im Abstand von 70 cm einzubauen.

Verbund-Trägerdecken:
Verbund-Trägerdecken sind Decken aus einer tragenden Stahlkonstruktion und einer Ortbetondecke oder im unteren Bereich mit Fertigteilelementen und Aufbeton. Die Deckenplatte liegt auf den Stahlträgern auf denen angeschweißte Kopfbolzanker für einen kraftschlüssigen Verbund sorgen. Durch diese schubfesten Verbindungen werden Decken mit hoher Steifigkeit erzielt.

Kappendecke:
Sie ist eine Betondecke im Verbund mit einer tragenden Stahlkonstruktion. Dieser Deckentyp eignet sich besonders, wenn Brandschutzanforderungen an das Bauteil gestellt werden. Das Auflager für die Ortbetonplatte bildet der Unterflansch des Stahlträgers. Vom Unterflansch unter einem Winkel von 60° verläuft die Schalung bis zur Unterkante der Decke, die ca. 16 cm stark ist. Die Deckenoberkante sollte 8 cm über den Stahlträgern liegen. Hier hat dann die obere durchlaufende Bewehrung genug Platz. Im Bereich des Stahlträgers werden schräge Bügel mit dem Durchmesser 8 mm im Abstand von 15 cm eingebaut, in denen Längsstäbe mit dem Durchmesser 10 mm angebunden werden. Hierbei stellt der obere Bügelschenkel den Verbund zur oberen Deckenbewehrung her. Die obere Mattenlage wird vollflächig verlegt und die untere Mattenlage muss zwischen den Trägern liegen, denn der Einbau zwischen den Stegen ist fast unmöglich. Das Auflager für die untere Matte bildet der Bügel und die Betonschräge unter dem Winkel von 60°. Der Stahlträger ist nun von drei Seiten vor den Brandeinflüssen geschützt und erhält an der Unterseite einen feuerfesten Farbanstrich. Verbundträgerdecken zeichnen sich auch bei hoher Belastung durch eine kleine Konstruktionshöhe und kleiner Bewehrung aus.

12.1.2 Ermittlung der Stablängen

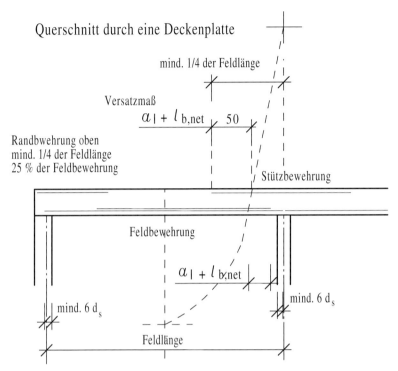

Mit den Werten aus der Statik lässt sich leicht die A_s-Kurve konstruieren. In der Statik sind auf 84 cm Länge noch 3,7 cm² Stützbewehrung erforderlich. Diese 84 cm trägt man nun von der Wandachse nach links ab. Von diesem Punkt trägt man nach oben 3,7 cm ab (Bewehrung). Nun kann man die Länge der Stütz-Bewehrung messen und die Verankerungslänge noch hinzufügen. Die Feldbewehrung funktionier analog, nur die A_s Werte nach unten abtragen.

Die erforderliche Verankerungslänge ist $l_{b,net} = \alpha_a \cdot l_b \cdot \frac{A_{s,erf}}{A_{s,vorh}} \geq l_{b,min}$

Verankerung der Bewehrung mit Versatzmaß $a_l + l_{b,net}$
Versatzmaß bei Platten = d statische Höhe.
$l_{b,min} = 0,3 \cdot \alpha_a \cdot l_b \geq 10 \, d_s$
α_a bei geraden Stäben = 1,0
Die Höchstbewehrung ist $A_s \leq 0,08 \, A_c$
Ersatzdurchmesser bei Doppelstäben = ø Mattenstab $\cdot \sqrt{2}$
Die Verankerungslänge am Endauflager beträgt $\geq 6 \, d_s$
Die Querbewehrung muss $\geq$ 20 % der Zugbewehrung (Tragbewehrung) sein
Maximale Stababstände bei Plattendicke h $\geq$ 25 cm; s = 25 cm.
Maximale Stababstände bei Plattendicke h $\leq$ 15 cm; s = 15 cm.
Der Abstand der Querbewehrungsstäbe s $\leq$ 25 cm.

12.2 Einfeldplatte mit Kragarm

Die Ausführung einer Einfeldplatte ist über Räumen vorzusehen, deren Raummaße große Unterschiede aufweisen oder bei der nur zwei tragende Wände (Auflager) vorhanden sind. Über Garagen, Überdachungen usw. ist die Decke als Einfeldplatte auszuführen. Hierbei kommen Lagermatten, vorzugsweise R-Matten deren lastabtragenden Bewehrungsstäbe nur in Längsrichtung verlaufen, zum Einsatz.

In Decken ist die untere Bewehrungslage immer mit der Hälfte des gesamten Bewehrungsquerschnittes über die Auflager zu führen, hierbei muss aber die Mindestbewehrung ohne Abminderung über die Auflager geführt werden. Die Querbewehrung ist mit 20% der Tragbewehrung (in Tragrichtung) vorzusehen. Werden Lagermatten verwendet, sind diese 20% der Querbewehrung vorhanden.

Vor der Bewehrungsplanung müssen die Umgebungsbedingungen bekannt sein, um mit **Tabelle 2.1** und **2.2** die Expositionsklasse, die Betongüte (mit der Statik vergleichen) und das Verlegemaß bestimmen zu können. Sind an das Bauteil Brandschutzanforderungen gestellt, muss überlegt werden, ob eine größere Betondeckung oder besser eine durchgehende obere Bewehrungslage vorzusehen ist. In der im **Kapitel 12.2.1** dargestellten Deckenplatte ist ein Verlegemaß von 2 cm mit der Betongüte C20/25 und dem Stabdurchmesser 6 mm ausreichend. Anders sieht es bei der Kragplatte aus, hier hat die Außenluft an der Unterseite einen ständigen Zugang zum Beton. Das Bauteil muss in die Expositionsklasse XC3 eingestuft werden. Problematischer ist die Bestimmung der Expositionsklasse und das damit verbundene Verlegemaß. Zum Zeitpunkt der Bewehrungsführung kann der Belag an der Oberseite der Balkonplatte nicht festgelegt werden. Der Beton ist den äußeren Einflüssen ausgesetzt und muss in die Expositionsklasse XC4 mit der Betongüte C25/30 und dem Verlegemaß von 4 cm eingestuft werden.

Die Bewehrung: Grundsätzlich ist in der unteren Lage von Balkonplatten zur Risssicherung, eine Q-Matte vorzusehen. In der oberen Lage sollte die Kragbewehrung mindestens die 1,5-fache Kragarmlänge ins Feld geführt werden. Die Balkonplatte, ein Außenbauteil, ist mit einer Randeinfassung zu versehen, deren Steckbügel den Durchmesser 8 mm, im Abstand von 15+ h/10 ~ 17 cm haben sollten. Umlaufend sind in der unteren und oberen Lage, Längseisen mit dem Durchmesser 10 bis 12 mm einzulegen. Mit 2 x h, aber mindestens l_b, dem Grundmaß der Verankerungslänge, sollte der freie Schenkel des Steckbügels ausgeführt werden. In **Tabelle 3.2** ist das Längenmaß für den Durchmesser 8,0 mm und der Betongüte C25/30 mit 32 cm angegeben. Aber 2 x h sind bei einer 20 cm starken Platte = 40 cm. Alle Verankerungs- und Übergreifungslängen sind dem guten Verbund zuzuordnen, da die Deckenplatte kleiner gleich 30 cm stark ist.

Die untere Mattenbewehrung muss eine Auflagerlänge $l_{b,dir}$ von 2/3 $l_{b,net}$ ≥ 6 d_s haben. Das rechnerische Auflager ist bei einer 24 cm starken Wand = l/3 = 8,0 cm

$l_{b,net} = \alpha_a \times l_b \times a_{s,erf} / a_{s,vorh}$ So ist

$l_{b,net} = 0,7 \times 28 \times 1 = 19,6$ die Auflagerlänge für die Betonstahlmatte R377 A = 13 cm.

Angaben zum Beispiel:
Gegeben: Decke h = 18 cm; Beton C25/30 Expositionsklassen wie oben beschrieben. Bewehrung unten 5,5 cm^2 ; Stützung oben, der Kragarm = 4,3 cm^2. Die Feldbewehrung in der unteren Lage ist mit der Hälfte der erforderlichen Bewehrung zum Auflager zu führen. Das ist hier die R377 A. Der Restquerschnitt wird mit Zulagen, Durchmesser 6,0 mm im Abstand von 16 cm abgedeckt. Diese Stäbe brauchen nicht zu den Auflagern geführt werden. Die Betonstahlmatte R513 A muss bei einer Auskragung von 1,25 m mit dem 1,5-fachen Wert, von der Außenwand, ins Feld geführt werden. 1,25 x 1,5 = 1,875 + 1,25 Auskragung = 3,12 m. Mit ¼ der Feldlänge und 25% der Feldbewehrung ist in der oberen Lage eine umlaufende Randbewehrung vorzusehen.

12.2.1 Bewehrungsführung der Decke

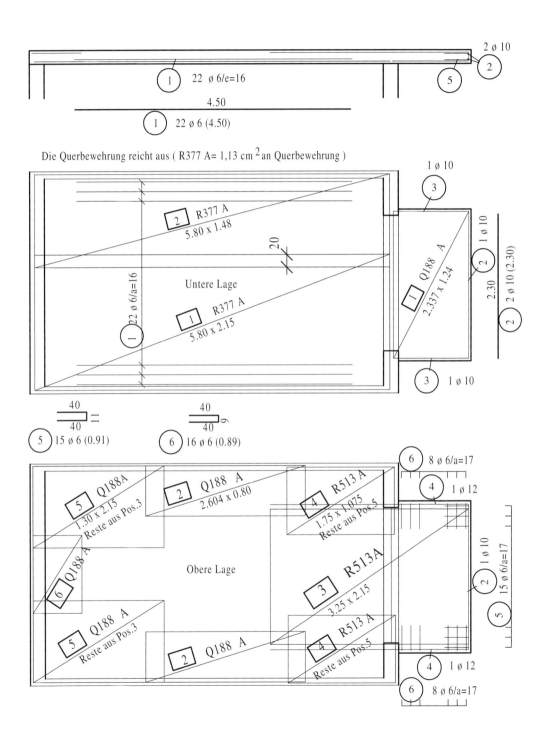

12.3 Durchlaufplatte über zwei Felder

Die Bewehrungsangaben zur Zweifeldplatte nach **Kapitel 12.3.1**: Beton C20/25; Expositionsklasse: XC1; Platte: h = 20 cm; Verlegemaß: 2,5 cm; Bewehrung im Feld links = 8 cm^2/m unten; Bewehrung im Feld rechts unten = 3 cm^2/m; Stützung = 7,0 cm^2/m.
Die Bewehrung: Mit den Angaben aus der Statik Hilfe oder der Bewehrungslinie können wir die Bewehrung aufteilen. In der unteren Lage sind im linken Feld 8 cm^2/m erforderlich. Die Hälfte muss über die Auflager geführt werden. In **Tabelle 4.1** wählen wir die Lagermatte R513 A und führen diese über die Auflager. Mit der rechnerischen Verankerungslänge wird es mit den Betonstahlmatten mit angeschweißtem Querstab keine Probleme geben. Um aber Betonabplatzungen am unteren Auflagerrand zu verhindern, sollte die Matte so weit wie möglich über die Auflager geführt werden. Zur erforderlichen Bewehrung fehlen 2,87 cm^2/m, die wir mit Zulagen aus Betonstabstahl der Güte 500S (A) abdecken. In **Tabelle 3.8** finden wir den Durchmesser 8 mm mit dem Abstand 18 cm. Der erforderliche Bewehrungsquerschnitt ist wohl knapp unterschritten, befindet sich aber noch im zulässigen Bereich. Die Mindeststababstände brauchen wir hier nicht berücksichtigen, einen Abstand von 15 cm haben wir durch die Betonstahlmatte erreicht. Anhand der Momentenlinie aus der Statik oder der Bewehrungslinie in der Zeichnung, können wir die Länge der Zulagen-Pos. 1 bestimmen. Addieren müssen wir noch beidseitig das Versatzmaß und die erforderliche Verankerungslänge.
Im rechten Feld ist ein Bewehrungsquerschnitt von 3 cm^2/m in der unteren Lage erforderlich. Eine Abstufung (Staffelung) lohnt wegen der Kürze des Feldes nicht. Nach **Tabelle 4.1** wählen wir eine Lagermatte R335 A.
Betrachten wir die Bewehrungslinie im oberen Bereich der Stützbewehrung, sehen wir, dass die erforderliche Mindestlänge von ¼ der Feldlänge im linken Feld wesentlich länger, gegenüber der rechnerischen Länge der Stützbewehrung ist. Auf der rechten Seite ist es umgekehrt, hier ist die rechnerische Feldlänge gegenüber der erforderlichen Länge wesentlich länger. Bedingt durch die unterschiedlichen Stützweiten und der unterschiedlichen Feldbewehrung finden wir dieses Verhältnis der Stützbewehrung auch in der Unterzugbewehrung wieder.
Die Stützbewehrung muss ins linke Feld mit ¼ der Feldlänge, hier 1,50 m einbinden. Ins rechte Feld muss die Stützbewehrung anhand der Linie mit 90 cm plus dem Versatzmaß und der Verankerungslänge gleich 1,40 m einbinden. Gewählt wird eine Betonstahlmatte R377 A und die Länge ist 3,0 m. Diese Länge kann aus einer Lagermatte ohne jegliche Reste geschnitten werden. Stütz- oder Feldbewehrungen sollten immer erst mit der Matte und anschließend mit Stabstahlzulagen bewehrt werden. Die Zulagen sind in **Tabelle 3.8** mit dem Durchmesser 8 mm und dem Abstand 15,0 cm zu finden. Mit der Bewehrungslinie können wir die Länge 1,80 m ermitteln.
Im Bereich des Deckendurchbruches werden die Matten geschnitten und die Zulagen können hier nicht verlegt werden. Hier muss der fehlende Bewehrungsquerschnitt durch Zulagen ersetzt werden. In der unteren Lage sind 3,35 cm^2/m erforderlich, dieser Wert wird durch zwei geteilt und mit der Aussparungsbreite, hier 0,80 m, multipliziert. Das Ergebnis von 1,34 cm^2 muss parallel zur Tragrichtung an beiden Seiten eingelegt werden. Quer zur Tragrichtung sind konstruktiv mindestens zwei Stäbe mit dem Durchmesser 10 mm einzulegen. In der oberen Lage der Stützbewehrung sind 7 cm^2/m auzuwechseln.

Formel: $A_{s,erf}$: 2 x Länge der Aussparung.
7 geteilt durch 2 mal 0,8= 2,8 cm^2. Gewählt werden mit **Tabelle 3.9** je Seite 4 x Durchmesser 10 mm. Quer zur Tragrichtung müssen auch hier zwei Stäbe mit dem Durchmeeser 10 mm eingelegt werden.
Nach dem flächigen Verlegen der Matten sind die Mattenreste in die obere Randbewehrung zu verlegen. Die Einbindelänge muss aber ¼ der Feldlänge sein.

12.3.1 Bewehrungsführung der Durchlaufplatte

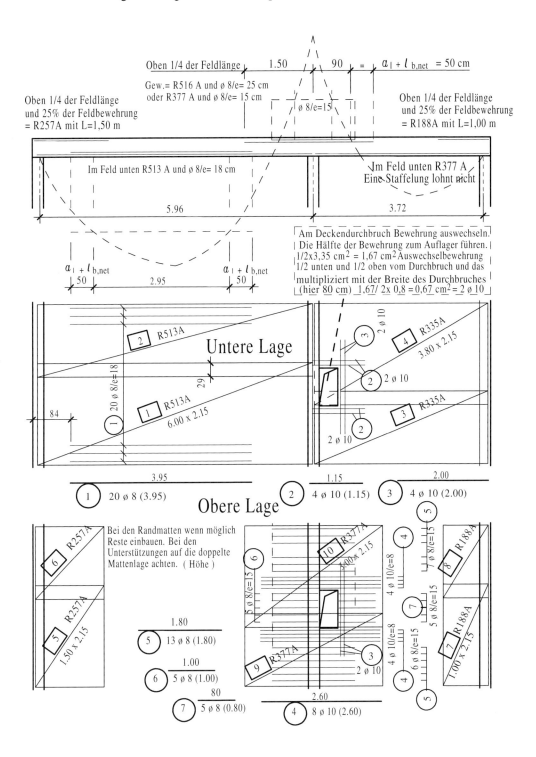

12.4 Durchlaufplatte; 4-seitiges Auflager

Stoßen raumabschließende Decken aneinander, werden diese als Durchlaufplatten berechnet. Die Bewehrungsführung vierseitig aufgelagerter Durchlaufplatten ist im **Kapitel 12.4.1** dargestellt.
Die Bewehrungsangaben zu den Deckenplatten sind: Decke h = 18 cm; Beton C20/25; Expositionsklasse XC1; Bewehrung:
Feld 1 in x-Richtung = 3,4 cm^2/m, in y-Richtung = 5,8 cm^2/m;
Feld 2 in x-Richtung = 4,5 cm^2/m, in y-Richtung = 2,9 cm^2/m;
Feld 3 in x-Richtung = 0,9 cm^2/m, in y-Richtung = 1,4 cm^2/m.
Die Stützbewehrung beträgt für die obere Lage von Feld 1 nach 2 = 4,3 cm^2/m; Feld 1 nach 3 = 2,9 cm^2/m;
Feld 2 nach 3 = 2,1 cm^2/m.
Sollte einmal die Angabe der x- und y- Richtung fehlen, ist grundsätzlich die größte Bewehrung in die kurze Spannrichtung einzulegen. Steht dem Konstrukteur zur Bewehrungsplanung ein A_s-Plott zur Verfügung, sind in dem Kästchen die oberen Werte in x-Richtung, meist waagerecht, zu verlegen und die unteren Werte in die y-Richtung einzuzeichnen.
Die Bewehrung: Im Feld wird zur unteren Bewehrung eine Lagermatte Q377 A nach **Tabelle 4.1** gewählt. Mit diesem Mattenquerschnitt ist die Bewehrung in x-Richtung abgedeckt und in der y-Richtung haben wir mit dem Bewehrungsquerschnitt die erforderlichen 50% über die Auflager geführt. Der Restquerschnitt von 2,03 cm^2/m wird mit Stabstahlzulagen nach **Tabelle 3.8** mit dem Durchmesser 6 mm und dem Abstand von 14 cm bewehrt. Die Länge ist aus der Statik oder der A_s–Kurve, plus dem Versatzmaß und der Endverankerung, zu ermitteln. Bei Platten sind das je Seite 50 cm, wobei das Versatzmaß bei Platten immer d ist. Aus Erfahrung kann man sagen, die Bewehrungszulagen beginnen vom linken inneren Rand ca. 30 bis 50 cm und enden am rechten Rand auch bei 30 bis 50 cm. In den Randbereichen muss nicht der volle Bewehrungsquerschnitt eingelegt werden, hier kann sich die Platte nicht mehr so stark verformen, denn das Wandauflager ist zu steif.
Im Feld 2 liegt die Hauptbewehrung in x-Richtung. Die Betonstahlmatte Q335 A wird mit den Längsstäben in x-Richtung verlegt und deckt mit dem Bewehrungsquerschnitt die y-Richtung ab. Der Restquerschnitt wird wie im Feld 1 mit Zulagen verlegt.
Die Haupttragrichtung im Feld 3 ist die y-Richtung. (Immer die kurze Spannrichtung) Hier verlegen wir eine R188 A. In y-Richtung ist die Bewehrung ausreichend, auch die Querbewehrung mit 1,13 cm^2/m, nur muss hier der Übergreifungsstoß als Tragstoß nach **Tabelle 4.2** ausgebildet werden. Der Übergreifungsstoß ist für einen Beton C20/25 und der Matte R188 im guten Verbundbereich = 29 cm.
Die obere Stützbewehrung beginnen wir an den Kreuzungspunkten von Wänden oder Unterzügen und planen hier eine Lagermatte aus dem Programm der Q-Matten ein. In diesen Bereichen muss die Stützbewehrung in beide Richtungen verlegt werden. Eine Verlegung mit R-Matten würde einen Wust von Bewehrung ergeben. Die Zwischenbereiche werden mit R-Matten und einer Überdeckung von 20 cm abgedeckt. Verlegen wir eine R335 A mit 2,50 m Länge und benötigen die Restlänge nicht mehr, ist es kostengünstiger die andere Hälfte auch in einen Bereich zu verlegen, der diesen Bewehrungsquerschnitt nicht benötigt.
Über der Stützung von Feld 1 nach 2 legen wir eine R377 mit der Länge von 3 m. Das ist eine halbe Matte. Diese Länge von 3 m reicht zur Stützbewehrung bis zu 5 m Raumlänge immer aus. Man kann das anhand der A_s-Kurve leicht prüfen. Der erforderliche Bewehrungsquerschnitt wird mit Stabstahlzulagen abgedeckt. In den oberen Ecken müssen wir eine Drillbewehrung vorsehen. Die Wahl einer Q-Matte, wie im Beispiel, ist die beste Lösung. Diese verhindert das Abheben der Ecken bei mittiger Belastung der Platte. In der oberen Lage sollten immer die Mattenreste verwendet werden.

12.4.1 Bewehrungsführung der Deckenplatte

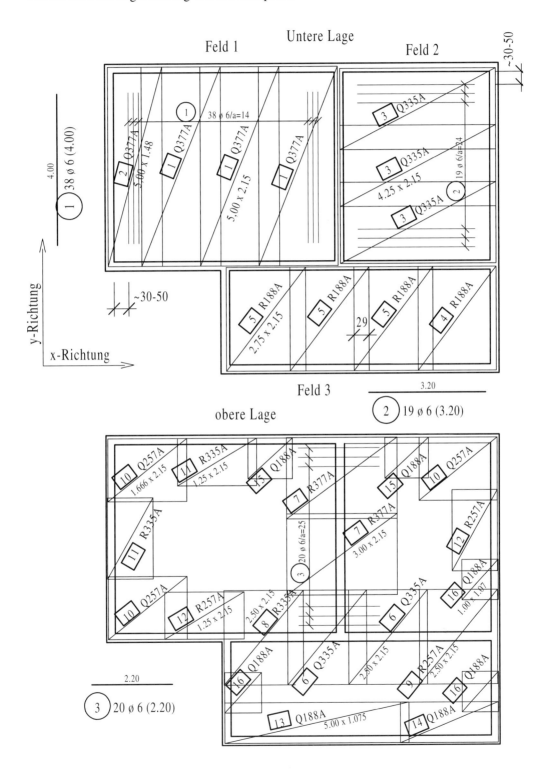

12.5 Deckenplatte dreiseitig gelagert

Eine Deckenplatte, die ihr Auflager auf drei tragende Wände oder Unterzüge hat, ist dreiseitig gelagert. Der nicht unterstützte Rand wird als freier Rand bezeichnet. Im **Kapitel 12.5.1** ist der freie Rand an der rechten Seite dargestellt. Parallel zum freien Rand verläuft die Haupttragrichtung und wie in der Bewehrungsführung zu ersehen, auch der größere Bewehrungsquerschnitt.

Die erforderliche Querbewehrung wird immer größer als die Querbewehrung einer Betonstahlmatte der Typen R188 A bis R513 A sein. Aus diesem Grund sollte die Grundbewehrung mit einer Q-Matte vorgesehen werden, deren Bewehrungsquerschnitt der erforderlichen Querbewehrung und annähernd der mittleren Feldbewehrung entspricht. Der freie Rand ist dann mit einer verstärkten Bewehrung, mit Stabstahlzulagen auszuführen. Eine Randeinfassung im inneren von Wohngebäuden ist nicht erforderlich, aber am freien Rand muss sie vorgesehen werden. Hierbei sollte die freie Schenkellänge des Steckbügels mit der Übergreifungslänge l_s ausgeführt werden.

Die Bewehrung zum **Bild 12.5.a**: Hier verlegen wir in der unteren Lage vollflächig die Lagermatten Q513 A nach **Tabelle 4.1** und führen diese bei Mauerwerkswänden bis zum Wandende. Mit **Tabelle 4.2** bestimmen wir die Übergreifungslänge der Betonstahlmatten, anhand der Betongüte und der Mattenbezeichnung. Der Mattenstoß ist im guten Verbundbereich mit 50 cm auszuführen. Die Endverankerung über dem Auflager sollte bei der Betonstahlmatte durch die angeschweißten Querstäbe immer ausreichend sein.

Der freie Rand ist immer mit Steckbügeln einzufassen, wobei der Durchmesser mindestens 8 mm, die freie Schenkellänge 50 cm und der Abstand 15 cm sein sollte. Im Steckbügel ist unten und oben mindestens ein Längsstab mit dem Durchmesser 12 mm vorzusehen. Die erforderlichen Bewehrungszulagen werden wir mit dem Bewehrungsquerschnitt und der Verteilungsbreite in der statischen Berechnung finden.

In der oberen Lage verwenden wir die Reste aus der unteren Mattenlage. Die Randbereiche der oberen Mattenlage, sind mit dem Bewehrungsquerschnitt von 25% der Feldbewehrung und mit der Einbindelänge von ¼ der der kürzeren Spannrichtung zu verlegen.

In der statischen Berechnung sind die Bewehrungsbereiche der unteren Feldbewehrung in m_x und m_y aufgeteilt. Die Randbewehrung in m_{xr} oder m_{yr}. In den Darstellungen ist der Rand m_{yr}. Die obere Drillbewehrung wird mit m_{xye} bezeichnet.

Die Bewehrung zum **Bild 12.5.b**: In diesem Beispiel wird die untere Bewehrungslage mit einer Lagermatte Q377 A, ausreichend für die erforderliche Querbewehrung vollflächig verlegt. Der erforderliche Bewehrungsquerschnitt in der y-Richtung wird mit Stabstahlzulagen abgedeckt, deren Länge nicht über die gesamte Feldlänge geführt werden muss. Diese Stablänge wird anhand der Momentenlinie oder der A_s-Linie nach **Kapitel 12.1.2** ermittelt.

In der unteren Lage der beiden auskragenden Plattenteile ist die Lagermatte Q377 A nicht erforderlich. Die Tragbewehrung ist in diesem Bereich in der oberen Lage vorgesehen. Auch sollte hier der Mattenstoß mit mindestens 50 cm, bei den R - Matten mit 80 cm ausgebildet werden.

Die Stabstahlzulagen zu der freien Randbewehrung müssen in der unteren und oberen Bewehrungslage über die Auflager geführt und im Steckbügel liegen. Diese Steckbügel müssen im Kreuzungsbereich der ausspringenden Ecke eine unterschiedliche Höhe aufweisen. In der einspringenden Ecke sollten in der unteren und oberen Lage mindestens zwei Bewehrungsstäbe mit dem Durchmesser 12 mm liegen und 1 m ins benachbarte Feld greifen. Die obere Mattenbewehrung wird analog zur Platte A ausgeführt. Eine erhöhte Stützbewehrung ist möglich.

12.5.1 Bewehrungsführung der Decken

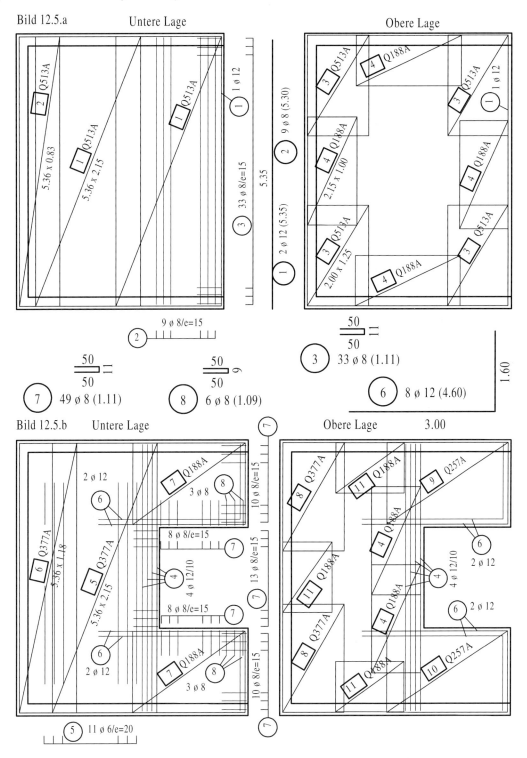

Bild 12.5.a
Bild 12.5.b

12.6 Die Flachdecke

Flachdecken finden ihren Einsatz in der Ausführung großflächiger Decken, deren Auflager nur auf Stützen und den aussteifenden Bauteilen, z.B. Treppenhäusern und Aufzugsschächten liegt. **Kapitel 12.6.1** zeigt einen Bewehrungsausschnitt aus einer Flachdecke.

Zu beachten ist: Die Deckenstärke (h) muss mindestens 20 cm sein und die erforderliche Feldbewehrung ist mit mindestens 50% über die Auflager zu führen. Flachdecken werden zwischen den Stützenachsen in drei Bereiche aufgeteilt: In zwei äußere Gurtstreifen und einen Feldstreifen.

Der Feldstreifen: Der Feldstreifen hat die Breite der 0,6-fachen Länge zwischen den Stützenachsen. Diese Aufteilung in Feld und Gurtstreifen, kann in eine Richtung erfolgen, ist aber auch in beide Richtungen möglich.

Der Gurtstreifen: Zur Bemessung der oberen Stützbewehrung, wird der Gurtstreifen in zwei Teile berechnet. Das sind 2 x 0,1 des Stützenrasters oder je die Hälfte des Gurtstreifens. Maßgebend für die Bewehrungsführung ist der größere Wert beider Berechnungen. Eine Staffelung der Bewehrung auf diese Breite lohnt nicht. In der oberen Lage des halben Gurtstreifens sollten die Abstände der Bewehrungsstäbe nicht größer h/2 sein. Bei einer 20 cm starken Deckenplatte sind das 10 cm.

Der Randstreifen: Die Ausführung des Randauflagers ist zur Bewehrungsführung maßgebend. Eine gleichbleibende Auflagerung der Decke am Rand bewirkt eine 25% Abminderung des Bewehrungsquerschnittes gegenüber der Gurtstreifenberechnung.

Bevorzugt werden zur Bewehrung dieser großflächigen Decken, Listenmatten, die wir in der **Tabelle 4.11** finden. Der Mattenaufbau sollte so gewählt werden, dass keine Querstäbe im Bereich des Stützenauflagers liegen. Die aus der Stütze herausragenden Bewehrungsstäbe machen den Einbau der Listenmatte sonst fast unmöglich. Listenmatten, wie in dem Beispiel kreuzweise in zwei Lagen verlegt, erhalten ihre Tragstäbe nur in eine Richtung, die Querstäbe, Verteilerstäbe sind hier nur als Montagestäbe im Abstand von 1,00 m bis 1,40 m vorgesehen. Ein Übergreifungsstoß der Listenmatten bei dieser Verlegeanordnung ist in beiden Bewehrungslagen nicht vorgesehen und erforderlich. Der Übergreifungsstoß in Tragstabrichtung muss nach **Tabelle 3.4** ausgeführt werden. Zur Bestimmung der Übergreifungslänge einer Listenmatte mit Doppelstäben ist der Ersatzdurchmesser maßgebend. Der Ersatzdurchmesser, ist der Durchmesser des Mattenstabes mal Wurzel aus zwei und ist wie alle Matten mit einem Ein-Ebenen-Stoß nach Tabelle 3.4 auszuführen.

Über den Stützenköpfen, in der unteren Lage sollten je Richtung fünf Stäbe mit dem Durchmesser 10 mm im Abstand von 12 cm eingelegt werden und die Stablänge sollte mindestens 1,50 m betragen.

Die obere Bewehrungslage: In der oberen Lage ist zur Stützbewehrung noch der Nachweis gegen Durchstanzen zu erbringen. Erläutert wird diese Durchstanzbewehrung im Kapitel 13. Die Stützbewehrung kann zur Durchstanzbewehrung angerechnet werden. Wo es möglich ist, sollten Listenmatten nicht nur bis über das Auflager geführt, sondern bis zur maximalen Länge von 12 m verlegt werden, denn eine geeignete Längenaufteilung bringt große Stückzahlen, hierdurch bedingt eine Baukostenersparnis und einen schnelleren Bauablauf.

Stöße über den Auflagern sollten vermieden werden, denn durch die zusätzliche Durchstanzbewehrung baut sich die Bewehrung zu stark auf. Eine lange Stablänge bis zum ersten Querstab ist hier vorteilhaft.

Unterstützungen, Abstandhalter, Expositionsklasse mit der Wahl des Verlegemaßes und der Betongüte entsprechen den Anforderungen einer normalen Betondecke. Im Bereich der Durchstanzbewehrung müssen in der Höhe andere Unterstützungskörbe gewählt werden.

12.6.1 Bewehrung einer Flachdecke

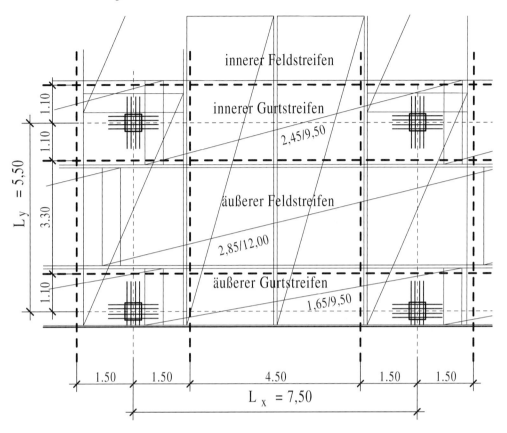

Eine andere Möglichkeit die untere Mattenlage zu verlegen

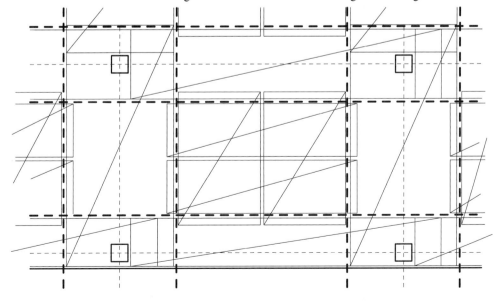

13 Durchstanzbewehrung

13.1 Durchstanzbewehrung in Decken

Liegt eine Decke direkt auf eine Stütze auf, ist noch keine Durchstanzbewehrung erforderlich. Erst wenn größere Lasten oder Spannungen auf die Decke wirken, wird diese Belastung auf die Stütze abgeleitet. Die Stütze versucht sich, gedanklich vorgestellt, durch die Decke zu bohren. Über einen Kegel, den Durchstanzkegel, treten im oberen Bereich der Decke Spannungen auf, die ohne Durchstanzbewehrung zu ersten Rissen und zu Betonabplatzungen führen würden. Die Durchstanzbewehrung muss in der oberen Bewehrungslage vorgesehen werden.

Fundamente werden durch eine Stütze oder Wand von oben belastet und versuchen unten aus dem Fundament einen Kegel herauszubrechen. Die Durchstanzbewehrung in Fundamenten liegt unten.

Die Durchstanzbewehrung, ist eine erhöhte Bewehrung, eine Zulagebewehrung, bestehend aus Stabstahl der Güte 500S (A). In der oberen Lage wird sie in Deckenplatten über die Stützung eingelegt, in der auch die Grundwehrung durchlaufen sollte und zur Durchtanzbewehrung angerechnet werden kann. Deckenplatten in denen eine Durchtanzbewehrung erforderlich ist, müssen mindestens 20 cm stark sein.

Ist es dem Statiker nicht möglich, die einwirkenden Querkräfte über die Durchstanzbewehrung zu verteilen, muss eine Schubbewehrung (Querkraftbewehrung) in Form von aufgebogenen Stäben, Bügeln, S-Haken oder Dübelleisten ausgeführt werden. Um die erforderliche Querkraftbewehrung abzudecken, ist der Einbau der Dübelleisten die einfachste Lösung. In der Deckenplatte müssen die Montagebleche der Dübelciste über der oberen Bewehrung befestigt werden. In den Funtamenten werden diese dann unter der untersten Bewehrzunglage befestigt.

Die Durchstanzbewehrung wird im Bereich des auszubrechenden Kegels dichter verlegt, dabei muss der Stabdurchmesser einer Durchstanzbewehrung kleiner als der 0,5-fache Wert der statischen Höhe (d) sein.

Werden Bügel, Schubleitern oder aufgebogene Stäbe zur Querkraftbewehrung herangezogen, muss zusätzlich eine zweite Reihe der Schubbewehrung vorgesehen werden, wenn diese nicht erforderlich ist. Hierbei muss der Abstand der ersten Reihe, 0,5-d von der durchdringenden Bauteilkante entfernt sein. Die zweite Reihe ist dann 0,75-d von der ersten Reihe einzubauen, wobei d mit der statischen Nutzhöhe einzusetzen ist.

Der kritische Rundschnitt errechnet sich aus r_{crit} und der Radius r_{crit} ist 1,5 x d vom Auflagerrand.

d ist die statische Nutzhöhe bis zur Mitte des oberen Eisens.

Daraus resultierend, ist der der Lasteinleitungswinkel von der Außenkante der Stützung mit $\beta = 33{,}7°$ einzusetzen.

Die Lasteinleitungsfläche A_{load} errechnet sich bei einer kreisförmigen Stütze mit

$l_c = 2$ mal $r_c \leq 3{,}5$ x d.

Bei einem rechteckigen Querschnitt mit,

$U_c \leq 11$ x d; $0{,}5 \leq l_x / l_y \leq 2{,}0$

d ist die mittlere Nutzhöhe,

l_c ist der Durchmesser der Lasteinleitungsfläche.

l_x ; l_y sind die Seitenlängen.

r_{crit} ist der Radius der Lasteinleitungsfläche

U_c ist der Umfang der Lasteinleitungsfläche

Die kritische Fläche A_{crit} ist die Fläche innerhalb des kritischen Rundschnittes und umgibt die Lasteinleitungsfläche A_{load} in einem Abstand von 1,5 d.

Auszug aus ; Bewehren von Stahlbetontragwerken vom Institut für Stahlbeton Bewehrung e.V.

13.1.1 Die kritischen Flächen

Lasteinleitungsfläche A_{load} ist die kritische Fläche innerhalb des kritischen Rundschnittes.
d = mittlere Nutzhöhe ; l_c = Durchmesser der Lasteinleitungsfläche
r_{crit} = Radius der Lasteinleitungsfläche ; U_c = Umfang der Lasteinleitungsfläche
r_{crit} = 1,5 · d + 1/2 der Stützenbreite
A_{crit} ist die kritische Fläche innerhalb des kritischen Rundschnittes.

Die kritische Fläche

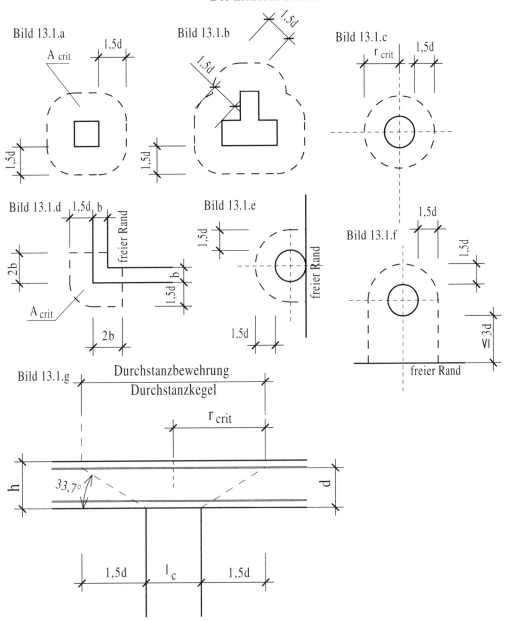

13.2 Durchstanzbewehrung in der Ecke und am Rand

13.2.1 Durchstanzbewehrung in der Ecke

Die Durchstanzbewehrung einer einspringenden Ecke ist im **Kapitel 13.2.1** dargestellt. Anhand der Umgebungsbedingungen haben wir die Expositionsklasse XC1 mit dem Verlegemaß von 2,5 cm und der Betongüte C20/25 bestimmt. Die Deckenstärke h ist 25 cm und der Bewehrungsquerschnitt zur Durchstanzbewehrung ist mit 20 cm^2/m angegeben. Den Durchstanzkegel zu dieser einspringenden Ecke finden wir im **Kapitel 13.1.1**.

Die Bewehrung: Mit **Tabelle 3.8** legen wir den Durchmesser 16 mm mit dem Abstand 10 cm fest. Zu beachten ist die Angabe des Bewehrungsquerschnittes in cm^2/m, sollte die Verlegebreite nur 60 cm oder 1,50 m sein, der Stabdurchmesser und der Abstand von 10 cm ändern sich nicht. Ist in der statischen Berechnung der Durchstanzbereich mit dem Bewehrungsquerschnitt genau festgelegt, so muss in diesem Bereich die Bewehrung aufgeteilt werden.

Außerhalb der möglichen Verlegebreite der Eisen-Pos. 1, treffen wir auf einen Durchstanzbereich ohne die erforderliche Verankerungslänge. In diesen Bereichen wird die abgebogene Eisen-Pos. 2 und 3 vorgesehen, wobei der untere Schenkel mindestens mit l_b ausgeführt werden sollte. Zu beachten ist weiter, dass die Höhe der Eisen-Pos. 3 um den Stabdurchmesser der Eisen-Pos. 1 geringer ausgeführt werden muss, denn über der Eisen-Pos. 3, muss die horizontalverlaufende Eisen-Pos. 1 in einer Höhe durchlaufen und kann nicht abgebogen werden.

Außerhalb des kritischen Rundschnitts ist noch eine abgeminderte Durchstanzbewehrung erforderlich, die analog zu Eisen-Pos. 1 bis 3 auszuführen ist. Die Eisen-Pos. 9 ist in der unteren Lage vorzusehen und sollte vom äusseren Knickpunkt der Wand in einem Abstand von 10 cm verlegt werden.

Der Biegerollendurchmesser ist hier für alle Stäbe 4 d_s. In der Zeichnung finden wir noch die Angabe der Stablängen zur Durchstanzbewehrung. Die Stablänge kann auch nach Kapitel 9.1.4 ermittelt werden.

13.2.2 Durchstanzbewehrung am Rand

Alle Bewehrungsstäbe der Durchstanzbewehrung, die rechtwinklig zum freien Rand verlaufen, müssen abgebogen werden. In der Zeichnung sind das die Eisen-Pos. 1, 2 und 6. Der zugehörige Durchstanzkegel und der kritische Rundschnitt sind im **Kapitel 13.1.1** dargestellt. Vor der Bewehrungsführung ist die Expositionsklasse mit dem Verlegemaß und der Betongüte zu bestimmen. Hier sind die Werte analog zum nebenstehenden Beispiel.

Die Bewehrung: Mit Hilfe der **Tabelle 3.8** ermitteln wir den Stabdurchmesser und Stababstand, aus den Vorgaben der statischen Berechnung zur Durchstanzbewehrung mit $A_s = 31,0$ cm^2/m. Die gewählte Bewehrung ist der Stabdurchmesser 20 mm, im Abstand von 10 cm.

Mit einem Anschluss zur Stütze ist die Eisen-Pos. 1 auf das Maß der Stützenbreite zu verlegen. Die Eisen-Pos. 2 und 6 müssen zur Verankerung zu einer U-Form gebogend werden. Hierbei ist der untere Schenkel mindestens mit der Länge l_b auszuführen.

Ist die Länge der Bewehrungsstäbe aus der Statik nicht zu ermitteln, gehen wir nach diesem Beispiel vor. Auf einem Blatt, tragen wir die Stützweite 8 m im Maßstab 1:100 auf. Über der Stütze, nach oben, tragen wir den Bewehrungsquerschnitt, A_s 31 cm^2/m, mit 31 cm im Maßstab 1:100 ab. Anschließend tragen wir die Feldbewehrung, mit angenommenen 8 cm^2/m in der Mitte der Stützweite mit 8 cm nach unten ab. Nun verbinden wir durch einen Bogen, wobei der Bogen über der Horizontalen steiler sein sollte, die beiden markierten Punkte und können auf der horizontalen Linie die Stablänge abmessen. Es sollten 1,65 m sein. Zu diesem Maß, addieren wir noch das Versatzmaß, hier Plattenhöhe und die Verankerungslänge. Unten, über dem Auflager, sollte man immer eine konstruktive Bewehrung, hier die Eisen-Pos. 8, vorsehen.

13.2.1 Bewehrungsführung der Durchstanzbewehrung

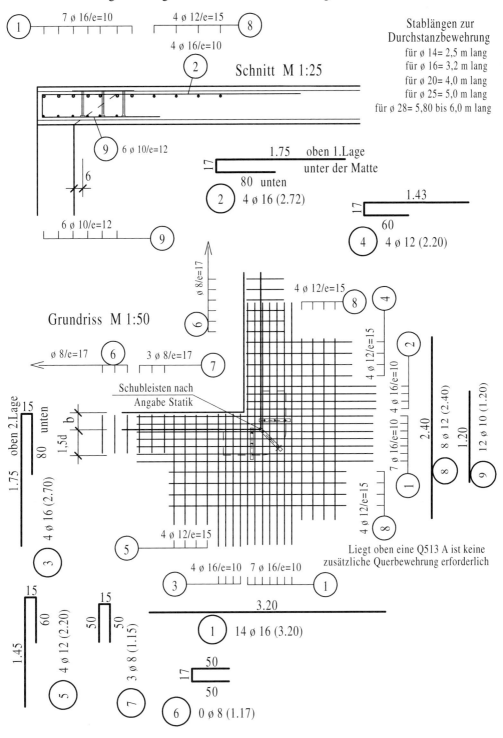

Stablängen zur Durchstanzbewehrung
für ø 14= 2,5 m lang
für ø 16= 3,2 m lang
für ø 20= 4,0 m lang
für ø 25= 5,0 m lang
für ø 28= 5,80 bis 6,0 m lang

13.2.2 Durchstanzbewehrung am Rand

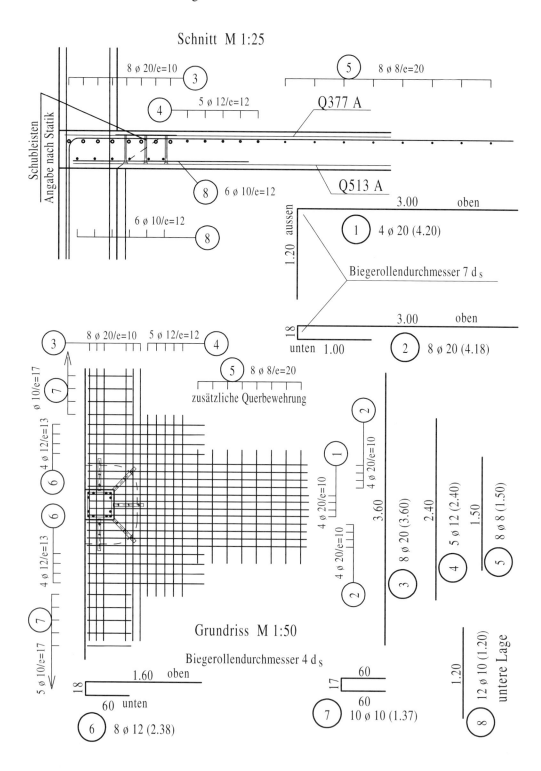

13.3 Bereiche der Durchstanzbewehrung

Durchstanzbewehrung, eine erhöhte Bewehrung, (als Zulage aus Rundstahl) in der oberen Bewehrungslage. Die Bewehrung in der Decke über den Stützen im Feld bzw. am Rand und bei einspringenden Wandecken. Die Deckenstärke muss mindestens 20 cm sein. Die Grundbewehrung läuft durch, kann aber zur Durchstanzbewehrung angerechnet werden. Muss eine Schubbewehrung im Durchstanzkreis vorgesehen werden, ist der Einbau von Dübelleisten vorteilhafter. Durchbrüche neben der Stütze bzw. Wandecke, dürfen nicht größer als 1/3 der Stützenbreite bzw. 1/3 des Durchmessers bei Rundstützen sein. Der Durchbruch darf bei einer 40 cm breiten Stütze = 40/3 = 13 cm ausgeführt werden.

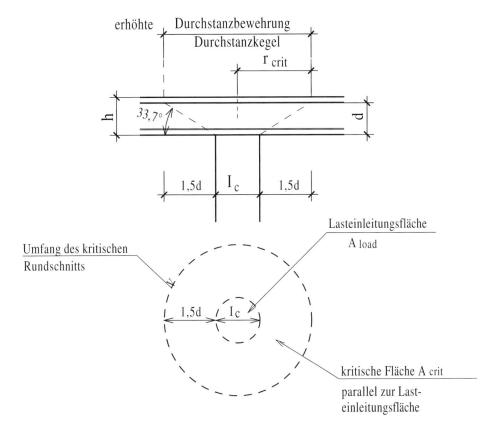

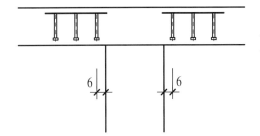

Der Einbau von Dübelleisten (Schubbewehrung) Auf die Betondeckung achten . Ankerdurchmesser, Ankerlängen und Abstände nach Statik. Das obere Blech hat nur Montagefunktion. Die Anker müssen bis zur unteren Bewehrungslage reichen.

13.4 Durchstanzbewehrung im Feld über der Stütze

Die Bewehrungsführung der Durchstanzbewehrung über eine Mittelstütze ist im **Kapitel 13.4.1** dargestellt. Hierzu finden wir die kritische Fläche im **Kapitel 13.1.1**. Die Umgebungsbedingungen sind bekannt und so können wir nach den **Tabellen 2.1** und **2.2** die Expositionsklasse XC1 mit der Betongüte C20/25 und dem Verlegemaß von 2,5 cm festlegen, wobei sich das Verlegemaß auf den ersten Stab, hier eine Betonstahlmatte, bezieht. Die erforderliche Betongüte ist immer mit der statischen Berechnung zu vergleichen. In der statischen Berechnung kann die Durchstanzbewehrung in drei Bereiche aufgeteilt sein. Der mittlere Bereich über der Stütze ist immer der Bereich mit der größten Durchstanzbewehrung. Nach außen mindert sich der Bewehrungsquerschnitt, bzw. der Stabdurchmesser ab.

Die Deckenstärke h ist in diesem Beispiel mit 22 cm. gewählt. Decken mit einer Durchstanzbewehrung müssen mindestens 20 cm stark ausgeführt werden. Der erforderliche Bewehrungsquerschnitt zur Durchstanzbewehrung in der kritischen Fläche, ist mit 31 cm^2/m angegeben, außerhalb dieses Rundschnittes, auf 1 m Breite, müssen noch 12 cm^2/m eingelegt werden. Die Grundbewehrung, eine Lagermatte Q513 A, kann mit angerechnet werden. In der **Tabelle 4.1** sind die Lagermatten beschrieben.

Die Bewehrung: In der unteren Lage sollte über dem Stützenkopf die Eisen-Pos. 1 mit dem Stabdurchmesser 10 bis 12 mm und dem Abstand 10 bis 12 cm vorgesehen werden. Es kann durchaus sein, dass auf der Baustelle in diesem Bereich Mattenstäbe durchgeschnitten werden und das fehlende Auflager durch die Eisen-Pos. 1 (eine Zulagebewehrung) ersetzt werden muss. Diese Zulagebewehrung ist in Durchstanzbereichen immer kreuzweise vorzusehen. Auch über Mauerwerksecken und Stützen, wenn keine zusätzliche Durchstanzbewehrung erforderlich ist. Um den Durchmesser und den Abstand der Durchstanzbewehrung zu bestimmen, können wir von den 31 cm^2/m die Q- Matte mit 5,13 cm^2/m abziehen. Die A_s -Werte der Lagermatten sind in **Tabelle 4.1** angegeben. Zur Abdeckung der Durchstanzbewehrung, sind im Mittelbereich noch 25,87 cm^2/m erforderlich. In den anschließenden 1 m Bereichen, sind noch 6,87 cm^2/m einzulegen. In **Tabelle 3.8** finden wir den Stabdurchmesser 20 mm mit dem Abstand von 12 cm. Auch wenn die A_s-Werte in cm^2/m angegeben sind in dem Durchstanzbereich müssen die Stäbe im Abstand von 12 cm verlegt werden. Ob der Bereich nun 60 cm oder 2 m breit ist, spielt keine Rolle. Den Durchmesser 12 mm im Abstand 15 cm legen wir nach der Tabelle für die beiden Außenbereiche fest.

Ist in der Statik der äußere Durchstanzkreis angegeben, brauchen wir nur noch das Versatzmaß, hier Deckenstärke und die Verankerungslänge addieren. Fehlt die Angabe in der Statik, können wir anhand der A_s -Linie die Länge bestimmen, oder die Stablängen vom **Kapitel 13.2.1** verlegen.

Nun müssen noch die Dübelleisten (Schubleisten) eingetragen werden. Der erste Stahlbolzen sollte 6,0 cm von der Außenkante des stützenden Bauteiles liegen. Die in der statischen Berechnung ermittelten Bolzenanker sollte man immer mit den Gegebenheiten überprüfen. Der Bolzen muss bis zur unteren Bewehrungslage reichen.

Im Durchstanzbereich sind durch den stärkeren Bewehrungsaufbau, Unterstützungskörbe mit einer anderen Höhe zu wählen. Hier ist ein SBA - Unterstützungskorb vorgesehen, der auf der unteren Mattenlage steht. Um die Höhe des Unterstützungskorbes zu ermitteln, ziehen wir von der Deckenstärke zweimal das Verlegemaß mit der Lagermatte Q513 A ab. 22 cm –5 cm - 3 cm ist 14 cm. Von diesen 14 cm, müssen wir noch die sich kreuzenden Stäbe mit dem Durchmesser 20 mm abziehen. In Durchstanzbereich wird ein Unterstützungskorb mit der Höhe von 10 cm benötigt. Im Normalbereich ist der Unterstützungskorb mit einer Höhe von 14 cm vorzusehen.

13.4.1 Bewehrungsführung der Durchstanzbewehrung

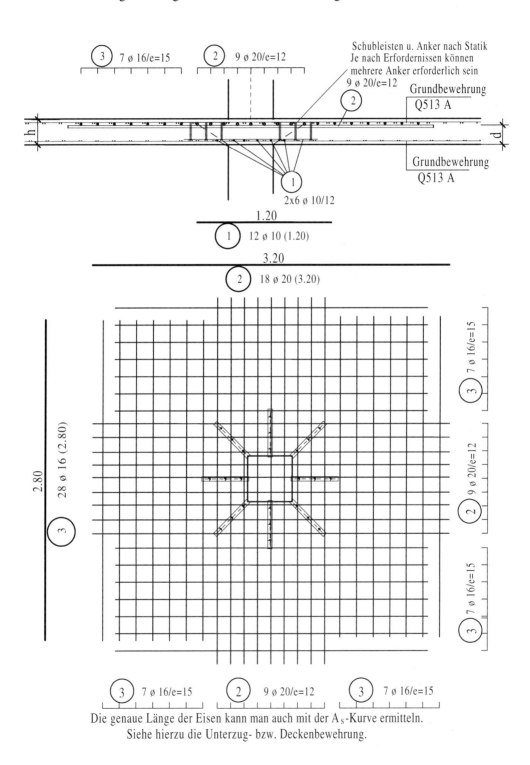

Die genaue Länge der Eisen kann man auch mit der A_s-Kurve ermitteln.
Siehe hierzu die Unterzug- bzw. Deckenbewehrung.

13.5 Durchstanzbewehrung mit Pilzkopf

Die Durchstanzbereiche der Stützenkopfverstärkungen, auch Pilzkopf genannt, liegen gegenüber der flachen Decke, etwas anders. Im **Kapitel 13.5.1** sind die wichtigsten Angaben eingetragen. Es gibt zwei Unterschiede zur Lage des kritischen Rundschnitts. Ist die Auskragung des Pilzkopfs von der Stütze gemessen, kleiner als das Maß-1,5 mal der Höhe des Pilzkopfs bis zur Unterkante, dann liegt der kritische Rundschnitt außerhalb der Verstärkung. Ist die Auskragung des Pilzkopfes aber größer als die 1,5-fache Höhe des Pilzkopfes bis zur Unterkante der Decke, dann liegt der kritische Rundschnitt innerhalb der Verstärkung. Im **Kapitel 13.5.1** liegt der kritische Rundschnitt innerhalb der Verstärkung.

Die Bewehrung: Die Bewehrungsführung einer Durchstanzbewehrung mit einer Pilzkopfbewehrung, bzw. Deckenverstärkung ist im **Kapitel 13.5.1** dargestellt. Bevor mit der Bewehrungsplanung begonnen wird, müssen die Umgebungsbedingungen bekannt sein. Dann kann man die Expositionsklasse mit der Betondeckung und dem Beton festlegen. Liegt die Grundbewehrung auf der Durchstanzbewehrung, ist dies bei der Höhe von Eisen-Pos. 1 und 2 zu beachten. Eisen-Pos.1 liegt mit dem oberen Schenkel in einer Ebene mit der Durchstanzbewehrung. Form 2 kann nicht die selbe Höhe haben. Sie muss unter die querverlaufende Durchstanzbewehrung geführt werden. Diese bügelartige Bewehrung kann zur Schubbewehrung herangezogen werden.

Die untere Bewehrunglage der Decke sollte mindestens 30 cm in den Pilzkopf hineinragen. Durch die richtige Bewehrungswahl und Verlegerichtung muss ein Mattenstoß über der Durchstanzbewehrung vermieden werden. Jetzt kann die Durchstanzbewehrung in den Plan wie bei einer Flachdecke eingetragen werden. Nun ist zu überlegen, in welcher Form und Abmessungen die Querkraftbewehrung ausgeführt wird. Sollen Bügel vorgesehen werden, so ist nur Eisen-Form 5 möglich. Es ist aber sehr zeitaufwendig, diese Bügelform in die angegebenen Bereiche zu verlegen. Hierbei muss der Bügel die äußere Lage der Bewehrungsstäbe umschließen und nach unten verankert sein. Die Betondeckung ist in den Bügelbereichen kaum einzuhalten.

Der Einbau von Schubdübeln bzw Dübelleisten in der Form von Kopfbolzankern mit Montageblechen ist die beste und einfachste Lösung. Wird eine Durchstanzbewehrung mit einer Stützenkopfverstärkung gezeichnet, sollte unbedingt ein größeres Detail auf den Plan dargestellt werden, in dem auch die Abmessungen der Dübelleisten dargestellt werden.

13.5.1 Bewehrungsführung der Durchstanzbewehrung

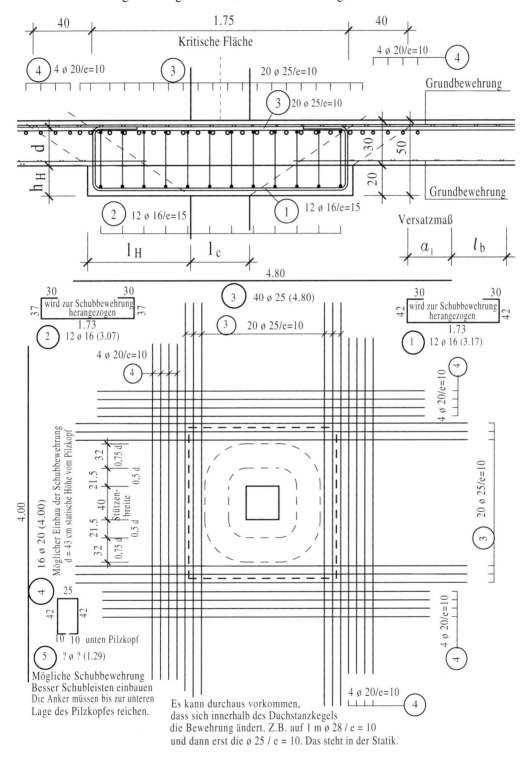

13.6 Deckenauflager

Bei dieser Art des Auflagers sollte die Decke mind. 20 cm stark sein. Bei hoher Betondeckung ist die Nase kaum zu bewehren. Besser Konsole unter der Platte.

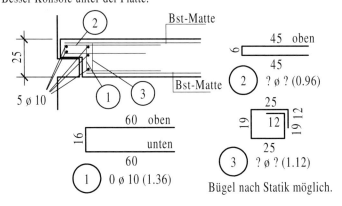

Querkraftanschluss über Dorne
Bewegung der Platte in beiden Richtungen möglich. Keine Konsole erforderlich. Außerhalb der von den Fachfirmen angegebenen Bewehrung normale Stecker einbauen. Die Längsbewehrung durchlaufen lassen. Bei 3,5 cm Betondeckung müssen die Verteilerstäbe der Matte geschnitten werden.

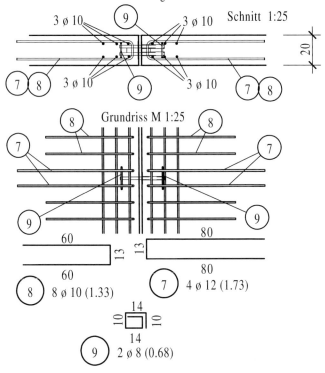

13.6.1 Deckenauflager

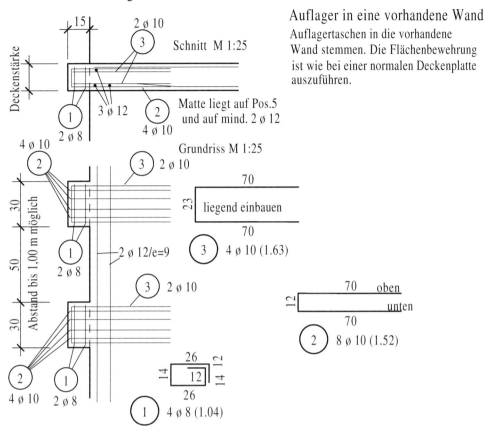

Auflager in eine vorhandene Wand
Auflagertaschen in die vorhandene Wand stemmen. Die Flächenbewehrung ist wie bei einer normalen Deckenplatte auszuführen.

Anschluss einer Balkonplatte mit Bewehrungsanschluss

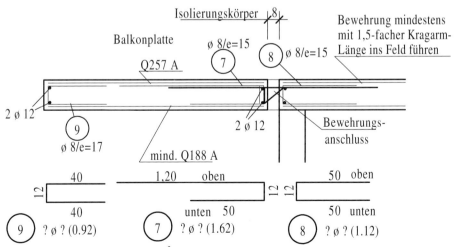

Sind oben zur Kragarmbewehrung $A_s = 4{,}5\ cm^2$ erforderlich, legt man oben vollflächig eine Bst-Matte Q257 A ein. Der obere Schenkel der Steckbügel, (ist immer erforderlich) wird so verlängert, das er zur Kragarmbewehrung ausreicht. Hier sind es Steckbügel ø 8/ e = 15 cm. Vorne am Kragende eine Überhöhung vorsehen.

13.6.2 Decken-Details

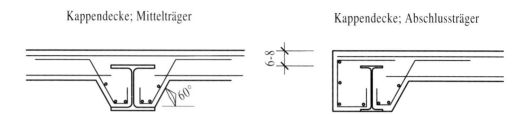

Kappendecke; Mittelträger   Kappendecke; Abschlussträger

Decken aus Stahlträgern mit Ortbetonplatten sind Decken mit hoher Tragfähigkeit und Steifigkeit. Der obere Spiegel über dem Stahlträger sollte nicht unter 6 cm liegen. Die untere Mattenlage muss zwischen den Flanschen der Stahlträger passen. Die Stabstahlbewehrung in der Voute kann ø 8 mm im Abstand von 15 cm sein. Der Bewehrungsschenkel in der oberen Lage ist 30 cm. Der Haken ist 10 cm lang. Die Längsstäbe sollten den Durchmesser 10 mm haben.
Die Decken eignen sich für den Brandschutz besonders gut. Die Stahlträger brauchen nur noch von unten mit einem Brandschutzanstrich versehen werden.

Plattenbalken-Decke

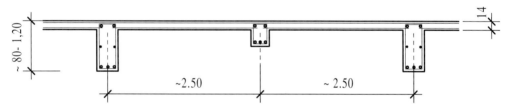

Bei der Plattenbalkendecke werden die Balken bis zur Unterkante der Decke betoniert. Erst danach wird eine 14 bis 15 cm starke Deckenplatte aufbetoniert. Die Tragrichtung der Platte verläuft von Unterzug zu Unterzug.

Rippendecke

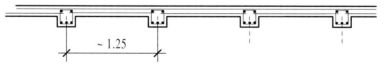

Die Rippendecke wird mit den Balken und der Decke in einem betoniert. Das Verlegen der unteren Mattenlage ist sehr schwierig. Lagermatten können nicht eingebaut werden. Plattenbalkendecke und Rippendecke werden nur bei großflächigen Bauvorhaben eingesetzt. Der Nachteil gegenüber einer Flachdecke ist die eingeschränkte Raumhöhe. Hier könnte die Haustechnik ihre Leitungen unterbringen.

14 Treppen

14.1 Treppen; Einführung

Die Schrittmaßregel für Treppen ist.
2 s + a = 59- 65 cm.
In der Regel sollte die Treppe die Steigung von 17,5 bis 18 cm und den Auftritt von 27 bis 28 cm haben. Die Geländerhöhen betragen bis 12 m Höhe = 1 m. Ab der Absturzhöhe über 12 m muss die Geländerhöhe 1,10 m betragen.
Auf den Trittschall sollte bei Treppenläufen und Podesten besonders geachtet werden. Hier gibt es verschiedene Möglichkeiten der Trittschallentkopplung. Der Treppenlauf wird vom Podest getrennt. Sei es durch Bewehrungsanschlüsse verschiedener Hersteller oder durch ein Konsolauflager mit Elastomere Lager, hierbei wird der Treppenlauf nach dem Erstellen der Podeste eingebaut und es wird ein reibungsloser Arbeitsablauf gewährleistet.
Der Einbau der nachträglichen Treppen kann durch Fertigteil- bzw. Ortbetontreppenläufe erfolgen. Diese nachträglich eingebauten Treppenläufe, sollten mindestens durch eine Fuge von 2 cm zur Treppenhauswand und vom Podest getrennt sein. Das Konsolauflager sollte eine Bauwerkstrennung von 1 cm beinhalten. Alle Fugen sind frei von Mörtel zu halten.
Zur Vermeidung des Körperschalls ist das Geländer nicht gleichzeitig am Treppenlauf und an der Treppenhauswand zu befestigen.
Brandschutzanforderungen: Treppenläufe mit einer oben liegenden konstruktiven Bewehrung sind zur Bestimmung des Verlegemaßes, in die jeweilige Expositionsklasse einzuordnen. Ist eine obere Bewehrung nicht vorgesehen, so sind die Brandschutzanforderungen einer Deckenplatte zu beachten. Das Verlegemaß beträgt dann 3,5 cm.
Ein Treppenlauf sollte nicht unter 16 cm ausgeführt werden. Sehr oft gibt es im Antrittsbereich der ersten Stufe durch die unterschiedlichen Fußbodenaufbauten zu schlanke Bauteilabmessungen, in denen kaum die Be-

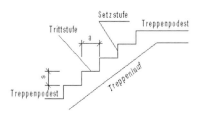

wehrung untergebracht werden kann. Auch Konsolauflager brauchen min-destens eine Betonstärke von 10 cm, wobei das Podest dann mindestens 20 cm stark sein sollte.
Die Stärke des Treppenlaufes wird orthogonal von der Unterkante des Treppenlaufes bis zum Knickpunkt der Tritt - und Setzstufe gemessen. Treppenläufe werden mit Stabstahl der Güte 500S (A) bewehrt. Hierbei sollte der Stabdurchmesser nicht zu groß gewählt werden, denn durch die Treppenkrümmungen und Biegungen ist der Stahl dann schlecht zu biegen. Die Tragstäbe werden bei gebogenen Treppenläufen in laufende Meter ausgezogen und örtlich geschnitten. Auf dem Bewehrungsplan, werden dann die Auflagerbereiche passgenau ausgearbeitet. Die Querstäbe bekommen auf dem Plan das Kürzel VE für Verteilereisen.
Treppenläufe werden nicht, auch nicht im Brandschutzfall, mit Steckbügeln eingefasst. Nur im Bereich der Treppenabschlüsse zur Schallentkopplung sind Steckbügel vom Hersteller im Katalog vorgeschrieben.
Die Bewehrungsführung ist relativ einfach und eigentlich nur auf die Auflager und Knickpunkte zu achten. Für Ortbetontreppenläufe ohne Schallentkopplung, ist immer eine Anschlussbewehrung aus dem anschließenden Bauteilen vorzusehen. Treppenläufe werden nachträglich betoniert. Sehr oft wird diese Anschlussbewehrung vergessen.

14.2 Ortbeton- Treppe

Ortbetontreppen werden überwiegend im Wohnungsbau vorgesehen. Als Innenbauteil, können sie dann mit der Expositionsklasse XC1, der Betongüte C20/25 und dem Verlegemaß von 2,5 cm ausgeführt werden. Durch das fehlende Raumangebot sind Ortbetontreppen im Wohnungsbau stark gewendelt und sind mit dem Stabstahl 500S (A) zu bewehren. Die Stabstahlbewehrung lässt sich leichter der Treppenform anpassen und längen, denn oft ist zum Zeitpunkt der Planung der genaue Treppenverlauf nicht bekannt. Hier werden die Trageisen, meistens der Durchmesser 10 mm, in laufende Meter ausgezogen und örtlich nach den Schalungsmaßen geschnitten.

Die Bewehrung: Im **Kapitel 14.2.1** ist der Treppenlauf 16 cm stark und mit 1 m Breite geplant. Die erforderliche Bewehrung ist mit 4,9 cm^2/m angegeben. In **Tabelle 3.8** finden wir den Durchmesser 10 mm mit dem Abstand 15 cm.

Vom Bauablauf her werden erst die Geschossdecken mit den Podesten bewehrt und im Anschlussbereich der Treppen, die Eisen Pos. 1 und 2 eingebaut. Erst nach dem Ausschalen der Decke wird der Treppenlauf eingeschalt und bewehrt. In diesem Zuge werden die Eisen-Pos. 1 und 2 zur Anschlussbewehrung genutzt.

Treppenbewehrungen, insbesondere Ortbetontreppenläufe, sollten nicht mit Passeisen ausgeführt werden. Hier muss immer die Möglichkeit gegeben sein, einen Schenkel der Bewehrungsstäbe zu kürzen.

Die Tragbewehrung der Treppenläufe liegt unten, eine obere Bewehrungslage ist nur in den Knickpunkten der Läufe erforderlich. Diese obere Bewehrungslage wirkt wie eine Stützbewehrung.

Die Bewehrungsführung: Eisen-Pos. 3 (in der unteren Lage) muss mit dem Schenkel nach oben geführt werden. Hier schließt dann die Pos. 5 an und bleibt oben. Die Eisen-Pos. 6 liegt in der unteren Lage des Podestes und muss in die obere Lage zu Eisen-Pos. 5 geführt werden. Die Eisen-Pos. 4 liegt in der unteren Lage und schließt mit der Übergreifungslänge, nach **Tabelle 3.4** an die Anschlussbewehrung Pos. 2 an. Die Eisen-Pos. 7 liegt im Podest unten und muss mit dem Schenkel in die obere Lage geführt werden. Die Eisen-Pos. 8 liegt im Podest oben und muss in die untere Lage zu Eisen-Pos. 4 geführt werden. Mit der Eisen-Pos. 9 wird die Querbewehrung (Verteilerstäbe) eingebaut Diese Querbewehrung wird auf dem Plan mit VE bezeichnet.

Der Treppenlauf im **Kapitel 14.3** ist mit einem Anschluss zur Schallentkoppelung dargestellt. Hier muss eine obere konstruktive Bewehrung vorgesehen werden. Die obere Bewehrung kann aus einer Betonstahlmatte Q188 A bestehen. Um einen geeigneten Anschluss an die Fertigelemente herstellen zu können, muss der Treppenlauf 16 cm stark sein.

Die Stabdurchmesser der Eisen-Pos. 1 bis 3 müssen dem Bewehrungsquerschnitt des Treppenlaufes entsprechen. In beiden Auflagerbereichen sind beidseitig Steckbügel mit der Eisen-Pos. 4 vorzusehen, in deren weiteren Verlauf die Eisen-Pos. 5 angebunden wird.

Zusätzlich zur Treppenbewehrung ist am Treppaustritt eine Einhängebewehrung, die Eisen-Pos. 3, zu verlegen. Die restliche Bewehrung ist konstruktiv und analog zur Ortbetontreppe auszuführen.

Im **Bild 14.3.a** ist noch das Auflager eines Treppenlaufes auf eine Konsolbank dargestellt. Hier sind die Stabdurchmesser der Tragbewehrung anzupassen. Das sind Steckbügel mit dem Durchmesser 8 bis 10 mm. Die Auflagernasen selbst werden mit Steckbügeln mit dem Durchmesser 6 mm bewehrt. Die Bügelformen im Antritts- und Austrittsbereich müssen zur Lasteinhängung herangezogen werden. Ihre unteren Bewehrungsschenkel müssen mit der unteren Treppenbewehrung mit l_s übergreifen.

14.2.1 Bewehrungsführung der Ortbetontreppe

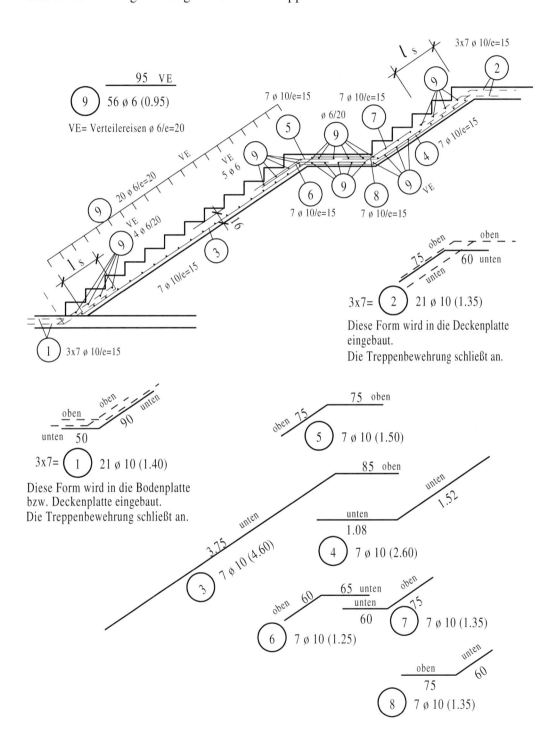

14.3 Bewehrungsführung des Treppenanschlusses

Bild 14.3.a   Treppenanschluss mit Schallentkoppelung

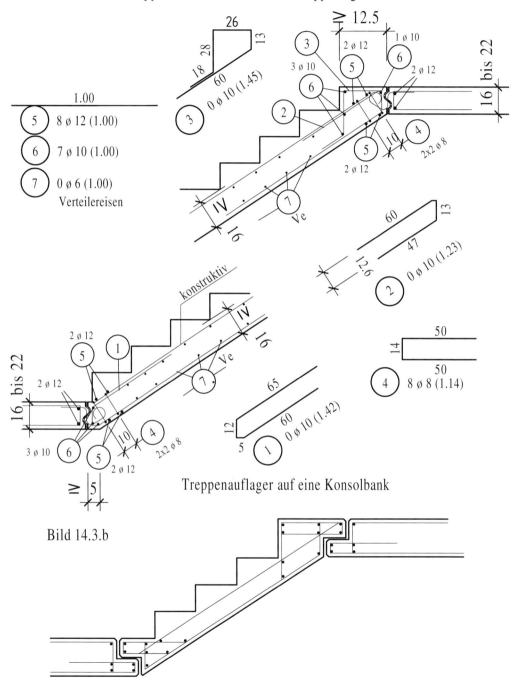

Bild 14.3.b

15 Schachtbewehrung

Schachtbewehrung

Hier ist dargestellt, wie man mit zwei Bewehrungsformen einen Schacht bewehrt.
Betondeckung c_v = 3,5 cm. Beton C20/25
Ist der Schacht etwas tiefer, kommt man auch mit einer Form aus.

Anschluss aus Bodenplatte   Anschluss aus Bodenplatte

Schnitt

- 4 ø 10/a=15
- 9 ø 10 (1)
- 9 ø 10 (1)
- 7 ø 10 (2)
- 9 ø 10 (1)
- 4 ø 10/a=15
- (2) 7 ø 10
- (2) 2x9 ø 10/a=15
- (1) 2x6 ø 10/a=15
- (2) 4 ø 10

(1) 60 ø 10 (1.74)
97 / 60 / 17

- 2x9 ø 10/a=15
- 4 ø 10 (2)
- 4 ø 10 (2)
- 4 ø 10 (2)
- 4 ø 10 (2)
- 4 ø 10 (2)
- 4 ø 10 (2)
- 2x9 ø 10/a=15
- (2) 4 ø 10
- (1) 2x6 ø 10/a=15

(2) 64 ø 10 (1.97)
1.20 / 60 / 17

Grundriss

16 Sonderbauteile

16.1 Spaltzugbewehrung

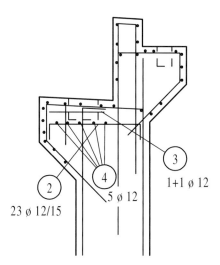

Das typische Aussehen einer Spaltzugbewehrung in Brückenwiederlagern. Die Spaltzugbewehrung liegt ca. 40 cm von der Oberkante des Bauwerks.
Die Spaltzugbewehrung verläuft immer in beide Richtungen.

Hier ist die Position 3 als Steckbügel dargestellt.

Eine Bügelform ist bei einer größeren Spaltzugbewehrung auch möglich.

16.2 Bewehrung einer Wand mit $A_s \geq 0{,}02\ A_c$

Lotrechte (vertikale) Stäbe gew. ø 20 im Abstand von 10 cm
Bügelbewehrung wie bei einer Stütze.
Bügel ø 8 im Abstand von 24 cm. Jeweils werden 4 Eisen umschlossen.
Die Abstände 15 d_b und 30 cm sind eingehalten .

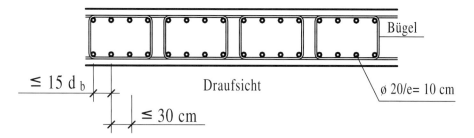

Formeln

Verankerungslänge

$l_{b,dir} = 2/3 \times l_{b,net} \geq 6\, d_s$

$l_{b,net} = \alpha_a \times l_b \times \alpha_{s,erf} / \alpha_{s,vorh} \geq l_{b,min}$

$l_{b,min} = 0{,}3 \times \alpha_a \times l_b \geq 10\, d_s$

$l_b = d_s / 4 \times f_{yd} / f_{bd}$

l_b für einen Stabdurchmesser 16 mm und der Betongüte C20/25.
$l_b = 1{,}6 / 4 \times 435 / 2{,}3 = 75{,}6$ cm. Diese Länge entspricht dem Tabellenwert.
Die 2,3 entspricht der charakteristischen Betondruckfestigkeit für einen C20/25. Die Zahl 435 ist die Stahlstreckgrenze.

$l_{b,min} = 0{,}3 \times 1 \times 75 = 22{,}5$ cm
Mit $\alpha_a = 1$ für einen geraden Stab.

$l_{b,net} = 1 \times 75 \times 1 = 75$ cm
Mit $\alpha_{s,erf} / \alpha_{s,vorh} = 1{,}0$

$l_{b,dir} = 2/3 \times 75 = 49{,}9$ cm

Die Übergreifungslänge mit

$l_s = l_b \times \alpha_1$
$l_s = 75 \times 1{,}4 = 105$ cm

Die Auswechselbewehrung für einen größeren Durchbruch.

$A_s / 2 \times L$
L = Länge des Durchbruchs an der geschnittenen Seite.

Das Versatzmaß α_l ist d.
D = Statische Höhe.

Die Mindestquerschnittsfläche der lotrechten Bewehrung bei Wänden ist 0,0015 A_c.

Die Höchsbewehrung ist bei Wänden und Unterzügen 0,08 A_c.

Die Mindestbewehrung bei Stützen sind vier Bewehrungsstäbe mit dem Durchmesser 12 mm

Die Höchsbewehrung bei Stützen ist 0,09 Ac.

A_c = Betonquerschnittsfläche.

Tabelle 2.1: Expositionsklassen

Tabelle aus Bewehren von Stahlbeton-Tragwerken vom ISB e.V. Seite 64

Expositions-klasse	Beschreibung der Umgebung	Beispiele für die Zuordnung von Expositionsklassen	Mindestbeton-festigkeitsklasse
X0	Kein Korrosions- oder Angriffsrisiko	Bauteile ohne Bewehrung in nicht betonangreifender Umgebung, z.B. Fundamente ohne Frost, Innenbauteile ohne Bewehrung	C 12/ 15 LC 12/ 13
Bewehrungskorrosion, ausgelöst durch Karbonatisierung a)			
XC1	Trocken oder ständig nass	Bauteile in Innenräumen mit normaler Luftfeuchte (einschließlich Küche Bad und Waschküche in Wohngebäuden), Bauteile die sich ständig unter Wasser befinden	C 16/ 20 LC 16/ 18
XC2	Nass, selten trocken	Teile von Wasserbehältern, Gründungsbauteile	C 16/ 20 LC 16/ 18
XC3	Mäßige Feuchte	Bauteile, zu denen die Außenluft häufig oder ständig Zugang hat, z.B. offene Hallen, Innenräume mit hoher Luftfeuchte, z.B. in gewerblichen Küchen, Bädern, Wäschereien, in Feuchträumen von Hallenbädern und in Viehställen	C 20/ 25 LC 20/ 22
XC4	Wechselnd nass und trocken	Außenbauteile mit direkter Beregnung; Bauteile in Wasserwechselzonen	C 25/ 30 LC 25/ 28
Bewehrungskorrosion, ausgelöst durch Chloride, ausgenommen Meerwasser			
XD1	Mäßige Feuchte	Bauteile im Sprühnebelbereich von Verkehrsflächen, Einzelgaragen	C 30/ 37 c) LC 30/ 33
XD2	Nass, selten trocken	Schwimmbecken und Solebäder; Bauteile die chloridhaltigen Industrie- wässern ausgesetzt sind.	C 35/ 45 c) LC 35/ 38
XD3	Wechselnd nass und trocken	Bauteile im Spritzwasserbereich von taumittelbehandelten Straßen, direkt befahrene Parkdecks b)	C 35/ 45 c) LC 35/ 38
Bewehrungskorrosion, ausgelöst durch Chloride, aus Meerwasser			
XS1	Salzhaltige Luft, kein unmittelbarer Kontakt mit Meerwasser	Außenbauteile in Küstennähe	C 30/ 37 c) LC 30/ 33
XS2	Unter Wasser	Bauteile in Hafenanlagen, die ständig unter Wasser liegen	C 35/ 45 c) LC 35/ 38
XS3	Tidenbereiche, Spritzwas- ser- und Sprühnebelbereiche	Kaimauern in Hafenanlagen	C 35/ 45 c) LC 35/ 38
Betonangriff durch Frost mit und ohne Taumitteln			
XF1	Mäßige Wassersät- tigung ohne Taumittel	Außenbauteile	C 25/ 30 LC 25/ 28
XF2	Mäßige Wassersättigung mit Taumittel oder Meerwasser	Bauteile im Sprühnebel- oder Spritzwasserbereich von taumittelbehandelten Verkehrsflächen, soweit nicht XF4; Bauteile im Sprühnebelbereich von Meerwasser	C 25/ 30 LC 25/ 28
XF3	Hohe Wassersätti- gung ohne Taumittel	Offene Wasserbehälter; Bauteile in der Wasserwechselzone von Süßwasser	C 25/ 30 LC 25/ 28
XF4	Hohe Wassersätti- gung mit Taumittel oder Meerwasser	Bauteile, die mit Taumitteln behandelt werden; Bauteile im Spritzwasserbereich von taumittelbehandelten Verkehrsflächen mit überwiegend horizontalen Flächen, direkt befahrene Parkdecks; b) Bauteile in der Wasserwechselzone von Meerwasser; Räumerlaufbahnen von Kläranlagen	C 30/ 37 LC 30/ 33
Betonangriff durch chemischen Angriff der Umgebung d)			
XA1	Chemisch schwach angreifende Umgebung	Behälter von Kläranlagen; Güllebehälter	C 25/ 30 LC 25/ 28
XA2	Chemisch mäßig angreifende Umgebung und Meeresbauwerke	Bauteile, die mit Meerwasser in Berührung kommen; Bauteile in betonangreifenden Böden	C 35/ 45 c) LC 35/ 38
XA3	Chemisch stark angreifende Umgebung	Industrieabwasseranlagen mit chemisch angreifenden Abwässern; Gärfuttersilos und Futtertische der Landwirtschaft; Kühltürme mit Rauchgasableitung	C 35/ 45 c) LC 35/ 38
Betonangriff durch Verschleißbeanspruchung			
XM1	Mäßige Verschleiß- beanspruchung	Bauteile von Industrieanlagen mit Beanspruchung durch luftbereifte Fahrzeuge	C 30/ 37 c) LC 30/ 33
XM2	Schwere Verschleiß- beanspruchung	Bauteile von Industrieanlagen mit Beanspruchung durch luft- oder vollgummibereifte Gabelstapler	C 30/ 37 c) LC 30/ 33
XM3	Extreme Verschleiß- beanspruchung	Bauteile von Industrieanlagen mit Beanspruchung durch elastomerbereifte oder stahlrollenbereifte Gabelstapler; Wasserbauwerke in geschiebebelasteten Gewässern, z.B. Tosbecken; Bauteile, die häufig mit Kettenfahrzeugen befahren werden	C 35/ 45 c) LC 35/ 38

a) Die Feuchteangaben beziehen sich auf den Zustand innerhalb der Betondeckung der Bewehrung. Im Allgemeinen kann angenommen werden, dass die Bedingungen in der Betondeckung den Umgebungsbedingungen des Bauteils entsprechen. Dies braucht nicht der Fall zu sein, wenn sich zwischen dem Beton und seiner Umgebung eine Sperrschicht befindet.

b) Ausführung direkt befahrener Parkdecks nur mit zusätzlichem Oberflächenschutz-System für den Beton.

c) Eine Betonfestigkeitsklasse niedriger, sofern aufgrund der zusätzlich zutreffenden Expositionsklasse XF Luftporenbeton verwendet wird.

d) Grenzwerte für die Expositionsklassen bei chemischem Angriff siehe DIN EN 2006-1 und DIN 1045-2

Tabelle 2.2: Mindestbetondeckung

Der ø des Stabes ist bei der Betondeckung mit berücksichtigt
Betondeckung= $c_{nom} = c_{min} + \Delta c$ in mm

Expositions-klasse	Beschreibung der Umgebung	Mindestbeton-deckung Betonstahl a)b)	Vorhaltemaß Δc in mm	Mindest-betonfestig-keitsklasse	ø 6	ø 8	ø 10	ø 12	ø 14	ø 16	ø 20	ø 25	ø 28
X0	Kein Korrosions- oder Angriffsrisiko			C 12/15 LC 12/13				unbewehrt					
Bewehrungskorrosion, ausgelöst durch Karbonatisierung													
XC1	Trocken oder ständig nass	10	10	C 16/20 LC 16/18	20	20	20	22	24	26	30	35	38
XC2	Nass, selten trocken	20	15	C 16/20 LC 16/18	35	35	35	35	35	35	35	40	43
XC3	Mäßige Feuchte	20	15	C 20/25 LC 20/22	35	35	35	35	35	35	35	40	43
XC4	Wechselnd nass und trocken	25	15	C 25/30 LC 25/28	40	40	40	40	40	40	40	40	43
Bewehrungskorrosion, ausgelöst durch Chloride, ausgenommen Meerwasser													
XD1	Mäßige Feuchte	40	15	C 30/37 c) LC 30/33	55	55	55	55	55	55	55	55	55
XD2	Wechselnd nass trocken	40	15	C 35/45 c) LC 35/38	"	"	"	"	"	"	"	"	"
XD3 d)	Wechselnd nass und trocken	40	15	C 35/45 c) LC 35/38	55	55	55	55	55	55	55	55	55
Bewehrungskorrosion, ausgelöst durch Chloride, aus Meerwasser													
XS1	Salzhaltige Luft, kein unmittelbarer Kontakt mit Meerwasser	40	15	C 30/37 c) LC 30/33	55	55	55	55	55	55	55	55	55
XS2	Unter Wasser	40	15	C 35/45 c) LC 35/38	"	"	"	"	"	"	"	"	"
XS3	Tidenbereiche, Spritzwasser- und Sprühnebelbereiche	40	15	C 35/45 c) LC 35/38	55	55	55	55	55	55	55	55	55
XM1	Mäßiger Verschleiß	Erhöhung von c_{min} um 5 mm		C 30/37 LC 30/33	Betondeckung richtet sich nach der zugehörigen Expositionsklasse								
XM2	Schwerer Verschleiß	Erhöhung von c_{min} um 10 mm		C 30/37 LC 30/33									
XM3	Extremer Verschleiß	Erhöhung von c_{min} um 15 mm		C 35/45 LC 35/38									

Tabelle aus Bewehren von Stahlbetontragwerken vom ISB e.V. Seite 64

Betondeckung für Unterzüge u. Stützen
Beispiel:

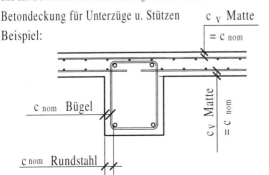

Das Verlegemaß c_v ist c_{nom} Rundstahl minus Bügelstärke.
Sollte aber c_{nom} Bügel größer sein, ist c_{nom} Bügel das Verlegemaß c_v.

Erläuterungen zur Tabelle 2.2

a) Die Werte dürfen für Bauteile, deren Betonfestigkeit um 2 Festigkeiten höher liegt, als nach Tabelle mindestens erforderlich ist, um 5 mm vermindert werden. Für Bauteile der Expositionsklasse XC1 ist diese Abminderung nicht zulässig.

b) Wird Ortbeton kraftschlüssig mit einem Fertigteil verbunden, dürfen die Werte an den der Fuge zugewandten Rändern (Seite) auf 5 mm im Fertigteil und auf 10 mm im Ortbeton verringert werden. Die Bedingungen zur Sicherstellung des Verbundes müssen jedoch eingehalten werden, sofern die Bewehrung im Bauzustand ausgebutzt wird. Zur Sicherstellung des Verbundes darf aber die Mindestbetondeckung c_{min} nicht kleiner sein, als der Stabdurchmesser d_s der Betonstahlbewehrung oder der Vergleichsdurchmesser eines Stabbündels. Bei Verschleißbeanspruchung des Betons sind zusätzliche Anforderungen an die Betonzuschläge nach DIN 1045-2 zu berücksichtigen. Alternativ kann die Verschleißbeanspruchung auch eine Vergrößerung der Betondeckung (Opferbeton) berücksichtigt werden. In diesem Fall sollte die Mindestbetondeckung c_{min} als Richtwert für die Expositionsklasse XM1 um 5 mm für XM2 um 10 mm für XM3 um 15 mm erhöht werden. Die Werte für das Vorhaltemaß Δc nach Tabelle dürfen um 5 mm abgemindert werden, wenn dies durch eine entsprechende Qualitätskontrolle bei Planung, Entwurf, Herstellung und Bauausführung gerechtfertigt werden kann. Für ein bewehrtes Bauteil, bei dem der Beton gegen unebene Flächen geschüttet wird, sollte das Vorhaltemaß Δc grundsätzlich erhöht werden. Die Erhöhung sollte generell um das Differenzmaß der Unebenheiten erfolgen, mindestens jedoch um 20 mm und bei Herstellung auf den Baugrund um 50 mm. Oberflächen mit architektonischer Gestaltung, wie strukturierte Oberfläche oder grober Waschbeton, erfordern ebenfalls ein erhöhtes Vorhaltemaß.

c) Die Mindestbetondeckung bezieht sich bei Spanngliedern im nachträglichen Verbund auf die Oberfläche der Hüllrohre.

d) Im Einzelfall können besondere Maßnahmen zum Korrosionsschutz der Bewehrung nötig sein.

Besondere Anforderungen zur Sicherstellung eines ausreichenden Feuerwiderstandes der Bauteile siehe auch DIN 4102-2 und DIN 4102-4. Die neuen hohen Betondeckungen reichen auf jeden Fall für den Brandschutz aus. Die Betondeckung bis zum Bügel sollte mit 35 mm nicht unterschritten werden.

Betondeckung:
Die Mindestbetondeckung c_{min} plus Vorhaltemaß Δc ist c_{nom} bis zum Eisen. Das Verlegemaß c_v, ist das größere Maß von beiden Eisenabständen. Bügel oder Längseisen.

Beispiele:
Die Betondeckung für XC3 und einem Bügel Durchmesser 8 mm und Rundstahldurchmesser 20 mm ist c_{nom} Bügel maßgebend. Das Verlegemaß $c_v = 35$ mm.

Bei einem XC1, Bügeldurchmesser 8 mm und einem Rundstahldurchmesser 28 ist das Verlegemaß vom Durchmesser 28, c_{nom} Durchmesser 28 = 38 mm. Dann ist das Verlegemaß $c_v = 38 - 8$ mm Bügel = 30 mm.

Bei einem XC2 bis XC4 sind 35 bzw. 40 mm bis zum Bügel maßgebend.
Ab einem XD1 sind 55 mm bis zum Bügel einzuhalten.
Die Betondeckung, bzw das Verlegemaß für die Bewehrung bei Bohrpfählen sollte 60 mm nicht unterschreiten. Das sind dann 60 mm bis zum Bügel oder Bügelwendel.

Tabelle 3.1: Beiwerte α_a für Stabendausbildung

	gerader Stab	angeschw. Querstab, innerhalb $l_{b,net}$	Winkelhaken	Schlaufe (bei $d_{br} \geq 15 d_s$ ist $\alpha_a = 0{,}5$)
Zugstäbe α_a	= 1,0	= 0,7	= 0,7	= 0,7
Druckstäbe α_a	= 1,0	= 0,7	nicht zulässig	nicht zulässig

Tabelle aus Bewehren von Stahlbeton-Tragwerken vom ISB e.V. Seite 66

Obige Tabelle zeigt die Eisenform des zu verankernden Eisens. Ist die gerade Eisenform für das End- bzw. Zwischenauflager des Betonbauwerkes zu lang, kann man an den Enden einen Haken biegen oder eine Schlaufenform vorsehen.
Die Endverankerungslänge nach Seite 12 kann nun mit dem Beiwert 0,7 multipliziert reduziert werden. Aber jedes Eisen, dass bis über das Auflager geführt werden muss, sollte über die rechnerische Auflagerlänge verankert werden.

Die rechnerische Auflagerlänge liegt bei 1/3 der Auflagerbreite. Bei einer Auflagerbreite von 24 cm sind das 8 cm.
Bei Platten sind mindestens 50% der Feldbewehrung über das Auflager zu führen.
Bei Balken sind mindestens 25% der Feldbebewehrung über das Auflager zu führen.
Die erforderliche Mindestbewehrung ist immer mit dem gesamten Bewehrungsquerschnitt aus dem Feld über das Auflager zu führen.

Berechnungen der erforderlichen Verankerungslänge

$$l_b = \frac{\emptyset \, d_s}{4} \cdot \frac{f_{yd}}{f_{bd}}$$

$$l_{b,net} = \alpha_a \cdot l_b \cdot \frac{A_{s,erf}}{A_{s,vorh}} \geq l_{b,min}$$

$l_{b,min}$ von Zugstäben $= 0{,}3 \cdot \alpha_a \cdot l_b \geq 10 \, d_s$

$l_{b,min}$ von Druckstäben $= 0{,}6 \cdot l_b \geq 10 \, d_s$

Die erforderliche Verankerungslänge über dem Auflager, bei direkter Auflagerung

$$l_{b,dir} = \frac{2}{3} \cdot l_{b,net} \geq 6 \, d_s$$

Die erforderliche Verankerungslänge über dem Auflager, bei indirekter Auflagerung

$$l_{b,ind} = l_{b,net} \geq 10 \, d_s$$

Tabellen der Übergreifungslängen

Tabelle 3.2   (gilt auch für Druckstöße $A_{s, erf} / A_{s, vorh} = 1,0$)

	Grundmaß der Verankerungslänge l_b guter Verbund / mäßiger Verbund in cm							
Beton	C20/25	C25/30	C30/37	C35/45	C40/50	C45/55	C50/60	C55/67
ø 6	28/ 40	24/ 35	21/ 31	19/ 28	18/ 25	16/ 23	15/22	15/21
ø 8	37/ 54	32/ 46	29/ 41	26/ 37	24/ 34	22/ 31	20/29	20/28
ø 10	47/ 67	40/ 58	36/ 51	32/ 46	30/ 42	27/ 39	25/36	25/35
ø 12	56/ 80	48/ 69	43/ 61	39/ 55	35/ 51	33/ 47	31/44	29/42
ø 14	66/ 94	57/ 81	50/ 71	45/ 64	41/ 59	38/ 55	36/51	34/49
ø 16	75/ 107	65/ 92	57/ 82	52/ 74	47/ 67	44/ 62	41/58	39/56
ø 20	94/ 134	81/ 115	71/ 102	64/ 92	59/ 84	55/ 78	51/73	49/70
ø 25	117/167	101/144	89/ 128	81/ 115	74/ 105	68/ 97	64/91	61/88
ø 28	131/ 187	113/161	100/143	90/ 129	83/ 118	76/ 109	71/102	69/98

$l_b = \dfrac{\varnothing d_s}{4} \times \dfrac{f_{yd}}{f_{bd}}$ f_{yd} = charakteristische Festigkeit für BST 500 S mit 434,8 N/ mm/2
f_{bd} = Bemessungswert der Verbundspannung

$l_s = \alpha_1 \times l_b$ Alle Übergreifungslängen dürfen mit dem Faktor $l_s \times A_{s, erf} / A_{s, vorh}$ gekürzt werden.

Tabelle 3.3

neu	C20/25	C30/37	C35/45	C45/55
alt	(B 25)	(B 35)	(B 45)	(B 55)

	Übergreifungslänge (Zugstoß) in cm l_s mit $\alpha_1 = 1,2$ guter Verbund / mäßiger Verbund mit $A_{s, erf} / A_{s, vorh} = 1,0$							
Beton	C20/25	C25/30	C30/37	C35/45	C40/50	C45/55	C50/60	C55/67
ø 6	34/ 49	29/ 41	26/ 37	23/ 33	21/ 30	20/ 28	18/26	18/25
ø 8	45/ 65	39/ 55	35/ 50	31/ 43	28/ 40	26/ 37	24/35	24/34
ø 10	57/ 82	48/ 69	43/ 62	38/ 54	35/ 50	33/ 47	30/43	30/42
ø 12	68/ 98	58/ 82	52/ 75	46/ 65	42/ 60	39/ 56	36/52	36/50
ø 14	79/ 114	68/ 96	61/ 87	54/ 76	49/ 70	46/ 65	42/61	42/59

Alle anderen Durchmesser können nicht mit dem Beiwert $\alpha_1 = 1,2$ multipliziert werden. Siehe Tabelle 3.4
Tabellen aus; Bewehren von Stahlbetontragwerken, vom ISB Seite 69-72

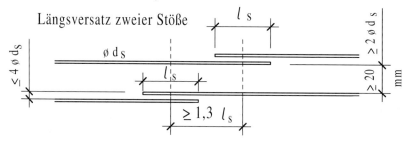

Tabellen der Übergreifungslängen

Tabelle 3.4

Beton	Übergreifungslänge (Zugstoß) in cm l_s mit a_1 = 1,4 guter Verbund / mäßiger Verbund mit $A_{s,erf}$ / $A_{s,vorh}$ = 1,0							
	C20/25	C25/30	C30/37	C35/45	C40/50	C45/55	C50/60	C55/67
ø 6	40/ 57	34/ 48	30/ 43	27/ 38	25/ 35	23/ 33	21/30	21/30
ø 8	53/ 76	45/ 64	41/ 58	36/ 51	33/ 47	30/ 43	28/40	28/40
ø 10	66/ 95	56/ 80	51/ 72	45/ 63	41/ 59	38/ 54	35/51	35/49
ø 12	79/ 114	68/ 96	61/ 87	54/ 76	49/ 70	46/ 65	42/61	42/59
ø 14	93/ 133	80/ 112	71/ 101	63/ 89	58/ 82	53/ 76	50/71	48/69
ø 16	106/151	91/ 129	81/ 116	73/ 104	66/ 94	62/ 87	57/81	55/79
ø 20	132/189	113/161	101/145	90/ 129	82/ 118	77/ 109	71/101	69/99
ø 25	165/236	141/202	127/181	114/161	103/147	95/ 136	88/126	86/124
ø 28	185/265	158/225	142/203	126/181	115/165	106/153	99/142	97/138

gute Verbundbedingungen für alle Eisen bis zu einer Bauteilhöhe h= 30, cm
oder h grösser 60 cm, dann alle Eisen unterhalb der oberen 30 cm

Tabelle 3.5

Beton	Übergreifungslänge (Zugstoß) in cm l_s mit a_1 = 2,0 guter Verbund / mäßiger Verbund mit $A_{s,erf}$ / $A_{s,vorh}$ = 1,0							
	C20/25	C25/30	C30/37	C35/45	C40/50	C45/55	C50/60	C55/67
ø 16	151/217	130/184	116/166	102/145	94/134	88/124	81/116	79/113
ø 20	189/272	162/230	145/207	128/181	118/168	109/155	101/144	99/141
ø 25	236/340	202/288	181/259	160/226	147/209	136/194	126/181	124/176
ø 28	265/380	226/320	203/290	180/254	165/234	152/217	142/202	138/198

Alle anderen Stäbe sind dem Beiwert nicht zuzuordnen.

Tabelle 3.6 Beiwerte a_1 für die Zugstöße

Anteil der ohne Längsversatz gestoßenen Stäbe je Lage		≤ 30 %	> 30 %	
Stoss in der Zugzone	d_s < 16 mm	1,2 [1]	1,4 [1]	a_1
	d_s ≥ 16 mm	1,4 [1]	2,0 [2]	a_1

Bei der Verankerung von Matten mit Doppelstäben und Rundeisen (500S) ist der Ersatzdurchmesser mit der Formel ø des Einzelstabes der Matte · $\sqrt{2}$ zu ermitteln. Bei 8 mm Doppelstäben ist der Ersatzdurchmesser= 12 mm

Tabellen aus: Bewehren von Stahlbeton-Tragwerken vom ISB e.V. Seite 69

1) Falls s ≥ 10 x d_s und s_0 ≥ 5 x d_s ist a_1 = 1,0
2) Falls s ≥ 10 x d_s und s_0 ≥ 5 x d_s ist a_1 = 1,4

Tabelle 3.7 Nenndurchmesser u. Nenngewicht

Nenndurchmesser d_s [mm]	6,0	8,0	10,0	12,0	14,0	16,0	20,0	25,0	28,0	32,0	40,0
Nennquerschnittsfläche A_s [cm²]	0,283	0,503	0,785	1,131	1,54	2,01	3,14	4,91	6,16	8,04	12,57
Nenngewicht [kg/m]	0,222	0,395	0,617	0,888	1,21	1,58	2,47	3,85	4,83	6,31	9,86

Tabellen Bewehrungsquerschnitte

Länge der Betonstähle 12 bis 16 m, Sonderlängen von 6 bis 31 m

Tabelle 3.8   Querschnitte von Flächenbewehrungen A_s (cm^2/m)

Stababstand (cm)	Durchmesser d_s (mm)								
	6	8	10	12	14	16	20	25	28
5,0	5,65	10,05	15,71	22,62	30,79	40,21	62,83	98,17	–
6,0	4,71	8,38	13,09	18,85	25,66	33,51	52,36	81,81	102,63
7,0	4,04	7,18	11,22	16,16	21,99	28,72	44,88	70,12	87,96
7,5	3,77	6,70	10,47	15,08	20,53	26,81	41,89	65,45	82,10
8,0	3,53	6,28	9,82	14,14	19,24	25,13	39,27	61,36	76,97
9,0	3,14	5,59	8,73	12,57	17,10	22,34	34,91	54,54	68,42
10,0	2,83	5,03	7,85	11,31	15,39	20,11	31,42	49,09	61,58
11,0	2,57	4,57	7,14	10,28	13,99	18,28	28,56	44,62	55,98
12,0	2,36	4,19	6,54	9,42	12,83	16,76	26,18	40,91	51,31
12,5	2,26	4,02	6,28	9,05	12,32	16,08	25,13	39,27	49,26
13,0	2,17	3,87	6,04	8,70	11,84	15,47	24,17	37,76	47,37
13,5	2,09	3,72	5,82	8,38	11,40	14,89	23,27	36,36	45,61
14,0	2,02	3,59	5,61	8,08	11,00	14,36	22,44	35,06	43,98
14,5	1,95	3,47	5,42	7,80	10,62	13,87	21,67	33,85	42,47
15,0	1,88	3,35	5,24	7,54	10,26	13,40	20,94	32,72	41,05
16,0	1,77	3,14	4,91	7,07	9,62	12,57	19,63	30,68	38,48
17,0	1,66	2,96	4,62	6,65	9,06	11,83	18,48	28,57	36,22
18,0	1,57	2,79	4,36	6,28	8,55	11,17	17,45	27,27	34,21
19,0	1,49	2,65	4,13	5,95	8,10	10,58	16,53	25,4	32,41
20,0	1,41	2,51	3,93	5,65	7,70	10,05	15,71	24,54	30,79
21,0	1,35	2,39	3,74	5,39	7,33	9,57	14,96	23,37	29,32
22,0	1,29	2,28	3,57	5,14	7,00	9,14	14,28	22,31	27,99
23,0	1,23	2,19	3,41	4,92	6,69	8,74	13,66	21,34	26,77
24,0	1,18	2,09	3,27	4,71	6,41	8,38	13,09	20,45	25,66
25,0	1,13	2,01	3,14	4,52	6,16	8,04	12,57	19,63	24,63

Tabelle 3.9   Querschnitte von Balkenbewehrungen A_s (cm^2)

Stabdurchmesser (mm)	Anzahl der Stäbe											
	1	2	3	4	5	6	7	8	9	10	11	12
6	0,28	0,57	0,85	1,13	1,41	1,70	1,98	2,26	2,54	2,83	3,11	3,40
8	0,50	1,01	1,51	2,01	2,51	3,02	3,52	4,02	4,52	5,03	5,53	6,04
10	0,79	1,57	2,36	3,14	3,93	4,71	5,50	6,28	7,07	7,85	8,64	9,42
12	1,13	2,26	3,39	4,52	5,65	6,79	7,92	9,05	10,2	11,3	12,4	13,6
14	1,54	3,08	4,62	6,16	7,70	9,24	10,8	12,3	13,9	15,4	16,9	18,5
16	2,01	4,02	6,03	8,04	10,1	12,1	14,1	16,1	18,1	20,1	22,2	24,2
20	3,14	6,28	9,42	12,6	15,7	18,8	22,0	25,1	28,3	31,4	34,5	37,6
25	4,91	9,82	14,7	19,6	24,5	29,5	34,4	39,3	44,2	49,1	54,0	59,0
28	6,16	12,3	18,5	24,6	30,8	36,9	43,1	49,3	55,4	61,6	67,7	73,8

Tabelle aus Bewehren von Stahlbeton-Tragwerken vom ISB e.V. Seite 18+19

Tabelle der Biegerollendurchmesser
Tabelle 3.11
Biegen von Betonstählen   vom ISB e.V. Bewehren von Stahlbetontragwerken Seite 80

Bei der Bestimmung des Biegerollendurchmessers d_{br} ist DIN 1045-12, 12.3, Tabelle 23 zu beachten und nach der bautechnischen Funktion der Biegung zu unterscheiden.

A) Biegung zur Kraftumleitung   B) konstruktive Biegung

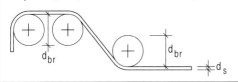
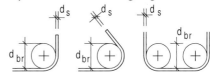

Mindestwerte der Betondeckung rechtwinklig zur Krümmungsebene	Biegerollendurchmesser d_{br} in mm	Stabdurchmesser d_s in mm	Biegerollendurchmesser d_{br} in mm	
> 100 mm und > 7 d_s	min d_{br} = 10 d_s	6, 8, 10, 12	4 d_s	min d_{br} = 40 mm
> 50 mm und > 3 d_s	min d_{br} = 15 d_s	14, 16	4 d_s	min d_{br} = 64 mm
≤ 50 mm oder < 3 d_s	min d_{br} = 20 d_s	20, 25, 28	7 d_s	min d_{br} = 175 mm

Biegung nach A)	Biegung nach B)
Zur Herstellung und Überprüfung ist der erforderliche Biegerollendurchmesser immer anzugeben und zwar an der Biegeform im Bewehrungsplan und auf der Stabliste	Wird an der Biegeform weder im Bewehrungsplan noch auf der Stabliste ein Biegerollendurchmesser angegeben, so ist erf. dbr in Abhängigkeit von der obigen Tabelle zu entnehmen.
Bei Betonstahlmatten und geschweißter Bewehrung, die nach dem Schweißen gebogen werden, ist zusätzlich DIN 1045-1, 12.3, Tabelle 24 zu beachten. Die unter A) und B) aufgeführten Mindestwerte der Biegerollendurchmesser gelten nur, wenn a ≥ 4 d_s (a = Abstand der Schweißung vom Krümmungsbeginn).	Ausführung von Bügelschlössern bei Stützen: 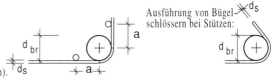

Hinweise für Betonbestellung und Bewehrung

Betonfestigkeits- und Expositionsklassen:	Betonstahlstahlsorte/Spannstahlsorte:
Tabelle 2.1 und 2.2	BST 500 S(A), BST 500 M(A)

besondere Anforderungen:	
Betondeckung: Verlegemaß c_v in mm	Vorhaltemaß: Δc = 15 mm
Bis zum 1. Bewehrungsstab	$c_{nom} = c_{min} + \Delta c$ $c_{nom} \leq c_v$

Tabellen der Biegerollendurchmesser

Tabelle 3.12

Mindestwerte der Biegerollendurchmesser d_{br}

Haken, Winkelhaken und Schlaufen		Schrägstäbe oder andere gebogene Stäbe		
Stabdurchmesser		Mindestwerte der Betondeckung rechtwinklig zur Biegeebene		
$d_s < 20$ mm	$d_s \geq 20$ mm	> 100 mm > 7 d_s	> 50 mm > 3 d_s	≤ 50 mm ≤ 3 d_s
4 d_s	7 d_s	10 d_s	15 d_s	20 d_s

Tabellen aus Bewehren von Stahlbetontragwerken, vom ISB e.V. Seite 80

Der Biegerollendurchmesser für Rahmenecken sollte allgemein 15 d_s betragen.
Siehe auch Anleitung zur Rahmenecke.

Beginn der Verankerung bei Schlaufen

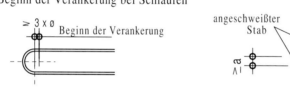
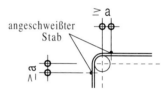

Tabelle 3.13

Mindestwerte der Biegerollendurchmesser d_{br} für nach dem Schweißen gebogene Stäbe

		vorwiegend ruhende Einwirkungen		nicht vorwiegend ruhende Einwirkungen	
		Schweißung außerhalb des Biegebereiches	Schweißung innerhalb des Biegebereiches	Schweißung auf der Außenseite der Biegung	Schweißung auf der Innenseite der Biegung
für a < 4d_s	20 d_s	20 d_s	100 d_s	500 d_s
für a ≥ 4d_s	Wert nach obiger Tabelle			

a = Abstand zwischen Biegeanfang und Schweißstelle

Tabelle 3.14

Größte Längs- und Querabstände von Bügelschenkeln, Querkraftzulagen und Schrägstäben

Querkraftausnutzung	Längsabstand in cm		Querabstand in cm	
	≤ C50/60 ≤ LC50/55	> C50/60 > LC50/55	≤ C50/60 ≤ LC50/55	> C50/60 > LC50/55
$V_{Ed} \leq 0{,}30\, V_{Rd,max}$	0,7 h bzw. 30	0,7 h bzw. 20	h bzw. 80	h bzw. 60
$0{,}30\, V_{Rd,max} < V_{Ed} \leq 0{,}60\, V_{Rd,max}$	0,5 h bzw. 30	0,5 h bzw. 20	h bzw. 60	h bzw. 40
$V_{Ed} > 0{,}60\, V_{Rd,max}$	0,25 h bzw. 200			

Tabellen aus, Bewehren von Stahlbeton-Tragwerken vom ISB e. V.

Tabelle 4.1: Lagermatten-Programm

Lagermatten-Programm:

Matten-bezeichnung	Länge Breite	Mattenaufbau in Längsrichtung und Querrichtung				Quer-schnitte längs/ quer	Gewicht		Details Randausbildung
		Stabab-stände	Stabdurchmesser		Anzahl der Längsrandstäbe (Randeinsparung)		je Matte	m²	Querschnitt-Angaben zur seitlichen Darstellung eines Mattenrandes
			Innen-bereich	Rand-bereich					
	m	mm	mm		links rechts	kg	kg		
Q 188 A	5,00 / 2,15	150 · 6,0 150 · 6,0				1,88/ 1,88	32,4	3,01	keine Randeinsparung
Q 257 A		150 · 7,0 150 · 7,0				2,57/ 2,57	44,1	4,10	keine Randeinsparung
Q 335 A		150 · 8,0 150 · 8,0				3,35/ 3,35	57,7	5,37	keine Randeinsparung
Q 377 A	6,00 / 2,15	150 · 6,0d 100 · 7,0		/ 6,0 –	4 / 4	3,77/ 3,77	67,6	5,24	Randeinsparung
Q 513 A		150 · 7,0d 100 · 8,0		/ 7,0 –	4 / 4	5,13/ 5,03	90,0	6,98	Randeinsparung
R 188 A	5,00 / 2,15	150 · 6,0 250 · 6,0				1,88/ 1,13	26,2	2,44	keine Randeinsparung
R 257 A		150 · 7,0 250 · 6,0				2,57/ 1,13	32,2	3,00	keine Randeinsparung
R 335 A		150 · 8,0 250 · 6,0				3,35/ 1,13	39,2	3,65	keine Randeinsparung
R 377 A	6,00 / 2,15	150 · 6,0d 250 · 6,0		/ 6,0 –	2 / 2	3,77/ 1,13	46,1	3,57	Randeinsparung
R 513 A		150 · 7,0d 250 · 6,0		/ 7,0 –	2 / 2	5,13/ 1,13	58,6	4,54	Randeinsparung

Tabelle aus Bewehren von Stahlbetontragwerken vom ISB e. V. Seite 21

Das A hinter der Typenbezeichnung der Matte = Normale Duktilität (A)

Doppelstäbe sind nur in Längsrichtung (lange Seite) möglich. Die Querbewehrung muss immer 20% der höher beanspruchten Richtung betragen.

Der hauptsächlich bei Lagermatten angewendete Stoß ist der Zwei-Ebenen-Stoß.

Zwei-Ebenen-Stoß

25 mm

Der Vollstoß bei Betonstahlmatten ist bis zu einem $a_s \leq 12$ cm²/m erlaubt.

Betonstahlmatten mit $a_s > 12$ cm²/m dürfen nur gestoßen werden, wenn der Anteil der gestoßenen Matten 60 % der erforderlichen Bewehrung beträgt, oder als innere Lage bei mehrlagiger Bewehrung.

Tabellen der Übergreifungslängen von Lagermatten

Tabelle 4.2
Übergreifungslänge l_s in cm von Lagermatten bei einem Zwei-Ebenen-Stoß; guter Verbund

in der Tabelle gilt Tragstoß Längsrichtung / Tragstoß Querrichtung und $a_{s,erf} / a_{s,vorh} = 1{,}0$

	längs ø / quer ø	C16/20	C20/25	C25/30	C30/37	C35/45	C40/50	C45/55	C50/60	C55/67	C60/75	C70/85	C80/95	C90/105 C100/115
Q 188 A	ø 6,0 / ø 6,0	33/33	29/29	25/25	22/22	20/20	20/20	20/20	20/20	20/20	20/20	20/20	20/20	20/20
Q 257 A	ø 7,0 / ø 7,0	39/39	33/33	29/29	26/26	23/23	21/21	20/20	20/20	20/20	20/20	20/20	20/20	20/20
Q 335 A	ø 8,0 / ø 8,0	44/44	38/38	33/33	29/29	26/26	24/24	22/22	21/21	20/20	20/20	20/20	20/20	20/20
Q 377 A	ø 6,0d / ø 7,0	47/50	40/50	35/50	31/50	28/50	26/50	24/50	22/50	22/50	21/50	20/50	20/50	22/50
Q 513 A	ø 7,0d / ø 8,0	57/50	49/50	42/50	37/50	34/50	31/50	29/50	27/50	26/50	26/50	25/50	24/50	23/50
R 188 A	ø 6,0 / ø 6,0	33/33	29/29	25/25	25/22	25/20	25/20	25/20	25/20	25/20	25/20	25/20	25/20	25/20
R 257 A	ø 7,0 / ø 6,0	39/33	33/29	29/25	26/22	25/20	25/20	25/20	25/20	25/20	25/20	25/20	25/20	25/20
R 335 A	ø 8,0 / ø 6,0	44/33	38/29	33/25	29/22	26/20	25/20	25/20	25/20	25/20	25/20	25/20	25/20	25/20
R 377 A	ø 6,0d / ø 6,0	47/33	40/29	35/25	31/22	28/20	26/20	25/20	25/20	25/20	25/20	25/20	25/20	25/20
R 513 A	ø 7,0d / ø 6,0	57/33	49/29	42/25	37/22	34/20	31/20	29/20	27/20	26/20	26/20	25/20	25/20	25/20

Tabellen aus DIN 1045-1 Bewehren von Stahlbeton-Tragwerken vom ISB e.V. Seite 75 bis 77

Tabelle 4.3
Übergreifungslänge l_s in cm von Lagermatten bei einem Zwei-Ebenen-Stoß; mäßiger Verbund

in der Tabelle gilt Tragstoß Längsrichtung / Tragstoß Querrichtung und $a_{s,erf} / a_{s,vorh} = 1{,}0$

	längs ø / quer ø	C16/20	C20/25	C25/30	C30/37	C35/45	C40/50	C45/55	C50/60	C55/67	C60/75	C70/85	C80/95	C90/105 C100/115
Q 188 A	ø 6,0 / ø 6,0	47/47	41/41	35/35	31/31	28/28	26/26	24/24	22/22	22/22	21/21	20/20	20/20	20/20
Q 257 A	ø 7,0 / ø 7,0	55/55	47/47	41/41	36/36	33/33	30/30	28/28	26/26	25/25	25/25	24/24	23/23	23/23
Q 335 A	ø 8,0 / ø 8,0	63/63	54/54	47/47	41/41	37/37	34/34	32/32	30/30	29/29	28/28	27/27	27/27	26/26
Q 377 A	ø 6,0d / ø 7,0	66/55	57/50	49/50	44/50	40/50	36/50	34/50	31/50	31/50	30/50	29/50	28/50	28/50
Q 513 A	ø 7,0d / ø 8,0	80/64	69/56	60/50	53/50	48/50	44/50	41/50	38/50	37/50	36/50	35/50	33/50	33/50
R 188 A	ø 6,0 / ø 6,0	47/47	41/41	35/35	31/31	28/28	26/26	25/24	25/22	25/22	25/21	25/21	25/20	25/20
R 257 A	ø 7,0 / ø 6,0	55/47	47/41	41/35	36/31	33/28	30/26	28/24	26/22	25/22	25/21	25/21	25/20	25/20
R 335 A	ø 8,0 / ø 6,0	63/47	54/41	47/35	41/31	37/28	34/26	32/24	30/22	29/22	28/21	27/21	27/20	26/20
R 377 A	ø 6,0d / ø 6,0	66/47	57/41	49/35	44/31	40/28	38/26	34/24	31/22	31/22	30/21	29/21	28/20	28/20
R 513 A	ø 7,0d / ø 6,0	87/47	69/41	60/35	53/31	48/28	44/26	41/24	38/22	37/22	36/21	35/21	34/20	33/20

Übergreifungslänge l_s von Betonstahlmatten mit Zwei-Ebenen-Stoß nach DIN 1045-1, 12.8.4(2)

$$l_s = l_b \cdot \alpha_2 \cdot \frac{a_{s,erf}}{a_{s,vorh}} \geq l_{s,min}$$

l_b = Grundmaß der Verankerungslänge.
α_2 = Beiwert zur Berechnung des Mattenquerschnittes.

Tabellen zu den Maschenregeln

Tabelle 4.4
Maschenregel für Zwei-Ebenen-Stoß (gilt für ungeschnittene Matten nach Lieferprogramm)
in der Tabelle gilt Tragstoß Längsrichtung / Tragstoß Querrichtung guter Verbund

	längs ø quer ø	C16/20	C20/25	C25/30	C30/37	C35/45	C40/50	C45/55	C50/60	C55/67	C60/75	C70/85	C80/95	C90/105 C100/115
Q 188 A	ø 6,0 ø 6,0	1/2	1/2	1/2	1/2	1/1	1/1	1/1	1/1	1/1	1/1	1/1	1/1	1/1
Q 257 A	ø 7,0 ø 7,0	2/3	1/2	1/2	1/2	1/1	1/1	1/1	1/1	1/1	1/1	1/1	1/1	1/1
Q 335 A	ø 8,0 ø 8,0	2/3	2/3	1/2	1/2	1/2	1/2	1/2	1/1	1/1	1/1	1/1	1/1	1/1
Q 377 A	ø 6,0,d ø 7,0	3/3	2/3	2/3	1/3	1/3	1/3	1/3	1/3	1/3	1/3	1/3	1/3	1/3
Q 513 A	ø 7,0,d ø 8,0	4/3	3/3	3/3	2/3	2/3	1/3	1/3	1/3	1/3	1/3	1/3	1/3	1/3
	in Querrichtung Verteilerstoß bei R- Matten													
R 188 A	ø 6,0 ø 6,0	1/1	1/1	1/1	1/1	1/1	1/1	1/1	1/1	1/1	1/1	1/1	1/1	1/1
R 257 A	ø 7,0 ø 6,0	1/1	1/1	1/1	1/1	1/1	1/1	1/1	1/1	1/1	1/1	1/1	1/1	1/1
R 335 A	ø 8,0 ø 6,0	1/1	1/1	1/1	1/1	1/1	1/1	1/1	1/1	1/1	1/1	1/1	1/1	1/1
R 377 A	ø 6,0,d ø 6,0	1/1	1/1	1/1	1/1	1/1	1/1	1/1	1/1	1/1	1/1	1/1	1/1	1/1
R 513 A	ø 7,0,d ø 6,0	2/1	1/1	1/1	1/1	1/1	1/1	1/1	1/1	1/1	1/1	1/1	1/1	1/1

Tabelle 4.5
in der Tabelle gilt Tragstoß Längsrichtung / Tragstoß Querrichtung mäßiger Verbund

	längs ø quer ø	C16/20	C20/25	C25/30	C30/37	C35/45	C40/50	C45/55	C50/60	C55/67	C60/75	C70/85	C80/95	C90/105 C100/115
Q 188 A	ø 6,0 ø 6,0	2/3	2/3	1/2	1/2	1/2	1/2	1/2	1/2	1/2	1/1	1/1	1/1	1/1
Q 257 A	ø 7,0 ø 7,0	3/4	2/3	2/3	1/3	1/2	1/2	1/2	1/2	1/2	1/2	1/2	1/2	1/1
Q 335 A	ø 8,0 ø 8,0	3/4	3/4	2/3	2/3	2/3	1/2	1/2	1/2	1/2	1/2	1/2	1/2	1/2
Q 377 A	ø 6,0,d ø 7,0	5/4	4/3	3/3	3/3	2/3	2/3	2/3	1/3	1/3	1/3	1/3	1/3	1/3
Q 513 A	ø 7,0,d ø 8,0	6/4	5/4	4/3	4/3	3/3	3/3	2/3	2/3	2/3	2/3	2/3	2/3	2/3
	in Querrichtung Verteilerstoß bei R- Matten													
R 188 A	ø 6,0 ø 6,0	1/1	1/1	1/1	1/1	1/1	1/1	1/1	1/1	1/1	1/1	1/1	1/1	1/1
R 257 A	ø 7,0 ø 6,0	2/1	1/1	1/1	1/1	1/1	1/1	1/1	1/1	1/1	1/1	1/1	1/1	1/1
R 335 A	ø 8,0 ø 6,0	2/1	2/1	1/1	1/1	1/1	1/1	1/1	1/1	1/1	1/1	1/1	1/1	1/1
R 377 A	ø 6,0,d ø 6,0	2/1	2/1	1/1	1/1	1/1	1/1	1/1	1/1	1/1	1/1	1/1	1/1	1/1
R 513 A	ø 7,0,d ø 6,0	3/1	2/1	2/1	2/1	1/1	1/1	1/1	1/1	1/1	1/1	1/1	1/1	1/1

Tabelle aus DIN 1045-1 Bewehren von Stahlbeton-Tragwerken vom ISB e.V. Seite 75 bis 77

α_2 = Beiwert zur Berücksichtigung des Mattenquerschnittes
    = $0,4 + a_{s,vorh}/8 \geq 1,0$ und $\leq 2,0$

$\geq d_{s,q}$
$\geq 5,0$ cm
Verteilerstoß der Querbewehrung

Tabelle 4.6
Mindestwerte von Biegerollendurchmesser d_{br} für nach dem Schweißen gebogene Stäbe

	vorwiegend ruhende Einwirkungen		nicht vorwiegend ruhende Einwirkungen	
	Schweißung außerhalb des Biegebereiches	Schweißung innerhalb des Biegebereiches	Schweißung auf der Außenseite der Biegung	Schweißung auf der Innenseite d. Biegung
für a < 4 d_s	20 d_s	20 d_s	100 d_s	500 d_s
für a ≥ 4 d_s	4 d_s			

Tabelle aus Bewehren von Stahlbeton-Tragwerken vom ISB e.V. Seite 80 Tabelle 2.2.2

Tabelle 4.7 Mindestübergreifungslängen der Querbewehrung

Für den Mindestwert der Übergreifungslänge $l_{s,q}$ gilt abhängig vom Stabdurchmesser:

d_s ≤ 6,0 mm $l_{s,q}$ ≥ 150 mm und ≥ s_l	Die statisch nicht erforderliche Querbewehrung von
d_s ≤ 8,5 mm $l_{s,q}$ ≥ 250 mm und ≥ s_l	Betonstahlmatten darf bei Platten und Wänden an einer
d_s ≤ 12 mm $l_{s,q}$ ≥ 350 mm und ≥ s_l	Stelle gestoßen werden.
d_s > 12 mm $l_{s,q}$ ≥ 500 mm und ≥ s_l	Innerhalb der Übergreifungslänge $l_{s,q}$ müssen
s_l = Stababstand der Längsstäbe	mindestens zwei Längsstäbe liegen

Tabelle 4.8 Mindestwanddicken für tragende Wände in cm | Schlanke Wände

		unbewehrte Wände		Stahlbeton-Wände	
		Decken nicht durchlaufend	Decken durchlaufend	Decken nicht durchlaufend	Decken durchlaufend
C12/15 oder LC12/13	Ortbeton	20	14	–	–
ab C16/20 oder LC16/18	Ortbeton	14	12	12	10
	Fertigteil	12	10	10	8

f_{cd} = Bemessungswert der Betondruckfestigkeit.

Schlanke Wände:
- Einfeldträger d/l > 0,5
- Zweifeldträger und Endfeldträger von Durchlaufträgern d/l > 0,4
- Innenfelder von Durchlaufträgern d/l > 0,3
- Kragträger d/l > 1,3

d = Wandhöhe; l = Stützweite

Tabelle 4.9

Mindestbewehrung für Wände je Wandseite

h= 15 cm	= 1,50 cm²	= Q188 A
h= 20 cm	= 1,50 cm²	= Q188 A
h= 24 cm	= 1,80 cm²	= Q188 A
h= 25 cm	= 1,87 cm²	= Q188 A
h= 30 cm	= 2,25 cm²	= Q257 A
h= 35 cm	= 2,62 cm²	= Q335 A
h= 40 cm	= 3,00 cm²	= Q335 A
h= 50 cm	= 3,75 cm²	= Q377 A

Mindestbewehrung für schlanke Wände je Wandseite lotrecht.

- = 2,25 cm²
- = 3,00 cm²
- = 3,60 cm²
- = 3,75 cm²
- = 4,50 cm²
- = 5,25 cm²
- = 6,00 cm²
- = 7,50 cm²

$\geq 0,3 f_{cd} \cdot A_c$

$f_{cd} = a \cdot f_{ck} / y_c$

Die Querbewehrung soll 50 % der lotrechten Bewehrung sein.

$a = 0,85$ und $y_c = 1,5$ bis Beton C55/67

Tabellen aus Bewehren von Stahlbeton-Tragwerken vom ISB e.V. Seite 74/87

Tabelle 4.10 Mindestbewehrung/ Höchstbewehrung

Tabellen aus Bewehren von Stahlbeton-Tragwerken vom ISB e.V. Seite 61

Zeile	Kenngröße															
1	f_{yk} f_{ck}	12	16	20	25	30	35	40	45	50	55	60	70	80	90	100	N/mm²
2	f_{ctm}	1,6	1,9	2,2	2,6	2,9	3,2	3,5	3,8	4,1	4,2	4,4	4,6	4,8	5,0	5,2	
3	ϱ in ‰	0,51	0,61	0,70	0,83	0,93	1,02	1,12	1,21	1,31	1,34	1,41	1,47	1,54	1,60	1,66	
4	f_{bd}	1,6	2,0	2,3	2,7	3,0	3,4	3,7	4,0	4,3	4,4	4,5	4,7	4,8	4,9	4,9	N/mm²

Anforderungen an die Begrenzung der Rissbreite und die Dekompression

	Anforderungs-klasse	Einwirkungskombination für den Nachweis der		Rechenwert der Rissbreite w_k in mm
		Dekompression	Rissbreitenbegrenzung	
1	A	selten	—	
2	B	häufig	selten	0,2
3	C	quasi ständig	häufig	
4	D	—	häufig	
5	E	—	quasi ständig	0,3
6	F	—	quasi ständig	0,4

$f_{ct,0} = 3,0$ N/mm²
h = Bauteilhöhe
d = statische Nutzhöhe
b = Breite der Zugzone
$f_{ct,eff}$ = Mittelwert der Zugfestigkeit von f_{ctm}

Mindestanforderungsklassen in Abhängigkeit von der Expositionsklasse

	Expositionsklasse	Mindestanforderungsklasse			
		Vorspannart			
		Vorspannung im nachträglichem Verbund	Vorspannung im sofortigem Verbund	Vorspannung ohne Verbund	Stahlbeton-bauteile
1	XC1	D	D	F	F
2	XC2; XC3; XC4	C ᵃ	C	E	E
3	XD1; XD2; XD3ᵇ; XS1 XS2; XS3	C ᵃ	B	E	E

$$d_s = d_s^* \cdot \frac{\sigma_s \cdot A_s}{4(h-d) \cdot b \cdot f_{ct,0}} \geq d_s^* \cdot \frac{f_{ct,eff}}{f_{ct,0}}$$

a Wird der Korrosionsschutz anderweitig sichergestellt, darf die Anforderungsklasse D verwendet werden. Hinweise hierzu sind den allgemeinen bauaufsichtlichen Zulassungen der Spannverfahren zu entnehmen.
b Im Einzelfall können zusätzliche besondere Maßnahmen für den Korrosionsschutz notwendig sein.

Grenzdurchmesser d_s^* bei Betonstählen

	Stahlspannung σ_s N/mm²	Grenzdurchmesser der Stäbe in mm in Abhängigkeit vom Rechenwert der Rissbreite w_k		
		$w_k = 0,4$ mm	$w_k = 0,3$ mm	$w_k = 0,2$ mm
1	160	56	42	28
2	200	36	28	18
3	240	25	19	13
4	280	18	14	9
5	320	14	11	7
6	360	11	8	6
7	400	9	7	5
8	450	7	5	4

Höchstwerte der Stababstände von Betonstählen

	Stahlspannung σ_s N/mm²	Höchstwerte der Stababstände in mm in Abhängigkeit vom Rechenwert der Rissbreite w_k		
		$w_k = 0,4$ mm	$w_k = 0,3$ mm	$w_k = 0,2$ mm
1	160	300	300	200
2	200	300	250	150
3	240	250	200	100
4	280	200	150	50
5	320	150	100	—
6	360	100	50	—

Tabelle 4.11: Listenmatten

Lieferlängen von 3,0 bis 12,0 m und Durchmesser 6,0 bis 12,0 mm Mattenbreiten von 1,85 bis 3,00 m.
Listenmatten: Mögliche Querschnitte, Verschweißbarkeitsverhältnisse, Gewichte

Gewicht eines Stabes	Längs-stab-durch-messer	Quer-schnitt eines Stabes	Querschnitt der Längsstäbe $a_{s\,längs}$ Längsabstand in mm											
			50	– 100	– 150	– 200	– 250	– 300	–	–
			100 d	150 d	200 d					
kg/m	mm	cm²	cm²/m											
0,222	6,0	0,283	5,65	3,77	2,82	2,26	1,88	1,62	1,41	1,26	1,13	1,03	0,94	0,87	0,81
0,302	7,0	0,385	7,70	5,13	3,85	3,08	2,57	2,20	1,92	1,71	1,54	1,40	1,28	1,18	1,10
0,395	8,0	0,503	10,05	6,70	5,03	4,02	3,35	2,87	2,51	2,23	2,01	1,83	1,67	1,55	1,44
0,499	9,0	0,636	12,72	8,48	6,36	5,09	4,24	3,63	3,18	2,83	2,54	2,31	2,12	1,96	1,82
0,617	10,0	0,785	15,71	10,47	7,85	6,28	5,24	4,49	3,92	3,49	3,14	2,85	2,61	2,42	2,24
0,746	11,0	0,950	19,01	12,67	9,50	7,60	6,34	5,43	4,74	4,22	3,80	3,45	3,16	2,92	2,71
0,888	12,0	1,131	22,62	15,08	11,31	9,04	7,54	6,46	5,66	5,02	4,52	4,11	3,76	3,48	3,23
kg/m	mm	cm²	cm²/m											
	Quer-stab-durch-messer		50	75	100	125	150	175	200	225	250	275	300	325	350
			Querstababstand in mm Querschnitt der Querstäbe $a_{s\,quer}$											

Tabellen aus Bewehren von Stahlbetontragwerken vom ISB e.V. Seite 23 und 24

Tabelle 4.12 Verschweißbarkeit von Stäben untereinander

Verschweißbarkeit		
mit einfach Stäben	Doppel-längs-Stäbe	mit doppel Stäben
mm	mm	mm
6,0-8,0	6,0 d	6,0-8,0
6,0-10,0	7,0 d	6,0-10,0
6,0-11,0	8,0 d	7,0-11,0
7,0-12,0	9,0 d	8,0-12,0
7,0-12,0	10,0 d	8,0-12,0
8,0-12,0	11,0 d	9,0-12,0
9,0-12,0	12,0 d	10,0-12,0

Beispiel:		Mattenaufbau			Umriss	Überstände	
	Stab-abstand	Stabdurchmesser Innen Rand	Stabanzahl am Rand links rechts		Länge Breite	Anfang links	Ende rechts
Längsrichtung	100 ·	9,0 / 7,0	– 4 / 4		3,05	25	25
Querrichtung	150 ·	6,0			2,45	25	25

Tabelle 4.13: Unterstützungen

Abstandhalter und Unterstützungen müssen übereinander liegen.

Lagesicherung der oberen Bewehrung	nach dem DBV-Merkblatt "Unterstützungen"		
Bei Bauteildicken bis ca. 50 cm legt das DBV-Merkblatt die Anforderungen an die Unterstützungen fest und regelt deren Anwendung.			
Für Unterstützungen, zertifiziert gemäß DBV-Merkblatt, sind folgende Lasten Frd zulässig:			
linienförmige Unterstützungen (Unterstützungskörbe, -schlangen) P_{zul} = 0,67 kN/m		punktförmige Unterstützungen (Unterstützungsböcke) P_{zul} = 0,5 kN/Bock	
Maximaler Verlegeabstand s für Unterstützungen		Maximaler Verlegeabstand s für Unterstützungen	
Stabdurchmesser d_s der oberen Bewehrung	linienförmige Unterstützung	Stabdurchmesser d_s der oberen Bewehrung	punktförmige Unterstützung
< 6,5 mm	s = 50 cm	≤ 6,5 mm	s = 50 cm
6,5 mm < d_s ≤ 12 mm	s = 70 cm	6,5 mm < d_s ≤ 12 mm	s = 70 cm
d_s > 12 mm *)	s = 70 cm	d_s > 12 mm *)	s = 70 cm
*) sind die unterstützenden Stäbe d_s >12 mm, kann ein rechnerischer Nachweis des Verlegeabstandes durchgeführt werden. Verlegeabstand bei linienförmigen Unterstützungen: s ist Achsmaß		*) sind die unterstützenden Stäbe d_s >12 mm, kann ein rechnerischer Nachweis des Verlegeabstandes durchgeführt werden. Verlegeabstand bei punktförmigen Unterstützungen: s gilt für beide Richtungen	

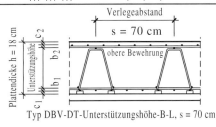

Typ DBV-DT-Unterstützungshöhe-B-L, s = 70 cm

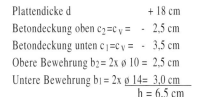

Plattendicke d	+ 18 cm
Betondeckung oben $c_2 = c_v =$	− 2,5 cm
Betondeckung unten $c_1 = c_v =$	− 3,5 cm
Obere Bewehrung b_2 = 2x ø 10 =	2,5 cm
Untere Bewehrung b_1 = 2x ø 14 =	3,0 cm
	h = 6,5 cm

Typ DBV-DK-Unterstützungshöhe-B-L, s = 70 cm

gewähltes Unterstützungselement
DBV-DT-6-B-L, s = 70 cm

Unterstützungskörbe DBV - DT* oder DBV - DK		
Anzahl der Körbe	Bezeichnung	Gewicht in Kg

Korblänge = 2,00 m

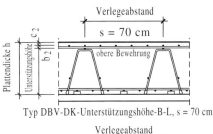

Typ DBV-DS-Unterstützungshöhe-B-L, s = 70 cm

Bei Mattenbewehrung sollte die Unterstützung generell 1 cm niedriger gewählt werden, da in den Kreuzungspunkten 3-Mattenlagen liegen.
Die Anzahl der Unterstützungskörbe errechnet sich aus der Fläche der oberen Mattenlage in m² multipliziert dem Faktor 1,3 .
Unterstützungskörbe in laufende Meter.

Tabelle 4.14: Auswahl der Abstandhalter

Bauteil	Stütze	Wand	Wand	Balken	Balken	Decke Fundament
Typengruppe der Abstandhalter	waagerechte Bewehrung	waagerechte Bewehrung	lotrechte Bewehrung	waagerechte Bewehrung	lotrechte Bewehrung	waagerechte Bewehrung
Radform	bedingt geeignet	bedingt geeignet	ungeeignet	ungeeignet	ungeeignet	ungeeignet
Punktförmig, nicht befestigt (Klotz, Block)	ungeeignet	ungeeignet	ungeeignet	bedingt geeignet	ungeeignet	bedingt geeignet
Punktförmig befestigt (Klotz, Block)	geeignet	geeignet	geeignet	geeignet	geeignet	geeignet
Linienförmig nicht befestigt	ungeeignet	ungeeignet	ungeeignet	geeignet	ungeeignet	geeignet
Linienförmig befestigt	geeignet	geeignet	bedingt geeignet	geeignet	bedingt geeignet	geeignet
Flächenförmig nicht befestigt	ungeeignet	ungeeignet	ungeeignet	geeignet	ungeeignet	geeignet
Flächenförmig befestigt	geeignet	geeignet	bedingt geeignet	geeignet	bedingt geeignet	geeignet

Tabelle 4.15
Abstandhalter mit besonderen Anforderungen an F / T / A

Expositions- klasse	Frost-Tau- Widerstand	Temperatur- beanspruchung	Widerstand gegen Chemischen Angriff
XC1- XC4	-	-	-
XD1- XD3	-	-	A
XS1- XS3	-	T	A
XF1; XF3	F	T	-
XF2; XF4	F	T	A
XA1- XA3	-	-	A

Die Höhe der Abstandhalter ist gleich dem Verlegemaß c_v.

Das Verlegemaß $c_v = c_{min} + \Delta c = c_{nom}$ des Trageisens oder Bügel.

Δc = das Vorhaltemaß bei einem XC1= 10 mm, sonst 15 mm.

C_{min}= die Mindestbetondeckung oder der Stabdurchmesser in mm.

Sachwortverzeichnis

A
Abbiegung 91
Abkürzungen 3
Abreißbewehrung 175 ff
Abstandhalter 222
Achteckiges Fundament 47
Anschlussbewehrung 33, 35, 37, 151
Arbeitsraum 53
Auflager 9, 102, 121, 125, 196

B
Balkenrost 65
Berliner Verbau 56 f
Beiwerte 209, 211
Berme 53
Beton 1
Betonbalken 113
Betondeckung 4, 206ff
Betonstahl 2
Betonstahlmatten 17 ff
- Lagermatten 215
- Listenmatten 220
Betonwände 146 ff
- Konsolen 102, 117, 121,
Biegen von Betonstählen 14 f
Biegen von Lagermatten 20
Biegerollendurchmesser 14, 213 f
Blockfundament 36 f
Bodenplatte 68 ff
- Versprünge 69, 80 f
- Stützbewehrung 71
- Bewehrung 70, 78 ff
- Bewehrungsdetaile 74 ff
Bohrpfahl 55, 58 ff
Bohrpfahlwand 54 ff
Brandschutz 5 f
Breite Balken 130 f
Bewehrungsanschluss 197, 202
Bewehrungsquerschnitte 212, 215, 220
Bügelformen 20, 26
Bügelschlösser 26, 89

D
Darstellung der Matten 19, 24
Deckelbauweise 66 f
Decken 173 ff
- Hohlplattendecke 174
- Halbfertigteildecke 174
- Kragarm 163, 132, 176
- Kappendecke 174, 198
- Verbundträgerdecken 174
Deckengleich 126 f
Duktile Bauteilverhalten 106
Durchbrüche 129 f
Durchlaufplatte 178 f
- Vierseitiges Auflager 180 f
- Dreiseitig gelagert 182 f
- Abreissbewehrung 175 ff
- Durchbruch 179
- Flachdecke 184 f
Durchstanzbewehrung 48 f, 186 ff
- Decken 173 ff
- Kritische Fläche 187
- Lasteinleitungsfläche 187, 191
- Umfang des kritischen Rundschnitts 191
Dübelleisten 48

E
Einfeldbalken 112 ff
Einfeldplatte 176 f
Einzelfundamente 30 ff
Expositionsklasse 4, 206 f

F
Feldbewehrung 71, 111, 175
Flachdecke 184 f
Flachgründung 53
Flächengründung 29, 53
Fundamente 30 ff
- Blockfundament 36 f
- Durchstanzbewehrung 48 f, 52
- Einzelfundament 30 ff
- Köcherfundament 40 ff

- Streifenfundamente 34 f
Fundamentplatte 50 f

G
Gewichte der Listenmatten 220
Gründung 28 ff
- Blockfundament 36 f
- Einzelfundamente 30 ff
- Flächengründung 29
- Köcherfundament 40 ff
- Streifenfundament 34 f
- Tiefengründung 28, 54
Grundmaß der Verankerung 7
Grundmaß der Verankerungslänge 210

H
Halbfertigteildecke 174
Hohlplattendecke 174
Höchstbewehrung 146, 205

I
Indirektes Auflager 124 f

K
Kappendecke 174, 198
Konsole; Überzug 117
Konsole; Unterzug 120 f
Kopfbalken 55, 61 ff
Köcherfundament 40 ff
Kragarm; Unterzug 132 f
Kragarm; Wände 162 f
Kritische Fläche 187

L
Lagermatten 18 ff,
Lagermatten- Programm 215
- Biegen 20
- Maschenregel 217
- Übergreifung 216
Listenmatten 23 ff
- Darstellung 24 f
- Gewichte 220
- Körbe und Bügel 26

- Lieferlängen 23

M
Maschenregel 217
Mindestbetondeckung 207
Mindestbewehrung von Wänden 218
Mindestwanddicken 218
Mindestwert der Übergreifung 210 ff

N
Nenndurchmesser 211
Nenngewicht 211

P
Pilzkopf 194 f

Q
Querkraftanschluss 196
Querschnitte der Lagermatten..212
Querschnitte der Listenmatten 220
Querschnitte der Unterzüge 108 ff
Querschnitte der Stabstähle 212
Querstäbe; Übergreifungslänge 218

R
Rahmen 134 ff
Rissbreitenbewehrung 72, 152, 154 f
Rissbreiten- Tabelle 219
Rundbügel 95
Rundstütze 94 f
Rückverankerung 39, 117, 125, 161

S
Schrägstäbe 52, 113
Schubaufbiegungen 12, 52
Schubleiste 191, 193
Schweissverbindungen 16
Sohle 53
Sonderdynmatten 27
Sonderformen 46 f
Streifenfundament 34 f
Spaltzugbewehrung 204

- Ortbeton 84 ff
- Bewehrungsquerschnitte 212
- Übergreifungslänge 210 f
- Bügelschlösser 89
- Abbiegung 90 f
- Rund 94 f
- Verbügelung 95, 97, 103
- Anschlüsse 95, 97, 99, 105
- Verbundstützen 100 f
- Konsolbewehrung 102

T
Tiefengründung 28, 54 ff
- Spundwand 54 f
- Kopfbalken 55, 61 ff
- Bohrpfahl 54, 58 f
- Verpressanker 54 f
- Bohrpfahlwand 54 f
- Berliner Verbau 56 f

Torsionsbalken 126, 128/

U
Umgebungsbedingungen 4, 206
Unterstützungen 22, 221
Unterzüge 106
- Aufbiegungen 12, 52, 69, 113
- Bewehrung 106 ff
- Überzug 116 f
- Konsole 120 f

Ü
Übergreifungslängen 13, 210 f
Überzug 116 f
- Konsole 117

V
Verankerung von Bügeln 15
Verankerung der Stützeneisen 10 f, 210 f
Verankerung von Betonstahl 7 ff
Verankerung über das Auflager 8 ff
Verankerung im Feld 12
Verbundbedingungen 11, 69

Verbundstützen 112 f
Verlegemaß 4, 207
Versprünge in der Bodenplatte 80 f

W
Weisse Wanne 82 f
Wendel 58 ff
Wendelberechnung 60
WU- Beton 82
Wände 146 ff
- Schlanke Wände 146, 218
- Mindestwanddicke 218
- Mindestbewehrung 218

Z
Zweifeldbalken 118 f
Zweifeldplatte..178 f

Teubner Lehrbücher: ein

▶ Otto W. Wetzell (Hrsg.)
**Wendehorst
Bautechnische
Zahlentafeln**
32., vollst. akt. Aufl. 2007.
1488 S. Geb. EUR 49,90
ISBN 978-3-8351-0055-8

Inhalt: Mathematik - Bauzeichnungen - Vermessung - Bauphysik - Schallimmissionsschutz - Lastannahmen - Statik und Festigkeitslehre - Stahlbeton- und Spannbetonbau nach DIN 1045-1 - Beton nach DIN V EN 206-1 - Holzbau nach DIN 1052 - Glasbau - Mauerwerk und Putz - Konstruktiver Brandschutz - Räumliche Aussteifung von Geschoßbauten - Geotechnik - Siedlungswasserwirtschaft - Hydraulik und Wasserbau - Abfallwirtschaft - Verkehrswesen - CD: TRLAST - Thermplan - HydroDIM - Curamess Spezialsoftware für ein digitales Bildaufmass mit CAD Export

▶ Otto W. Wetzell (Hrsg.)
**Wendehorst Beispiele
aus der Baupraxis**
2., überarb. u. erw. Aufl.
2007. ca. 400 S. Br.
ca. EUR 28,90
ISBN 978-3-8351-0069-5

Inhalt: Vermessung - Bauphysik - Statik und Festigkeitslehre - Lastannahmen - Stahlbeton - Stahlbau - Holzbau nach DIN 1052 - Mauerwerk und Putz - Glasbau - Geotechnik - Wasserwirtschaft - Siedlungswasserwirtschaft - Abfallwirtschaft - Verkehrswesen

▶ Dieter Vollenschaar (Hrsg.)
**Wendehorst
Baustoffkunde**
936 S. mit 218 Abb. u.
212 Tab. Geb. EUR 46,00
ISBN 978-3-8351-0132-6

Inhalt: Allgemeine Baustoffeigenschaften - Baumetalle - Natürliche Bausteine - Gesteinskörnungen für Mörtel und Beton - Keramische Baustoffe - Glas - Baustoffe mit mineralischen Bindemitteln - Bitumenhaltige Baustoffe - Holz und Holzwerkstoffe - Kunststoffe - Oberflächenschutz - Dämmstoffe für das Bauwesen

Stand Januar 2007.
Änderungen vorbehalten.
Erhältlich im Buchhandel
oder beim Verlag.

Teubner

B.G. Teubner Verlag
Abraham-Lincoln-Straße 46
65189 Wiesbaden
Fax 0611.7878-400
www.teubner.de